Alexander Unzicker
Auf dem Holzweg durchs Universum

Alexander Unzicker

AUF DEM HOLZWEG DURCHS UNIVERSUM

Warum CERN & Co. der Physik
nicht weiterhelfen

Website zum Buch:
www.auf-dem-holzweg-durchs-universum.de

Bibliografische Information der Deutschen Nationalbibliothek
Die Deutsche Nationalbibliothek verzeichnet diese Publikation in der
Deutschen Nationalbibliografie; detaillierte bibliografische Daten
sind im Internet über http://dnb.d-nb.de abrufbar.

Dieses Werk ist urheberrechtlich geschützt.
Alle Rechte, auch die der Übersetzung, des Nachdruckes und der Vervielfältigung des Buches oder von Teilen daraus, vorbehalten. Kein Teil des Werkes darf ohne schriftliche Genehmigung des Autors in irgendeiner Form (Fotokopie, Mikrofilm oder ein anderes Verfahren), auch nicht für Zwecke der Unterrichtsgestaltung – mit Ausnahme der in den §§ 53, 54 URG genannten Sonderfälle –, reproduziert oder unter Verwendung elektronischer Systeme verarbeitet, vervielfältigt oder verbreitet werden.

2 3 4 5   22 21 20 19

Copyright © 2012, 2019 alle Rechte Alexander Unzicker
Deutsche Erstausgabe 2012 im Carl Hanser Verlag München

Herstellung: Thomas Gerhardy
Satz: Kösel, Krugzell

ISBN 978-1-793-95233-2

INHALT

Prolog: Warum dieses Buch? 9

Teil 1: Der Patient Physik 13

Ernste Symptome:
Der aktuelle Wissenschaftsbetrieb 13

Warum Untersuchungen nicht genug sind:
Nachdenken über Einfaches 23

Herumdoktern an Symptomen:
Über Transurane, Epizyklen und andere Fehldiagnosen 33

Heilen mit Gewalt:
Wie Krankheiten durch Behandlung entstehen 45

Big Science:
Vom Gruppenzwang zur kollektiven Verdrängung 57

Teil 2: Direkt vor unseren Instrumenten 69

Der Raum:
Geheimnisse um Ruhe, Drehung und Beschleunigung 69

Zeit von gestern?
Wir wissen nicht, wie der Kosmos tickt 79

Masse, schwer zu verstehen:
Hat das Urkilogramm mit dem Urknall zu tun? 87

Teil 3: Im Atom: Revolutionen im Unteilbaren 95

Maxwells Unvollendete:
Geniestreich ohne guten Schlussakkord 95

Die Quantenmechanik der goldenen Zwanziger:
Unverständnis wird salonfähig 103

Die Natur mag keine Kugeln:
Das Rätsel des Spins und die fein gesponnenen
Atomspektren 113

Quanten, Wellen, Teilchen?
Der unverstandene Tanz der Elektronen mit Licht 121

Teil 4: In der Galaxis 131

Schwarze Löcher:
Der Glaube an ein Leben nach dem Sterntod? 131

Gravitationswellen:
Wirklich schon entdeckt? 141

Achtzig Jahre und kein bisschen sichtbar:
Die Spurensuche nach der Dunklen Materie 149

Der dunkle Heiligenschein:
Wie Galaxien die Computer ärgern 159

Teil 5: Im Innersten der Kerne 169

Radioaktivität unterschlägt Energie:
Die Geschichte einer langen Fahndung 169

Paten der Komplizierung:
Neutrinos und das Entstehen ihrer Familienbande 179

Endlos teilbar?
Physik im Siechtum der Stoff-Wechselkrankheit 191

Staatsstreich im November:
Wie der Physik die Quarks verordnet wurden 199

Der letzte Tango am CERN:
Warum nicht wirklich etwas entdeckt wird 209

Teil 6: Im Kosmos 221

Kosmische Leuchtfeuer Quasare:
Stimmt das Rating? 221

Kosmologie auf Pump:
Die dunkle Krise im Universum 229

Abgekühlte Bonität:
Der kosmische Mikrowellenhintergrund 239

Teil 7: Naturgesetze verloren in Zahlen 251

Rühren am Allerheiligsten:
Warum man über die Lichtgeschwindigkeit nachdenken muss 251

Der Schlüssel zum Rätsel?
Diracs kosmische Zahl mit fast vierzig Nullen 259

Am Anfang war der Wasserstoff:
Das Mysterium der Zahl 137 269

Wider den Glaubenszwang:
Vorschläge für eine methodische Sanierung 277

Epilog: Was Sie tun können 287

Dank 289

Abbildungsnachweise 290

Literatur 291

Endnoten 294

Sachregister 301

Personenregister 304

PROLOG: WARUM DIESES BUCH?

„Papi, was machst du?" Mein fünfjähriger Sohn kann offenbar keine Tätigkeit bei mir erkennen, die ununterbrochene Konzentration rechtfertigt, und klettert neben mir auf das Sofa. „Ich denke nach, wie ein Elektron funktioniert." „Willst du nicht lieber mit meinem Lastwagen spielen?" „Schau mal, sogar der funktioniert nur mit Elektronen!", antworte ich, obwohl ich mir insgeheim wünsche, das lärmende Batteriespielzeug täte es nicht. „Was ist ein Elektron?" „Ein sehr, sehr kleines Teilchen." Er ist nicht vollkommen zufrieden mit meiner Antwort. „So wie die da?" Er deutet auf die Kügelchen eines Baukastens, die auf dem Boden herumliegen. „So ungefähr, nur noch viel kleiner. Der Lastwagen will jetzt bestimmt die Kugeln einsammeln."

Ich ließ mich zu dieser Antwort hinreißen, obwohl ich wusste, dass sie nicht ganz stimmte. Kugelförmig ist ein Elektron ja eben nicht, und genau dies bringt mich des Öfteren ins Grübeln. Gerade bei den einfachen Fragen stößt unser Wissen erstaunlich schnell an Grenzen, und vielleicht hing ja meine ausweichende Antwort auch damit zusammen, dass ich nicht ganz zugeben wollte, von dem Aussehen des einfachsten Teilchens im Universum eigentlich keine Ahnung zu haben.

Ernüchternd ist, dass sogar die Begründer der modernen Physik wie Albert Einstein oder Erwin Schrödinger diese Rätsel nicht lösen konnten, und doch fasziniert mich die Art der Fragestellung, mit der beispielsweise Paul Dirac an solche fundamentalen Probleme heranging. Daher möchte ich Ihnen in diesem Buch auch ein paar wenig bekannte Überlegungen dieser großen Physiker nahebringen, die ich hochinteressant finde. Ihre berühmten Entdeckungen wie die Quantenmechanik und die Relativitätstheorie sind die Basis der modernen Physik geworden, und es ist erfreulich, dass diese Erkenntnisse in populären Büchern verständlich aufbereitet werden. Nicht wenige allerdings schießen dabei etwas über das Ziel hinaus. So mancher Leser fühlt sich überfordert, wenn er direkt nach Einsteins Theorien ohne Vorwarnung in die bizarre Welt von Parallelwelten und Extradimensionen entführt wird, in denen sich angeblich Superstrings oder Branen befinden. Ja nicht genug damit, unser Kosmos, wie man staunend erfährt, sei nur einer in einem Blasen-Multiversum, entstanden in einer Phase von ‚chaotischen' und ‚ewigen' Inflationen, und gehorche einem ‚holografischen' oder ‚anthropischen' Prinzip. Wird dann auch noch fein angedeutet, der Leser sei an seiner intellektuellen Grenze, wenn er sich außerstande sieht, in die Zusatzdimensionen zu folgen, dann möchte ich doch energisch zur Vernunft ermutigen: Ich halte all jene Konzepte für blanken Unsinn und habe dies auch ziemlich unverblümt in meinem Buch *Vom Urknall zum Durchknall – die absurde Jagd nach der Weltformel* dargelegt. Und dort, wo überhaupt nichts mehr überprüfbar ist, bereitete es mir auch ein gewisses Vergnügen, mich über pseudowissenschaftlichen Unfug lustig zu machen.

So glaubte ich, die Auswüchse der Theoretischen Physik in einem Blog „Durchknall des Monats" zu kommentieren sei ein Spaß. Bald jedoch wurde es mir zur Last: „Holografisches Technicolor-Wandern von D-Branen" oder „Desensibilisierung der Inflation von der Planckskala" – so etwas verliert nicht nur seinen Reiz als Realsatire, wenn man es massenweise liest, sondern wird deprimierend, weil elementare Fragen der Physik, die mich viel mehr interessieren, in dieser Flut vollkommen untergehen: Warum ist die Gravitationskraft so schwach? Ändern sich jene geheimnisvollen Werte, die wir für Naturkonstanten halten? Woher kommt die Masse? Warum kann ein Elektron nicht kugelförmig sein?

Wenn man über diese tief verwurzelten Probleme nachdenken will, kann man nicht gleichzeitig jedes unsinnige Gewächs kommentieren. Aber wie konnte die Physik überhaupt zu so einem Acker werden? Wie konnte sie sich so verlaufen? Diese Frage führte mich zu der irritierenden Erkenntnis, dass ein Grundübel auch in den als seriös geltenden Gebieten der Experimentalphysik am Werk ist: Meinungen, die man im Kern nicht überprüfen kann, aber sich wie der Wind verbreiten.

Wir hören beinahe täglich von der Jagd nach Higgs-Teilchen, von Spuren der Dunklen Materie und verschiedenen Neutrinosorten, und diese gefeierten Beobachtungen markieren scheinbar einen raschen Fortschritt unserer Erkenntnis. Wenn man aber in der Euphorie besonnen bleibt und gelegentlich in der Bibliothek Bücher aus der zweiten Reihe holt, dann fällt auf, dass die Fragen der Gründerväter der Physik keineswegs beantwortet wurden, sondern oft verdrängt, ja gelegentlich durch Ausreden aus der Welt geschafft wurden, die nur vermeintlich erklären. Schlimmer noch, sogar einige der riesigen Experimente, die wir beispielsweise am CERN durchführen, müssen aus der Perspektive der ungelösten Probleme von damals als ein geschäftiges Auf-der-Stelle-Treten erscheinen, während das eigentliche Verständnis stillsteht.

Tatsächlich ist hier der Laie oft intuitiv kompetent, denn viele Menschen empfinden einen schalen Nachgeschmack, wenn sie in populären Darstellungen von den neuesten Erkenntnissen über fundamentale Fragen erfahren, und das befriedigende Gefühl, etwas verstanden zu haben, will sich nicht recht einstellen, selbst wenn man sich mit Dunkler Energie, Quarks, Schwarzen Löchern oder Neutrinos vertraut gemacht hat. Ich möchte Sie in diesem Buch ermuntern, Konzepte zu hinterfragen, die sich, obwohl sie als gesicherte Beobachtungen gelten, doch sehr weit von jeder Anschaulichkeit entfernt haben. Die dazugehörigen Experimente haben eine Faszination für sich, aber sie lenken in ihrer Komplexität manchmal ab von grundlegenden Problemen, die die Physik seit langem mit sich herumträgt.

Aber lohnt es sich, Fragen nachzugehen, die Tausende von Wissenschaftlern in Jahrzehnten intensiver Forschung noch nicht beantworten konnten? Klingt es nicht vermessen, das überhaupt zu versuchen? Mir ist bewusst, dass eine gewisse Anmaßung darin liegt, über die fundamentalen Rätsel der Natur nachzudenken, die auch ein Einstein, Schrödinger oder Dirac nicht gelöst haben. Doch ihre Gedanken verdienen wenigstens erwähnt zu werden, und im Tagesgeschäft der großen Forschungsprojekte gehen sie leider völlig unter. Viele, die dort tätig sind, können heute nicht mehr benennen, worüber sich jene Genies gewundert haben. Es ist dieser Fokus auf die Gegenwart, den ich wirklich anmaßend finde.

Das schönste Lob, das ich bei einem Vortrag je erhalten habe, war, meine Ansichten ließen eine tiefe Liebe zur Physik erkennen. Im Moment ist es allerdings eine schwierige Beziehung. Ich kann mich für manchen hundert Jahre alten Artikel begeistern, bin aber gleichzeitig fassungslos, wie viele Spekulationen mit sinnlosen Rechnungen die Physik überschwemmen. Und noch tiefer beunruhigt mich, wie unverstandene Modelle und nicht mehr durchschaubare Experimente unter Wissenschaftlern nur noch nacherzählt werden. Ich verstehe, dass die Nerven von Physikern manchmal blank liegen, wenn ich Zweifel anmelde an etablierten Konzepten des momentanen Weltbildes, die jahrelanger Forschungsarbeit zu Grunde lagen. Aber in der Wissenschaft muss es erlaubt bleiben, Fragen zu stellen, zumindest aber an Worte zu erinnern wie an mein Lieblingszitat von Erwin Schrödinger, das sinngemäß lautet:

„Ist das Problem erst durch eine Ausrede beseitigt, braucht man auch nicht mehr darüber nachzudenken."

Ich gestehe, dass ich Zitate oft außerhalb des Kontextes verwende. Schrödinger hat sich nicht über die Dunkle Materie geäußert und Galilei nicht über die Stringtheorie. Dennoch geht mir manchmal durch den Kopf, was sie dazu gesagt haben *könnten*. Und vielleicht stimmen Sie ja mit mir überein, dass die im Buch verstreuten Zitate oft ein Gewicht für sich haben. Während die heutige Physik immer mehr zum Ideenlieferanten für Science-Fiction-Filme zu werden scheint, bewundere ich die Ernsthaftigkeit, mit der die alten Denker an die Physik herangingen. Aber auch der Inhalt ein paar vergessener Perlen von Einstein, Schrödinger, Dirac und anderen sollte dringend aufgegriffen werden, und im letzten Abschnitt versuche ich, Sie für diese faszinierenden Ideen zu begeistern. Weil diese kaum mit den etablierten Modellen vereinbar sind, plädiere ich ganz am Ende des Buchs für einen Vorschlag zur Methodik, der die Mechanismen der kollektiven Überzeugung vielleicht aufbrechen kann: eine neue Art von Transparenz bei Experimenten, die eigentlich jeder für wünschenswert halten sollte, der an einer Physik ohne Wissenschaftsgläubigkeit interessiert ist.

Bis dorthin erwartet Sie in den Abschnitten 2 bis 6 eine kritische Reise durch die Physik, die manche Forscher zum Widerspruch herausfordern wird. Ausgehend von den elementaren Begriffen unserer Wahrnehmung, wie Raum, Zeit und Masse, bewegen sich die Themen Atom, Galaxis, Kern und Kosmos in einem Zickzack der Größenordnungen, folgen jedoch der Wissenschaftsgeschichte vom Bekannten zum Unbekannten, vom gesicherten Wissen zum Spekulativen. Wichtig war mir, im ersten Abschnitt auch philosophische und historische Erfahrungen zu berücksichtigen sowie Effekte der Soziologie und Psychologie zu beleuchten, die an der neueren Entwicklung der Physik einen Anteil zu haben scheinen.

Ich wünsche Ihnen viel Spaß beim Lesen dieser aktualisierten Auflage.

> Aufrichtig zu sein, kann ich versprechen, unparteiisch zu sein, aber nicht. – Johann Wolfgang von Goethe

München, im Sommer 2012/Frühjahr 2019
Alexander Unzicker

TEIL 1:
DER PATIENT PHYSIK

ERNSTE SYMPTOME: DER AKTUELLE WISSENSCHAFTSBETRIEB

Nach allem, was man liest, ist Physik eine Erfolgsgeschichte. Immer tiefer dringen wir in die Geheimnisse der Natur, enträtseln die Struktur der Elementarteilchen, blicken mit Hilfe gigantischer Teilchenbeschleuniger zurück bis zum Urknall, lösen fundamentale Fragen der Schöpfung – fast jede Woche. Wie diese Erkenntnisse detailliert aufgearbeitet werden, muss also höchst spannend sein – werfen wir also zum Beispiel einen Blick in die angesehene Zeitschrift *Physical Review*, deren Band D „Particles, fields, gravitation and cosmology" ausschließlich fundamentalen Fragen gewidmet ist. Sie erscheint seit geraumer Zeit vierzehntäglich in einem über tausend Seiten starken Heft – eine ziemliche Herausforderung sogar für die Buchbinder. Nehmen wir an, lieber Leser, Sie interessieren sich für die grundlegenden Fragen der Physik und wollen sich auf dem Laufenden halten. Dann könnten Sie sechzehn Stunden am Tag nichts anderes mehr tun, als diese neuesten Ergebnisse zu studieren – vorausgesetzt, Sie verfügen über eine außergewöhnliche Auffassungsgabe, die es Ihnen erlaubt, in einer Viertelstunde die durchschnittlich zwanzig Formeln pro Seite nachzuvollziehen. Zeit für eigenes Denken ist dabei nicht eingerechnet.

DIE SCHWEREN FÄLLE

Diese Ausuferung der aktuellen Forschung könnte uns schon zu denken geben, noch mehr irritiert jedoch oft ihr Inhalt. Schlagen wir eines dieser lexikonschweren Hefte auf, finden wir Überschriften wie „Leptogenese in B-L geeichter Supersymmetrie mit dem minimal-supersymmetrischen

TEIL 1: DER PATIENT PHYSIK

Standardmodell-Higgs-Sektor" oder „Vielfeld-Galileons und Branen in höheren Co-Dimensionen". Von was genau ist hier die Rede? Mit welchen Naturerscheinungen kann man obige Begriffe in Verbindung bringen? Leider ist dies nicht allein ein Problem unverständlicher Fremdwörter. Denn die Theoretische Physik, insbesondere die sogenannte Stringtheorie, hat sich in den letzten Jahrzehnten in befremdlicher Weise von der Realität abgekoppelt,* was auch nicht wenige Wissenschaftler beunruhigt. Aber lesen Sie selbst:

> Ihre Sprache ist so rätselhaft und esoterisch wie die der literarischen Dekonstruktionisten. – David Lindley, Wissenschaftshistoriker

„*Im Entkopplungs-Limit reduziert sich das Dvali-Gabagadze-Porrati-Modell auf ein skalares Feld Pi, das unter anderem eine spezifische kubische Selbstwechselwirkung besitzt – den Galileo-Term. Diesen Term und seine Verallgemeinerungen vierten und fünften Grades kann man sich als Resultat einer Probe-3-Bran in einem 5-dimensionalen Raum vorstellen, mit Lovelock-Termen auf der Bran und im Raum. Wir untersuchen die Vielfelder-Verallgemeinerungen des Galileons und weiten diese Probebran-Ansicht auf höhere Co-Dimensionen aus ..."*

Wie fühlen Sie sich hierbei als Leser? Physik war eben schon immer schwer, oder? Ich darf Sie aber ermutigen: Das erwähnte ‚Modell' ist einer jener mit belanglosen Namen verzierten Ansätze der Stringtheorie, die durch kein Experiment überprüft werden können. Und entsprechend überflüssig sind auch Ideen, die diese Konstruktionen in nicht beobachtbaren Dimensionen weiterspinnen. Es entbehrt nicht einer gewissen Komik, dass ein neu erfundenes Teilchen ausgerechnet nach Galileo Galilei benannt wird, der vor über vierhundert Jahren der beobachtenden Wissenschaft zum Durchbruch verholfen hat. Da fühlt man sich schon an die Zweifel des streitbaren Gelehrten aus Pisa erinnert, „dass derselbe Gott, der uns mit Sinnen, Vernunft und Verstand begabt hat, von uns verlangt, dass wir auf ihren Gebrauch verzichten". Und man möchte hinzufügen: Jene, die sich doch im Verzicht üben, mögen dann auch auf den Gebrauch von Galileos Namen verzichten!

> Aussagen der Wissenschaftler über die Theorie klingen beunruhigend stark wie jene Gedanken, die uns aufstehen lassen, wenn ein Fremder auf der Parkbank sie äußert. – Bill Bryson, Wissenschaftsautor

---

* Peter Woit in seinem Buch *Not even wrong* und Lee Smolin in *Die Zukunft der Physik* haben dies in Form einer vernichtenden Kritik bereits ausgeführt.

TROST IM GESPRÄCH

Manchmal habe ich mir auch schon die Frage gestellt, ob ich die Theoretische Physik nicht zu hart kritisiere. Umso mehr freute es mich, dass die Ansicht, sie bestehe heute größtenteils aus irrelevanten Spekulationen, keineswegs nur von Außenseitern vertreten wird. Bei einer Tagung der Deutschen Physikalischen Gesellschaft in Bonn unterhielt ich mich in kleiner Runde mit einer erfahrenen Experimentatorin, die eine leitende Position an einem Max-Planck-Institut innehatte. „In Ihrem Institut wird ja auch ganz schön viel Unsinn publiziert", flachste ich und war gespannt, wie sie auf die unsicheren Blicke der umstehenden Doktoranden reagieren würde. „Jaaa, wir haben auch eine Theorieabteilung", antwortete sie trocken und fuhr fort, die Runde mit Anekdoten zu unterhalten, die meine Ansicht durchaus stützen konnten. Offenbar haben die Theorien der Superstrings oder der kosmischen Inflation nicht nur Freunde. Sie scheinen sogar denen auf die Nerven zu gehen, die mittelbar mit ihrer Verbreitung befasst sind.

> Kerngesund scheint mir's, der Kranke unter Euch zu sein. –
> Russisches Sprichwort

Beim Abendessen einer Festveranstaltung saß ich einmal zufällig neben dem langjährigen Chefredakteur eines bekannten Wissenschaftsjournals, einem habilitierten Astrophysiker. Er bemühte sich erst gar nicht, meiner Ansicht zu widersprechen, die Stringtheorie sei auf dem Weg zur Esoterik, und räumte ein, sie habe wissenschaftstheoretisch „ein ernsthaftes Problem". Dennoch konnte man in seinem Magazin fast jeden Monat Artikel lesen, die etwa „Inflation auf der Bran" als „Schlüsselexperiment der Stringtheorie" anpriesen.

PHYSIKER, DIE ÜBERS WASSER GEHEN

Den Autor eines solchen Artikels, Professor an der McMaster University in Kanada, hörte ich einmal live. Wie viele Stringtheoretiker trug er verständlich und witzig vor, allerdings zu 95 Prozent über wohlbekannte Physik, die dem Laien durchaus gefällt, ja einleuchtend erscheint. Nach einer kryptischen Überleitung und der Entschuldigung, nicht in technische Details gehen zu können, offenbarte er seine freudige Erwartung, dass im *Large Hadron Collider* am CERN möglicherweise bald Extradimensionen entdeckt würden. „That's gravity in your face!", rief er voller Enthusiasmus, blieb aber den Zuhörern die Erklärung schuldig, welche Beobachtung diesen Schluss nahelegen sollte. Fast alle verließen den Saal etwas frustriert.

TEIL 1: DER PATIENT PHYSIK

Ich habe das Gefühl, die Physik wird kaum wirkliche Fortschritte machen, wenn in solchen Situationen nicht jemand aufsteht und fragt, was das Theater eigentlich soll. Physik basiert nun mal auf Messen, und Stringtheorie erinnert mehr an Messen lesen – ein kleiner Unterschied. Bezeichnend ist zum Beispiel, dass die Stringtheorie in einem anerkannten Lehrbuch der Elementarteilchenphysik mit ganzen vier Zeilen erwähnt wird[1] – in den vergangenen dreißig Jahren wurde eben kein einziges Problem durch diese Gedankenspielchen auch nur ansatzweise gelöst. Dennoch bleibt öffentlicher Widerspruch selten, und selbst die erklärten Gegner der Stringtheorie scheinen sich mit ihr zu arrangieren. So hat etwa Lee Smolin, dessen Buch *Die Zukunft der Physik* an Kritik nichts zu wünschen übrig lässt, inzwischen einen furchtsam anmutenden Relativierungsbrief auf seine Homepage gestellt und forscht einträchtig mit einer Reihe von Stringtheoretikern am Perimeter-Institut, dem Aushängeschild der Theoretischen Physik in Kanada. Manche Physiker möchte man fragen, ob sie als Arzt in einer Klinik arbeiten würden, die auch Handleser und Geistheiler beschäftigt. Sicher ist nur, dass die Physik – sie ist der Patient – nicht gefragt wird. Smolins eigenes Fachgebiet, die *Loop quantum gravity* oder „Schleifenquantengravitation", ist übrigens ebenso abgehoben wie die Stringtheorie, und ihre Vorhersagen sind reine Feigenblätter jenseits aller experimentellen Überprüfbarkeit.* Insofern war das oft in Szene gesetzte Duell zwischen Strings und Loops immer schon uninteressant – wissenschaftlich sind beide nicht satisfaktionsfähig. Daher tendiert man in den deutschen Filialen der transatlantischen Trendsetter neuerdings wieder zum Konsens: Die Schleifenquantengravitation wird von Stringtheoretikern als „ernst zu nehmende Konkurrentin" gewürdigt,[2] während sich Vertreter der Loops mit der Idee anbiedern, die Ansätze müssten vielleicht eines Tages vereint werden.[3] Gegenseitige Gastaufenthalte an den Hohepriester-Instituten in den USA begründen dabei wissenschaftliche Laufbahnen, deren Sahnehäubchen darin bestehen, von einem Nobelpreisträger öffentlich beim Vornamen gerufen zu werden. Mit den Problemen aber, die Einstein, Schrödinger und Dirac bewegten, haben Stringtheorie und *Loop quantum gravity* nicht das Geringste zu tun.

Die Wiederholung von Unsinn wird viel eher toleriert als seine Entlarvung. – John Allen Paulos, amerikanischer Mathematiker

---

* Sinnigerweise fand eine Konferenz *Experimentelle Suche nach Quantengravitation* 2010 in Stockholm statt. Auf andere Weise wird das Fachgebiet in der schwedischen Hauptstadt auch kaum geehrt werden.

OHNE AUSMISTEN KEIN NEUBEGINN

Leider sind jedoch die Grenzen zwischen den fantasierten Parallelwelten der Stringtheorie und dem, was als Grundlagenforschung anerkannt ist, fließend geworden. So konnte man bald nach der Inbetriebnahme des *Large Hadron Collider* am CERN in der Presse lesen, dieser habe „den Urknall simuliert". Eigentlich müsste man bekennen, dass solche Schaumschlägerei der Wissenschaft unwürdig ist. Der Mut dazu gedeiht aber nicht in Forschungseinrichtungen, deren Existenz von öffentlichen Geldern abhängt. Und diese fließen eben dank mediengerechter Übertreibungen. 2001 kam in einem Hamburger Büro der Deutschen Forschungsgemeinschaft ein prominenter Teilchenphysiker ins Stottern, als ihn der Gutachter nach dem Zweck eines neuen Beschleunigers ein bisschen genauer befragte. Zehn Jahre später war er Chef des CERN. Man hat inzwischen gelernt.

Aber auch Forscher, die über die „Urknallsimulation" schmunzeln, übersehen gerne, dass dieser Werbespruch ein grundlegendes

> Der Mut ist's, der den Ritter ehret. –
> Friedrich Schiller

Problem der Teilchenphysik offenbart: Mit nüchternen Worten sind ihre Resultate nicht mehr vermittelbar. Diese Unübersichtlichkeit der Grundlagenforschung muss uns zu denken geben. Beunruhigend ist, dass nur ganz wenige Fachleute mit den elementaren Beobachtungen vertraut sind und kaum jemand die Ergebnisse eines Gebietes aus unmittelbarer Kenntnis zusammenfassen kann. Der Einwand, die Spezialisierung sei alternativlos, liegt den Realwissenschaftlern auf der Zunge, aber für die fundamentale Physik will mir dies nicht einleuchten. Gefährlich ist vor allem, dass die Autoritäten wechselseitig ihre Ergebnisse akzeptieren und weitertragen, ohne sie selbst prüfen zu können. Ein kleines Beispiel: In letzter Zeit bekomme ich oft Vortragseinladungen von kirchlichen Institutionen, die die Ohren spitzen, wenn sie „Wissenschaftskritik" hören. So geriet ich in ein interdisziplinäres Seminar von Physikern und Theologen. In der anschließenden Diskussion ereiferte sich ein bekannter Astrophysiker, das Standardmodell der Elementarteilchen werde im Moment am CERN mit einer Präzision getestet, „dass man in die Knie gehen kann".* Woher, bitte schön, kann er das nach einer touristischen Führung durch das Gelände wissen? Dass er als Astrophysiker nicht alle Versuche durchblickt,

---

* Dass – tiefenpsychologisch betrachtet – Wissenschaft als Ersatzreligion fungieren kann, war ihm bei diesem Satz wohl nicht bewusst.

kann man ihm nicht vorwerfen, aber er hätte sich daran erinnern sollen, dass sich seine eigene Zunft durch kollektive Meinung schon einmal in ein präzises, aber sehr kompliziertes geozentrisches Planetenmodell verrannt hatte.

Und so ist es wohl auch heute das eigentliche Gebrechen der Physik, dass das Gebäude aus ehemals einfachen Naturgesetzen durch zahlreiche Zusätze sehr unübersichtlich geworden ist. Forscher sind Menschen. Ein neuer Anbau im Konsens erfolgt daher viel leichter als der Abriss eines etablierten Konzepts, das schon ‚Bewohner' hat. Bei dieser Aussage mahnte mich ein intelligenter Korrekturleser eines späteren Abschnitts, dass Kritik stets konstruktiv sein müsse. Die Standardmodelle der Physik leiden aber buchstäblich darunter, dass schon viel zu viel konstruiert wurde, und sie verstellen so den Blick auf Ideen, die vielleicht zu einem neuen, gesunden Fundament der Physik werden könnten.

> Ob es besser wird, wenn es anders wird, weiß ich nicht. Dass es anders werden muss, wenn es besser werden soll, ist gewiss. –
> Georg Christoph Lichtenberg, deutscher Physiker und Aphoristiker

KRÄFTE SO BÜNDELN, DASS NIEMAND MEHR QUER DENKT

Aber können alternative Ideen in der Physik überhaupt noch auftauchen? Ermöglicht die heutige Situation noch überraschende Durchbrüche? Wie organisiert man am besten Forschung zu den wichtigsten Fragen der Natur? Ähnlich wie die Wirtschaft sucht die Physik ihr Heil in großen Kollaborationen. Fusionierung ist angesagt, ineffiziente Nischenforschung wird schnellstmöglich stillgelegt, Mittel werden gebündelt, Synergieeffekte genutzt. Schließlich sollen allein die Besten sich miteinander austauschen, oder? Realisiert wird dies zurzeit in den sogenannten Exzellenzclustern, um die unter den deutschen Universitäten ein hektischer Wettbewerb ausgebrochen ist. Allein, die Wissenschaftsgeschichte kennt nicht viele Beispiele von Entdeckungen, die von solchen Gremien ausgingen. Und die kleinen Begebenheiten, von denen ich Ihnen berichten kann, deuten nicht darauf hin, dass es heute anders ist: Schauen wir uns den Sprecher eines solchen Exzellenzclusters an, Anfang fünfzig, ein ebenso sympathischer

> Ich habe alle Parks in allen Städten abgesucht – und dabei keine Denkmäler von Komitees gefunden. – G. K. Chesterton, englischer Schriftsteller

wie qualifizierter Astronom, durchaus offen für neue Ansätze, leichter Workaholic. Sichtlich genießt er ein Abendessen nach einem Vortrag, denn sein Tag war anstrengend: Etwa 250 E-Mails flimmerten heute auf seinem Computerbildschirm, er hetzt von Besprechung zu Sitzung, nimmt zwischendurch Prüfungen ab und zerreißt sich, seine Gruppe von knapp zwanzig Diplomanden und Doktoranden zu betreuen. Zeit zum Nachdenken hat er nicht. Es sind die Arbeitsbedingungen der Elite.

Ich erkundige mich während des Essens, was er von exotischen Spekulationen wie der kosmischen Inflation hält, die sich in einem hoffnungslos unbeobachtbaren Zeitraum von 10^{-35} Sekunden nach dem Urknall abgespielt haben soll. Von der Frage leicht angestrengt, weiß er erstaunlich wenig über die behaupteten Vorhersagen – was nicht gegen ihn als Wissenschaftler spricht. Wenn in der nächsten Sitzung jedoch ein Forschungsantrag zur Inflationstheorie ansteht, wird er sicher nicht laut protestieren, insbesondere wenn der lokale Experte sich bekanntermaßen furchtbar aufregt, sobald jemand leichte Zweifel an der ‚experimentellen Bestätigung' der ersten 10^{-35} Sekunden nach dem Urknall anmeldet. So lebt jede noch so absurde Mode, die sich einmal im Forschungsbetrieb eingenistet hat, weiter fort und wuchert. Ist dieses kleine Beispiel repräsentativ? Hoffentlich nicht. Hoffentlich. Abgesehen von meinen späteren Vorschlägen zur Methodik kann ich Ihnen kein Allheilmittel anbieten, wie man Wissenschaft gut und richtig organisiert. Aber so, wie es im Moment läuft – das kann es nicht sein. Von den wirklichen Rätseln der Gravitation oder gar des Universums wird dieser Exzellenzcluster kein einziges lösen.

> Was ich lehren will, ist: Von einem nicht offenkundigen Unsinn zu einem offenkundigen übergehen. – Ludwig Wittgenstein

GELD UND DIE HILFE VON DER REINEN VERNUNFT

Ist Ihnen schon einmal aufgefallen, dass die Physik heute ausschließlich Erfolge feiert, sei es durch präzise Bestätigung ihrer Modelle oder durch Entdecken einer – noch spannenderen – Abweichung davon? Eine erstaunliche Selbstbeweihräucherung für eine Wissenschaft auf Wahrheitssuche, die zum Beispiel am CERN mit dem Higgs-Teilchen besonders intensiv zelebriert wurde. Aber die Ergebnisse des *Large Hadron Collider* werden der Physik nicht weiterhelfen – wobei auch? Dennoch werden Milliarden investiert, ohne dass die Theoretische Physik eine vernünftige Vorstellung davon hat, was eigentlich herausgefunden werden soll. Da dies die Steuern zahlende Öffentlichkeit wahrscheinlich etwas irritieren würde, muss sich diese seit Jahren anhören, welche supersymmetrischen Teilchen, Zusatzdimensionen und schwarzen Minilöcher denn vielleicht entdeckt werden könnten – aber unter welchen Bedingungen, wie viele oder gar konkret mit welcher Masse, kann keiner so genau sagen. Ist dieses Geld gut angelegt? Eine heikle Frage. Ich bin für Grundlagenforschung, gerade wenn der Nutzen zunächst nur ein Erkenntnisgewinn sein mag. Allerdings werden Sie in diesem Buch Argumente dafür finden, dass die heutige Grundlagenforschung diesen Namen oft nicht verdient. Und ein System, das enorme Mittel in Fantasien steckt, trägt eher zur Krankheit der Physik bei.

> Vom Wahrsagen läßt sich wohl leben, aber nicht vom Wahrheit sagen. –
> Georg Christoph Lichtenberg

Auf originelle Art finanziert ein Unternehmer in Süddeutschland Wissenschaft: Er hat eine Million Euro dafür ausgelobt, wenn in einem Experiment die Wirkung der Gravitation aufgehoben wird – statt Förderung Erfolgsprämien. Ich denke mal nicht ganz ernsthaft weiter: Vielversprechende Theorien – oft hört man diese Vokabel – könnten dann in Experimente investieren, um die Richtigkeit ihrer Weltformel zu beweisen. Obwohl sonst nicht ausgesprochener Freund neoliberaler Mechanismen, wäre ich hier wirklich neugierig, welchen Erfolg die Stringtheorie, die *Loop quantum gravity* oder die Supersymmetrie auf dem Finanzmarkt hätten. Ob wirklich jemand frisches Kapital in ein Paralleluniversum stecken würde? Die Selbstverständlichkeit, mit der manche theoretische Spekulation verkauft wird, führte schon Immanuel Kant zu einer verwandten Überlegung:

„*Manch einer spricht seine Ansicht mit so zuversichtlichem und unlenkbarem Trotze aus, daß er die Besorgnis des Irrthums gänzlich abgelegt zu haben scheint. Eine Wette macht ihn stutzig.*"

In der *Kritik der reinen Vernunft* begründet Kant, warum die Wette „der Probirstein der echten Überzeugung" ist. Unter Wissenschaftlern von heute ist es damit nicht so weit her. Im Oktober 2010 fragte ich David Gross – er hatte einige Jahre zuvor den Nobelpreis erhalten – nach einem Vortrag, zu welcher Quote er denn auf die Entdeckung eines supersymmetrischen Teilchens wetten und wie viel er einsetzen würde. „Fifty-fifty" bis zum Jahr 2015, meinte er, am liebsten allerdings nur um ein Abendessen.* Immerhin

---

* Auf sogenannten *prediction markets* im Internet können Sie zum Beispiel Wetten auf den Ausgang von amerikanischen Gouverneurswahlen abschließen, aber auch darauf, dass neue Teilchen entdeckt werden. Echtes Geld riskieren hier aber auch die Insider kaum.

gestand er ein, dass die Supersymmetrie ein Problem habe, wenn nichts entdeckt wird: „Then we're in deep trouble." Aber sicher würden sich dann Theoretiker finden, die diesen „trouble" wieder relativieren.* Einem von ihnen, dem ich auf einer Tagung in Bonn ebenfalls eine Wette vorschlug, fiel dazu nur ein: „Kant is dead." Betrachtet man die rund fünfzigtausend Veröffentlichungen zur Supersymmetrie ohne auch nur den geringsten experimentellen Hinweis, keimt aber ein Verdacht auf: Neben Kant ist vielleicht auch die Vernunft schon länger tot.

PUBLIZIEREN, BIS DER ARZT KOMMT

Von solchen Reflexionen unbehelligt, wächst die Anzahl der Publikationen zu diesen theoretischen Fantasien weiter: Seit drei Jahren wird *Physical Review D* in zwei Bänden herausgegeben, aber Klartext wie in den Ausgaben um 1930 finden Sie dort in keiner Zeile mehr.
Es ist mir unverständlich, dass die Absurdität dieser Situation nicht ins Bewusstsein dringt. Angesichts dessen, dass elementare Fragen der Physik seit Jahrzehnten ungelöst sind, bleibt gar keine andere Schlussfolgerung, als dass 99 Prozent des Inhalts von *Physical Review D* irrelevant sein müssen – oder in der Sprache der Finanzwelt: Schrott. Und beinahe zu 100 Prozent sortenrein ist die Kategorie „theoretische Hochenergiephysik" *hep-th* der dominierenden Internetplattform *ArXiv*, bei der von Stringtheoretikern entschieden wird, was veröffentlicht werden darf. Aber es gibt keine Nadel, die an beiden Enden spitz wäre, sagt ein japanisches Sprichwort: Man verschwendet auch keine Zeit, wenn man *hep-th* komplett entsorgt. Schauen Sie sich einmal mit wachen Sinnen eine Kostprobe des abgehobenen Zeugs an, das dort jeden Tag erscheint,[4] und klappen Sie dann die Bücher über Strings, Brane, Paralleluniversen und chaotische Inflationen endgültig zu. Statt einem breiten Holzweg zu folgen, sind Sie herzlich zu einem anarchischen Streifzug durch die Physik eingeladen. Denn vieles, was unter dem Namen Physik verkauft wird, hat nichts mehr mit ihr zu tun und daher in diesem Buch auch nichts zu suchen. Es gibt wirklich viel Spannenderes. Sie werden sehen.

> Oft ist das Denken schwer, indes das Schreiben geht auch ohne es. –
> Wilhelm Busch

---

* Peter Woit spottet in seinem Blog *Not even Wrong* (16.05.12, „The Smell of SUSY") über eine Gruppe von Theoretikern, die in letzter Zeit ihre Vorhersagen nicht weniger als sechs (!) Mal angepasst haben.

WARUM UNTERSUCHUNGEN NICHT GENUG SIND: NACHDENKEN ÜBER EINFACHES

Kinder fragen gerne „Warum?". Der Trieb, das Dahinterliegende zu erfahren, hat uns letztlich zu dem Abenteuer Physik geführt. In der Folge ist die Wissenschaft zum Beispiel zu der Erkenntnis gekommen, dass es vier Naturkräfte gibt. Die Bausteine der Atomkerne, Protonen und Neutronen, bestehen ihrerseits aus Unterteilchen, Gluonen und Quarks. Von Letzteren hat man inzwischen sechs Arten, sogenannte ‚Geschmacksrichtungen', entdeckt, wobei jede sich in drei ‚Farben' unterteilt. Neben diesen schweren Teilchen gibt es zwei weitere Gruppen von Elementarteilchen, nämlich Mittelgewichte und eine leichte Sorte, zu denen Elektronen, Myonen, Tauonen und drei dazugehörige Arten von sogenannten Neutrinos gehören, möglicherweise auch mehr. Alle diese Teilchen besitzen nicht nur Masse und elektrische Ladung, sondern auch sogenannten ‚Isospin', ‚Charm', ‚Bottomness' und etliche weitere Eigenschaften, die sie charakterisieren. Eine auch nur summarische Erläuterung der grundlegenden Begriffe würde hier mehrere Seiten füllen. Dabei äußern sich die meisten Eigenschaften nur in den subtilsten Phänomenen. Gleichwohl gilt all dies als gesicherte Erkenntnis, die in keinem Lehrbuch der Teilchenphysik ernsthaft in Frage gestellt wird. Und doch bilden diese vielgestaltigen Konzepte, genannt ‚Standardmodell', einen augenfälligen Kontrast zu dem Streben nach Einfachheit, mit der zum Beispiel Einstein die damals bekannten Teilchen, Proton und Elektron, als Lösungen seiner Feldgleichungen beschreiben wollte. Und der Nobelpreisträger Paul Dirac – niemand hat wohl das

> Wissen häuft Fakten auf, Weisheit liegt in ihrer Vereinfachung. –
> Martin H. Fischer, deutsch-amerikanischer Mediziner und Autor

Elektron besser verstanden als er – wollte gar die beiden Teilchen als zwei Formen eines einzigen begreifen.

OCKHAMS FRISEURE

Was ging in den Köpfen von Einstein und Dirac vor, als sie ihre revolutionären Theorien entwarfen? Von welchen allgemeinen Überlegungen ließen sie sich leiten? Erwin Schrödinger, der für seinen Beitrag zur Quantenmechanik 1933 mit dem Nobelpreis ausgezeichnet wurde und sich später der Kosmologie zuwandte, bemerkt in seinen Erinnerungen,[5] dass Einstein seine Theorie nur entwickeln konnte, weil er von der Suche nach Einfachheit getrieben war. Tatsächlich war es Einstein gelungen, die Theorie Isaac Newtons entscheidend zu verbessern, ohne dessen wissenschaftliches Credo anzutasten: „Wahrheit findet sich, wenn überhaupt, nur in der Einfachheit, nie in der Vielgestaltigkeit und Vermischung der Dinge." Wie kam es, dass die nachfolgenden Generationen von Physikern fast überall zu einer so anderen, objektiv komplizierteren Sicht der Natur gekommen sind?

In der modernen Astrophysik gibt es ebenfalls ein ‚Standardmodell'. Demzufolge besteht der Kosmos nur zu einem geringen Teil aus sichtbarer Materie, während die überwiegende sogenannte Dunkle Materie aus hypothetischen, jedoch bislang unentdeckten Elementarteilchen bestehen soll. Noch weit mehr soll es von der theoretisch völlig ungeklärten Dunklen Energie geben. Darüber hinaus gibt es etwa ein Dutzend weitere Eigenschaften, die dem Kosmos aufgrund der inzwischen präzisen Beobachtungen zugeschrieben werden. Begriffe wie ‚Bias', ‚Anfangsfluktuationen' oder ‚skalarer spektraler Index' sagen dem Laien nicht viel, aber auch die Experten verstehen nicht wirklich, was sich dahinter verbirgt. Die Physiker wünschen sich diese Vielgestaltigkeit der Natur keineswegs und würden mehrheitlich gerne einem Prinzip des Philosophen Wilhelm von Ockham folgen, nach dem unter konkurrierenden Theorien immer der einfachsten der Vorzug zu geben ist. Bei der metaphorischen Formulierung „Ockhams Rasiermesser" denkt man dabei an eine scharfe Klinge, der zu komplizierte Modelle zum Opfer fallen. In Ermangelung eines einfachen Modells beschloss die Kosmologie jedoch vor einiger Zeit, sich nicht mehr zu rasieren: Der Ausblick auf Alternativen wird inzwischen komplett verdeckt durch den Wildwuchs der dunklen Substanzen, die alle möglichen exotischen Eigenschaften haben sollen. So gelten 96 Prozent des Universums als nicht sichtbar. Und fast 100 Prozent der Kosmologen glauben daran. Aber *einfach* ist etwas anderes.

Wir können Einstein, Dirac oder auch Schrödinger heute nicht mehr nach ihrer Meinung fragen – vielleicht ist ja die Forderung nach einfachen Naturbeschreibungen auch nicht mehr zeitgemäß? Soll man sich so einer naiven Hoffnung hingeben? Tatsächlich gibt es eine überwältigende Anzahl von Beobachtungen, die uns die Standardmodelle der Physik als zutreffend, ja alternativlos erscheinen lassen. So werden zum Beispiel Teilchenentdeckungen mit einer so hohen Wahrscheinlichkeit versehen, dass ein Zweifel daran fast abwegig erscheint. Können wir also mit entsprechend hoher Wahrscheinlichkeit sagen, die Standardmodelle der Physik beschreiben das Universum richtig? Nein. Das wäre ein Denkfehler.

TODSICHER IST GAR NICHTS

Machen wir einen kleinen Ausflug in die Statistik. Angenommen, Sie lassen eine Routineuntersuchung beim Arzt machen, die darauf hindeutet, dass Sie an einer unheilbaren Krankheit leiden. Wenn man Ihnen dann noch mitteilt, dass der durchgeführte Test in 999 von 1000 Fällen richtig diagnostiziert, wird Sie das nicht gerade beruhigen. Ein wenig Wissen über Statistik aber schon. Obige Wahrscheinlichkeit sagt nämlich nichts darüber aus, wie verbreitet eine Krankheit ist, ein typischer Wert wäre zum Beispiel 0,02 Prozent. Wenn sich also 10 000 Leute untersuchen lassen, werden darunter im Mittel zwei Erkrankte sein und durch den Test höchstwahrscheinlich als solche erkannt. Umgekehrt werden durch den Test von 9998 Gesunden etwa zehn irrtümlich für krank gehalten. Wenn Sie sich also unter den als krank getesteten Personen befinden, sind Sie in zehn von zwölf Fällen gesund!

Auch in der Physik ist die Diagnostik hochpräzise. Aber die Verbreitung der Krankheit* entspricht hier der Wahrscheinlichkeit, dass die Natur ihre Gesetze kompliziert gestaltet hat – vielleicht war die ja auch sehr gering. Doch wie sehr dürfen wir an der Ansicht festhalten, die Natur habe einfachen Regeln zu gehorchen? Immerhin waren fast alle Physiker, denen wir grundlegende Fortschritte verdanken, davon überzeugt. Würden sie heute anders denken? Zweifellos ist die Diagnose der momentan anerkannten

---

* Über dieses wissenschaftstheoretische Problem spricht Alan F. Chalmers im Kapitel 12 seines Buches *Wege der Wissenschaft*.

TEIL 1: DER PATIENT PHYSIK

Naturgesetze beunruhigend. Wenn wir jedoch die Gegenwart nicht so wichtig nehmen, zeigt uns die Geschichte eine Reihe von Fehlalarmen, bei denen sich die Natur zunächst heillos kompliziert dargestellt hatte, bevor man eine revolutionäre Vereinfachung fand. In diesem Sinne ist die Wissenschaftsentwicklung bis etwa 1930 ein großes Experiment, in dem komplizierte Modelle noch nie Bestand hatten. Vielleicht ist die Physik doch nicht so krank.

In späteren Kapiteln werden wir die Qualität jener Diagnosen noch unter die Lupe nehmen. Machen Sie sich aber schon jetzt klar: Man kann nicht sinnvoll von einer bestimmten Wahrscheinlichkeit dafür sprechen, dass wir uns auf dem richtigen Weg befinden. Es hängt einfach auch davon ab, wie verbreitet eine ‚Krankheit' ist. Sie *müssen* sich daher entscheiden, welche Bedeutung Sie der Einfachheit in der Natur beimessen wollen. Die Beschäftigung mit ihren Gesetzen erfordert solche historischen und philosophischen Reflexionen. Nach wie vor ist es eine ganz reale Möglichkeit, dass die Standardmodelle der Physik nicht nur nicht perfekt sind – das werden sogar die meisten Physiker einräumen –, sondern ein kontraproduktiver Irrweg. Denken Sie daran, wenn Sie das nächste Mal einen Experten von „gesichertem Wissen" sprechen hören.

> Nichts setzt dem Fortgang der Wissenschaft mehr Hindernis entgegen, als wenn man zu wissen glaubt, was man noch nicht weiß –
> Georg Christoph Lichtenberg

EXPERIMENT & CO. KG

Gegen Hirngespinste wie Multiversen und Inflationen auf Branen wäre man ohne die Forderung nach empirischer Überprüfbarkeit völlig hilflos. Das Experiment ist *die* methodische Erfindung der Physik, die ursprünglich nur der Wunsch nach Naturerkenntnis und daher Teil der Philosophie war. Durch ihre äußerst erfolgreiche Methodik hat die Physik sich selbständig gemacht, und da die meisten Philosophen tatsächlich wenig von Physik verstehen, blickt man gelegentlich mit einem gewissen Spott auf die alte Mutterwissenschaft herab: Sie sei der systematische Missbrauch einer eigens zu diesem Zweck erfundenen Nomenklatur. Und doch, wenn man in größerem Zeitrahmen auf Grundlegendes blickt und die gegenwärtige Produktion von Fakten betrachtet, die wahrhaft industrielle Ausmaße angenommen hat, wünscht man sich gelegentlich einen philoso-

> Einstein, Bohr, Heisenberg und Schrödinger ... sahen dies in einer breiteren philosophischen Tradition, in der sie zu Hause waren.[6] –
> Lee Smolin, theoretischer Physiker

phischen Aufsichtsrat zurück. Die empirische Methode der Physik häuft heute mit dem gleichen Erfolg Wissen an, wie die Marktwirtschaft Güter produziert. Aber ob es nun die Flut von Konsumartikeln ist oder die Datenmenge am CERN: Was nützt uns das, welche wirklich neuen Erkenntnisse gewinnen wir dadurch? Ohne den philosophischen Anspruch, die grundlegenden Fragen nach dem Aufbau der Natur zu beantworten, degeneriert die Physik zur Beliebigkeit wie eine Zivilisation ohne Werte.

Dass dabei Zweige entstehen, die ohne reale Produktion nur mehr Spekulationsblasen erzeugen, hat auch die Theoretische Physik schon an den Rand des Bankrotts geführt.

> Tatsächlich hält sich die normale Wissenschaft die Philosophie vom Leibe, und wahrscheinlich aus gutem Grund. – Thomas Kuhn, Wissenschaftstheoretiker

WISSENSCHAFTLICHES FAIR PLAY: NULLTOLERANZ MIT IDEOLOGIE

Ein unbestechliches Instrument, die Spreu der Fantasien vom Weizen der Forschung zu trennen, ist das Werk *The Logic of Scientific Discovery* von Karl Popper, der darüber nachgedacht hat, wie sich Wissenschaft definiert. Seine These ist ein hochwirksames Mittel gegen jede Esoterik: Sei widerlegbar. Moment, werden Sie sagen, es geht doch immer um Beweisbarkeit. Nein! Exakt beweisbar ist gar nichts, aber eine wissenschaftliche Theorie muss die Möglichkeit einräumen, durch eine Beobachtung widerlegt, also falsifiziert zu werden, andernfalls wird sie zur Ideologie. *Irgendetwas* vorherzusagen, ist allerdings noch keine große Kunst: Man muss schon einen messbaren Zahlenwert auf den Tisch legen, wenn eine Theorie glaubwürdig sein soll. Andernfalls kann man sie im Experiment nie konkret überprüfen – und bei jedem Misserfolg stehen Ausflüchte offen. Ein

> Gott hat alles mit Zahl, Maß und Gewicht erschaffen. – Isaac Newton

neues Elementarteilchen ohne Vorhersage der Masse sollten Sie sich also von einem Theoretiker ebenso wenig servieren lassen wie ein Menü ohne Preisangabe.

Auch als Wissenschaftler muss man sich die philosophische Frage stellen, ob die Welt einfach gebaut ist. Manche verneinen dies und erfreuen sich an der Vielfalt der Erscheinungen wie in einem Botanischen Garten – und können dabei auf ihrem Gebiet erfolgreiche Forscher sein. Andere nehmen die Vielfalt hin und ziehen daraus den eher pessimistischen Schluss, die Physik sei ans Ende ihrer Erkenntnis gelangt, wie etwa David Lindley in seinem provokativen Buch *The End of Physics*. John Horgan sieht in seinem Werk *The End of Science* sogar das Zeitalter der Naturwissenschaften sich dem Ende zuneigen. Ich teile diesen Pessimismus nicht, habe aber eine ganz radikale Meinung: Einfachheit ist für mich das oberste Naturgesetz, und ich halte es für das Kerngeschäft des theoretischen Physikers, Kompliziertes aufzulösen und für vielgestaltige Erscheinungen grundlegende Mechanismen zu finden. Sie müssen sich dieser Meinung nicht anschließen, sind aber dringend aufgefordert, sich eine zu bilden. Denn andernfalls können Sie die Diagnose – die Standardmodelle – nicht beurteilen, die die Physik aufgrund von Beobachtungen heute stellt. Sie unreflektiert hinzunehmen, stellt intellektuellen Selbstmord dar.

> Es liegt im Wesen des Erkenntnisstrebens, das ... die Einfachheit und Sparsamkeit der Grundhypothesen anstrebt.[7] – Albert Einstein

VERSTÄNDNISLOS GLÜCKLICH

Unter denen, die sich widerspruchslos mit einer Vielfalt von Naturgesetzen abfinden, gibt es nicht wenige, denen die Aussicht, Physik zu verstehen, geradezu unheimlich geworden ist. Das Kultivieren des Unverständlichen begann im Grunde schon mit den Interpretationen der Quantenmechanik Ende der 1920er Jahre und setzt sich bis heute fort – einen Vorwand dafür liefernd, dass Theoretische Physik die Geisteskräfte Normalsterblicher übersteigen darf. Bequem ist dies natürlich für die Experten, die dann nichts mehr erklären müssen. Stattdessen belächeln diese heute Physiklegenden wie Hermann von Helmholtz oder Lord Kelvin für ihre erfolglosen Versuche, die Welt der Elementarteilchen mit mechanischen Begriffen *verstehen* zu wollen. Aber hat die groteske Anzahl von Eigenschaften, die man heutzutage den unschuldigen Elementarteilchen nachsagt, denn zu einem überzeugenden Bild geführt?

> Die Naturwissenschaften streben vor allem nach Einfachheit, und je mehr wir verstehen, umso einfacher wird alles. Das widerspricht selbstverständlich der allgemeinen Überzeugung. – Edward Teller, ungarischer Physiker

Was heißt eigentlich ‚Einfachheit' von Naturgesetzen? Viele preisen gerade deswegen das Standardmodell der Teilchenphysik mit seinen Dutzenden von Komponenten – in der Tat stellt es ja eine Vereinfachung gegenüber den Hunderten von Elementarteilchen dar, die man in den 1950er und 1960er Jahren entdeckt hatte. Diese Maßstäbe sind aber doch etwas zu relativ, als dass sie in der fundamentalen Physik überzeugen könnten. Es mag auch Leute geben, die sofort zugreifen, wenn Schuhe für elfhundert Euro um siebzig Prozent billiger werden.

Eine zweite Gruppe von Physikern gesteht nun zu, dass Postulate wie etwa die Dunkle Materie und Dunkle Energie die Standardmodelle der Physik erheblich verkompliziert haben. Sie sind keineswegs überzeugt, dass diese Konzepte auf Dauer gültig bleiben, gleichzeitig meinen sie aber, man müsse weiterwursteln wie bisher. Auch das beschreibende Sammeln von Daten könne ja für künftige Theorien nützlich sein. Der Antrieb liegt hier aber wohl eher im Unbewussten, das uns viele Dinge tun lässt, bei denen die Macht der Gewohnheit von der Einsicht in die Sinnlosigkeit nicht gebremst wird. Wer schreibt schon gern sein Forschungsgebiet als irrelevant ab?

> Die Vereinfachung von irgendetwas ist immer sensationell. –
> G. K. Chesterton

SIRENEN DER SCHÖNHEIT

Komplizierungen sind hässlich und machen uns zu Recht misstrauisch, hingegen spricht die Schönheit einer Theorie leider noch nicht für ihre Richtigkeit. Von der Jagd nach schönen Naturgesetzen droht der Physik sogar große Gefahr – beispielsweise ist nach der ihr eigenen Logik die Stringtheorie zu schön, um nicht wahr zu sein. Aber sogar Johannes Kepler hing jahrelang der Idee nach, zwischen den Bahnen der Planeten Merkur, Venus, Erde, Mars, Jupiter und Saturn befänden sich himmlische Manifestationen der platonischen Körper Tetraeder, Würfel, Oktaeder, Dodekaeder und Ikosaeder. Hübsche Idee, physikalisch aber leider sinnlos. Vor allem kann Schönheit in der Physik niemand so recht definieren, und am schlimmsten ist es, wenn das Argument der Schönheit auch noch nachgeplappert wird, wobei man sich unauffällig mit der Aura des Verständnisses schmückt. Wenn Ihnen zum Beispiel ein Physiker vorschwärmt, wie schön die Theorie der Supersymmetrie sei, können Sie davon ausgehen, dass bei ihm sowohl der Realitätssinn als auch die Fähigkeit zur eigenen Meinung etwas unterentwickelt sind. Einfachheit in der Physik ist zudem grundverschieden von Einfachheit in der Mathematik. Theoreme über große abstrakte Gedankengebäude kurz und prägnant aufzuschreiben, verlangt durchaus Verstand, aber das hat noch nichts mit physikalischer Vereinfachung zu tun. Richard Feynman, der brillante Nobelpreisträger von 1965,

> Der reine Mathematiker, selbst wenn er gut ist, versteht von Physik überhaupt nichts.[8] – Werner Heisenberg, Nobelpreisträger 1932

hat in seinen *Lectures* die mathematische Kurzschreibweise auf die Schippe genommen, indem er alle bekannten physikalischen Gesetze in einer Art Summenzeichen ironisch zu einer ‚Weltformel' zusammenfasste. Eine echte Vereinfachung oder gar Vereinigung ist dies natürlich nicht.

HARMONIE HEIßT VERSTEHEN

Wenn nicht durch Schönheit, wenn nicht durch mathematische Kürze, wenn nicht durch Regeln allein – wie lässt sich dann die Einfachheit einer wissenschaftlichen Theorie beurteilen? Es ist gar nicht so schwer: Man mache aus viel Information wenig. Von Mozart ist überliefert, er habe nach einem Konzert Musikstücke aus dem Gedächtnis aufgeschrieben; das Speichern der auf ihn einströmenden Information wäre vollkommen unmöglich gewesen. Mozart hörte jedoch keine zufälligen Tonabfolgen, sondern die Musik folgte strengen Harmoniegesetzen. Mozart *verstand* diese, und nur so konnte er das Musikstück auf wenige einprägsame Fakten reduzieren. Frühere Himmelsbeobachter, die den Lauf der Planeten aufzeichneten, wie Tycho Brahe in seinem legendären Observatorium im dänischen Uraniborg, müssen überwältigt gewesen sein von der Fülle der Beobachtungen und sich gefühlt haben wie ein unbedarfter Hörer eines Musikstücks. Aber die Natur folgt hier einfachen Regeln: Im Falle der Planetenbewegung ist für die Form der Bahn nur das Produkt aus Sonnenmasse und Gravitationskonstante verantwortlich, welches nach seinem Entdecker Kepler-Konstante genannt wird. Dass Kepler vor Begeisterung über diese Himmelssinfonie mit seinen platonischen Körpern auch über das Ziel hinausschoss, darf man verzeihen. Denn selten hat eine Erkenntnis die Informationsmenge so dramatisch reduziert: Die Daten von Tausenden von Einzelbeobachtungen schrumpften auf wenige Zahlen, sobald man das System verstand. Wissenschaftliche Erkenntnis ist also, nüchtern betrachtet, eine Reduzierung der Information, die man durch Beobachtungen gewonnen hat. Der Wiener Physiker und Philosoph Ernst Mach hat dieses Prinzip der Denkökonomie übrigens zur Grundlage seines Positivismus gemacht (die wortreiche philosophische Kontroverse dazu will ich hier nicht ausbreiten). Klar ist, dass eine Theorie umso besser ist, je weniger freie Parameter – willkürliche Zahlen – sie benötigt, um Naturphänomene

Positivismus ist ein heilsames Gegenmittel gegen die Übereilung, mit der Naturforscher sich gern einbilden, sie hätten ein Phänomen verstanden, wenn sie in Wirklichkeit nur die Tatsachen beschreibend erfasst haben.[9] – Erwin Schrödinger zu beschreiben. Findet man strenge Regeln und wenige wichtige Konstanten, ist man den Geheimnissen der Natur näher gekommen. Verwendet man genauso viele Zahlen, wie es Daten gibt, tritt man auf der Stelle. Entscheidend ist es also, die Anzahl der Parameter einer Theorie zu vergleichen mit der Anzahl der unabhängigen Beobachtungen, die es in einem Gebiet gibt.

Sie werden im Abschnitt über Kosmologie überrascht sein, was der Astronom Mike Disney dazu herausgefunden hat. Und in der Teilchenphysik ist die Situation erst recht verfahren: Über die Anzahl der Parameter – jedenfalls mehr als fünfzig – hat man kaum noch einen Überblick, und die Zahl der unabhängigen Beobachtungen ist nirgendwo dokumentiert. Ein wissenschaftstheoretisches Chaos. Bleiben Sie also skeptisch gegenüber der Behauptung, das Standardmodell der Elementarteilchenphysik habe die Situation vereinfacht, denn die absolute Zahl freier Parameter ist absurd hoch, sodass man damit buchstäblich alles erklären kann. Bezeichnenderweise gab es in der Astronomie schon einmal ein schlechtes System, das die Daten gut beschrieb – das geozentrische Weltbild. Es vereinfachte gegenüber den Beobachtungsdaten durchaus, benötigte aber sehr viele freie Parameter, also unerklärte Zahlen. Keplers und Newtons Gesetze waren hier unvergleichlich sparsamer.

> Die Übereinstimmung einer dummen Theorie mit der Realität sagt gar nichts. –
> Lew Landau, Nobelpreisträger 1962

EINFÄLTIGE VIELFALT

Inzwischen finden wir in der Kosmologie noch weitere unerklärte Zahlenwerte, die in den Theorien versteckt sind. Ich betone dies deshalb, weil viele Physiker der Meinung sind, man müsse allein die richtigen Gleichungen für die Entwicklung des Universums finden, und alles sei in Butter. Der Kosmologe Michael Turner etwa, mit dem ich einmal nach einem Vortrag ins Gespräch kam, vertritt eine erstaunlich pragmatische, um nicht zu sagen naive Ansicht über den frühen Kosmos. Ihn interessieren nur die Gleichungen, doch warum etwa das Universum zu Beginn eine bestimmte Dichte oder Temperatur hatte – Physiker nennen das Anfangsbedingungen –, ist ihm egal. Auch diese Zahlenwerte sind aber Naturkonstanten, bei denen man nicht aufhören sollte nachzufragen. Ich kann nicht umhin, auch hier wieder Einsteins Ansicht als Kontrast anzuführen:[10] „Ich kann mir keine einheitliche und vernünftige Theorie vorstellen, die eine explizite

Zahl enthält, welche die Laune des Schöpfers ebenso gut anders hätte wählen können …"

Manche Physiker können sich mit willkürlichen und für alle Ewigkeit festgelegten Naturkonstanten anfreunden, und es erscheint ihnen ehrgeizig, fast schon frevelhaft, sie berechnen zu wollen. Letztlich unterscheiden sich Naturkonstanten von freien Parametern aber nur wie gute Beihilfen von schlechten Subventionen. Die freien Parameter werden immer mehr. Müssen wir uns damit abfinden, stets neue Komplizierungen der Natur zu entdecken? Natürlich ist es angenehm, im wohligen Halbwissen der Gegenwart zu baden, keine Fragen zu stellen und sich im Notfall die Mühe des Denkens zu sparen mit einer vermeintlich bescheidenen Vielleicht-kann-der-Mensch-die-Natur-ja-gar-nicht-verstehen-Philosophie. Dann kann man Grundlagenforschung aber eigentlich gleich bleiben lassen. Als Wissenschaftler kann man es drehen und wenden, wie man will: Letztlich harrt jede Abweichung von der Einfachheit, jedes nicht zwingende Konzept, jede willkürliche Zahl einer Erklärung. Vielleicht dauert es noch lange, bis wir sie finden. Aber die Natur eher für hässlich zu halten als den Menschen für dumm, ist nicht wirklich bescheiden.

HERUMDOKTERN AN SYMPTOMEN: ÜBER TRANSURANE, EPIZYKLEN UND ANDERE FEHLDIAGNOSEN

„Nun müssen wir aber noch auf einige neuere Untersuchungen zu sprechen kommen, die wir der seltsamen Ergebnisse wegen nur zögernd veröffentlichen... Wir kommen zu dem Schluß: Unsere ‚Radium-Isotope' haben die Eigenschaften des Bariums; als Chemiker müßten wir eigentlich sagen, bei den neuen Körpern handelt es sich nicht um Radium, sondern Barium."

So hörte sich die vielleicht einschneidendste wissenschaftliche Entdeckung des 20. Jahrhunderts an, denn jenes Barium war das erste nachgewiesene Bruchstück eines Uranatoms, dessen Spaltung später zur Atombombe führte. Ehe sich Otto Hahn und Fritz Straßmann zu der obigen Erklärung durchrangen, hatten sie jahrelang an eine aus heutiger Sicht bizarre Interpretation geglaubt. Sie hielten die vielen Spaltprodukte, in die das Uran zerfallen war, irrtümlich für neuartige schwere Elemente, sogenannte Transurane. Für eine Theorie dazu erhielt Enrico Fermi im Dezember 1938 sogar den Physik-Nobelpreis. Nur einen Monat später wurde Hahn und Straßmann klar, dass die Transurane nur ein Phantom waren. Verdient hatte Fermi den Preis dennoch – er hatte erkannt, wie man Kernreaktionen mit den 1932 von James Chadwick entdeckten Neutronen herbeiführen konnte. Diese Kernteilchen können sich durch ihre elektrische Neutralität in die Nähe eines Atomkerns mogeln, ohne den ungeheuren Abstoßungskräften zu unterliegen, die normalerweise Kernbausteine am Verschmelzen hindern.

Hahn und Straßmann ahnten nicht, was sie mit ihrem Experiment auslösten – Zufall spielte bei der Entdeckung der Spaltung schließlich eine größere Rolle als Einsicht. Die Wissenschaftsgeschichte ist voll solcher

Irrungen, und dies muss auch heute zu denken geben. Hahn, selbst nicht Physiker, hatte es in jungen Jahren durch sein Geschick auf dem jungen Gebiet der Radiochemie sofort zu wichtigen Entdeckungen gebracht. Nachdem er Urankerne mit Neutronen beschossen hatte, verriet ihm das langsamer werdende Ticken eines Geigerzählers ein Charakteristikum der entstehenden Substanzen: die Halbwertszeit, nach der die anfängliche Zählrate auf die Hälfte absinkt. Hahn war klar, dass Substanzen, die sich in ihrer Halbwertszeit unterschieden, auch eine unterschiedliche physikalische Natur haben mussten. Besonders gut kannte er sich bei den chemischen Methoden zur Trennung dieser Substanzen aus: Er beherrschte virtuos Fällungen, Kristallisationen und all jene Tricks, von denen Physiker normalerweise nur die Namen gehört haben.

PLAUSIBLES WIRD ZUR AUSREDE

Aber Hahn und Straßmann wurden bald überrascht. In den Substraten bestimmten sie nicht weniger als neun (!) verschiedene Halbwertszeiten von 10 Sekunden bis zu 60 Tagen – welch eine Komplikation. Eigentlich war dies schon verrückt genug, denn für die chemischen Eigenschaften der Elemente sind einzig die positiven Ladungen im Kern verantwortlich – beim Uran sind dies 92. Mochten sich auch die neu angekommenen Neutronen im Kern in positive Protonen umwandeln, konnte man sich die Entstehung der Elemente 93 und 94, vielleicht 95 denken, aber kaum mehr. Wohin mit den anderen Substanzen? Nun, Uran zum Beispiel hat verschiedene sogenannte Isotope, je nachdem, wie viele Neutronen sich zu den 92 Protonen gesellen, meistens sind insgesamt 235 oder 238 Bausteine in so einem Kern. Hahn tröstete sich zuerst mit der Annahme, dass auch die exotischen Elemente 93, 94 usw. Isotope mit verschiedenen Halbwertszeiten haben konnten. Aber selbst das erklärte noch nicht alles. Er erfand noch weitere Kunstgriffe, bevor er einsah, dass er total falsch lag. Die weiteren unterschiedlichen Substanzen hätten Hahn schon verdächtig vorkommen müssen, aber er suchte Zuflucht in einer weiteren Komplikation. Auch nach dem Aussenden eines Teilchens schwingen manche radioaktiven Kerne noch so erregt, dass sie sich erst durch Emission elektromagnetischer Gammastrahlung beruhigen. Dieses Abstrahlen konnte eine unterschiedliche Halbwertszeit besitzen, was Hahn 1921 selbst entdeckt hatte, und so

Oh, was sind wir alle für Idioten gewesen. Genau so musste es sein. – Niels Bohr, Nobelpreisträger 1922, über die Kernspaltung kam es ihm vielleicht gelegen, damit auch noch sein Schema zu retten. Dennoch fiel das ganze Denkgebäude der Transurane Ende 1938 wie ein Kartenhaus in sich zusammen, nachdem Irène Joliot-Curie, Nobelpreisträgerin für Chemie 1935, die frappierende Ähnlichkeit eines Transurans mit dem Element Lanthan aufgefallen war. Sie schrieb: „Die Eigenschaften des R 3,5 h sind die des Lanthans, und es scheint, dass man es nicht von diesem fraktionieren kann." „Es interessiert mich nicht, was die Dame wieder schreibt!", reagierte Hahn unwirsch.[11] Erst als Straßmann ihm den Artikel buchstäblich unter die Nase hielt, testeten sie eine der merkwürdigen Substanzen darauf, ob es sich bei ihr nicht um Barium handeln könnte – Hahn wurde zu seiner Entdeckung also fast genötigt. Beinahe trotzig schreibt er in seinem Buch *Vom Radiothor zur Uranspaltung*, die falsche Theorie der Transurane habe sich „fast zwangsläufig" unter den damals herrschenden Vorstellungen ergeben. Und merkwürdig hölzern wirkt auch eine Bemerkung am Ende:[12]

„Die weitere Entwicklung dieses Forschungsgebietes hat bekanntlich zur Herstellung der ‚Atombombe' geführt. Dieses Gebiet gehörte aber nicht in den Arbeitskreis des Kaiser-Wilhelm-Instituts, und deshalb gehört es auch nicht in den Rahmen dieses Buches."

Hahn verdrängte hier wohl die schrecklichen Auswirkungen der Kernspaltung, die mit seinem Namen assoziiert wird – als er am 6. August 1945 während seiner Internierung im englischen Landsitz Farm Hall vom Abwurf der Atombombe über Hiroshima und den Hunderttausenden von Toten erfuhr, wurde er so depressiv, dass seine ebenfalls internierten Physikerkollegen nachts sein Zimmer kontrollierten, weil sie seinen Selbstmord befürchteten.

Während der Nazi-Herrschaft hatte Hahn einen untadeligen Charakter bewiesen. Straßmann stärkte er wohl den Rücken, nicht um der Habilitation willen der NSDAP beizutreten, seiner jüdischen Kollegin Lise Meitner verhalf er zur Flucht nach Holland, was ihr wahrscheinlich das Leben rettete. Hahn wird daher immer als ein ganz Großer gelten, und seine unerreichte Meisterschaft als Radiochemiker hat ihm zu Recht den Nobelpreis eingetragen. Aber – genial war Hahn nicht. Auf die Vermutung von Ida Noddack-Tacke, dass Kerne gespalten worden sein konnten, reagierte er im Jahr 1934 nur überheblich, und noch dreißig Jahre später vermochte er ihren Namen nur in Klammern anzuführen. Die Vielzahl der entdeckten Substanzen hätte ihn damals auf den Verdacht bringen müssen, dass es sich um leichtere chemische Elemente handelte. Er wunderte sich nicht darüber, dass die Strahlung aus schnellen Elektronen bestand, was eigentlich typisch für Spaltprodukte war. Er dachte nicht nach über die großen Unterschiede in den Halbwertszeiten, die andeuteten, wie weit der Kern sich von seinem natürlichen Verhältnis zwischen Protonen und Neutronen entfernt hatte. Hahn verbot es sich selbst, das Dogma der damaligen Kernphysik anzuzweifeln, Kerne könnten mit langsamen Neutronen nicht gespalten werden.

(1) Otto Hahn, Werner Heisenberg und Lise Meitner im Gespräch

Die Idee sitzt gleichsam als Brille auf unsrer Nase, und was wir ansehen, sehen wir durch sie. Wir kommen gar nicht auf den Gedanken, sie abzunehmen. – Ludwig Wittgenstein

Er fühlte sich als Chemiker nicht kompetent, dem Kanon der Kernphysik zu widersprechen, und vertraute deren Autoritäten – fast bis zur Blindheit. Niemand weiß, wie lange er sich noch verheddert hätte, wäre aus Paris nicht der Hinweis auf das Lanthan eingegangen. Zum Glück waren hier Physik und Chemie so eng verflochten, dass seine eigene Expertise ihm den Beweis für die Kernspaltung vor Augen führte.

Vor allem war die Spaltung letztlich eine einfache Lösung eines nicht allzu großen Rätsels. Dieses Beispiel zeigt aber die Mechanismen, mit denen wissenschaftliche Theorien mitunter entstehen – Muster, die man heute deutlich wiedererkennt. Hahn sah ein etabliertes theoretisches Modell auf Widersprüche stoßen und versuchte es zu retten. Er nahm dabei Komplikationen in Kauf, die zwar nicht unplausibel erschienen, aber doch Fremdkörper blieben. Trotz allem wurde für die Transurane der Nobelpreis vergeben, der komplizierte Irrweg also als Entdeckung geehrt – man glaube nicht, dass so etwas heute unmöglich wäre.

TOD EINES AUßENSEITERS UND LANGLEBIGE IRRTÜMER

Viel weniger Glück als Hahn hatte Alfred Wegener, dessen um 1912 aufgestellte Theorie der Kontinentaldrift nicht fünf, sondern fünfzig Jahre auf Anerkennung warten musste – leider starb er schon 1930 auf einer Grönlandexpedition. Wegener wurde als Meteorologe von den führenden Geologen seiner Zeit als Eindringling betrachtet. Dabei hatte er nur ein paar eindeutige Indizien richtig kombiniert: Nicht nur die Küstenlinien von Südamerika und Afrika deuten auf eine frühere Verbindung hin, sondern auch geologische Formationen und Fossilienfunde. Die Geologen konterten mit der Hilfsannahme, es habe Landbrücken zwischen den Kontinenten gegeben, die später versunken seien. Sie glaubten eher an komplizierte Ausreden, die die Weltkarte wie ein großes Spinnennetz aussehen ließen, als von dem Dogma der Unbeweglichkeit der Kontinente zu lassen. Wie bei der Kernspaltung konnte man sich keinen Mechanismus für den eigentlich offensichtlichen Befund vorstellen. Ein Geologe, Rollin Thomas Chamberlin, äußerte im Jahr 1928: „Wenn wir uns Wegeners Hypothese anschließen wollten, müssten wir alles vergessen, was wir in den letzten siebzig Jahren gelernt haben, und völlig von vorne anfangen." 1960, als Wegeners Theorie endlich durch das Auseinanderdriften des mittelatlantischen Meeresbodens bestätigt wurde, mussten sie dann wirklich noch mal von vorne anfangen. Man

> Die Kunst, die Ursache der Phänomene herauszufinden oder wahre Hypothesen, ist die Kunst des Dechiffrierens, wobei eine geniale Vermutung den Weg stark abkürzt. – Gottfried Wilhelm Leibniz

> In Fragen der Wissenschaft wiegt die Autorität von Tausenden nicht das bescheidene Nachdenken eines einzelnen Individuums auf. – Galileo Galilei

hatte den Kopf in den Sand gesteckt. Solch eine Situation findet man auch heute oft vor: Die Physik ist in Teilgebiete zersplittert, die gegen Kritik von außen weitgehend immun sind. Vor allem ist diese Episode aber beunruhigend, weil eine auf der Hand liegende Erklärung ein halbes Jahrhundert lang keine Anerkennung gefunden hat. Man muss davon ausgehen, dass ein subtiler Irrtum in einem etablierten Paradigma noch viel länger überleben kann.

Wissenschaftstheoretisch höchst interessant ist die Episode des ‚Phlogistons', mit dem die Naturforscher des 18. Jahrhunderts Verbrennungsvorgänge erklärten. Man nahm an, dass die geheimnisvolle Substanz zuerst durch Erwärmung zugeführt wurde und dann bei jedem Feuer entweiche. Der aus heutiger Sicht ungewöhnliche Erfolg der Theorie war durchaus nachvollziehbar: So wurde das Erlöschen einer Kerzenflamme unter einer Glashülle nicht mit dem Aufbrauchen des brennbaren Sauerstoffs erklärt, sondern mit einer Sättigung der Luft mit Phlogiston. Fast spiegelbildlich mimte seine Präsenz die Abwesenheit von Sauerstoff und umgekehrt – eine naheliegende Idee, wenn sie auch einer gewissen Naivität entsprang. Die Schwäche der Phlogistontheorie lag gar nicht so sehr in der Komplizierung, sondern darin, dass eine nicht direkt beobachtete Sündersubstanz für alle möglichen Phänomene verantwortlich gemacht wurde, deren oberflächliche Gemeinsamkeiten die unverstandenen Mechanismen verdeckten. Die Parallele zur Dunklen Materie in der Astrophysik drängt sich hier auf. Dass sie auch *nicht* existieren könnte, scheint vielen undenkbar. Aus genau diesem Grund hielt sich die Phlogistontheorie etwa ein Jahrhundert lang. Solche Zeitspannen müssen zu denken geben.

Ignorant gegenüber der Vergangenheit zu sein, heißt ein Kind zu bleiben. – Cicero

DIE FRANZÖSISCHE ILLUSION UND ANDERE MALHEURS

Aber auch weniger solide Phänomene können ein gehöriges Eigenleben entfalten. Kurz nach Wilhelm Conrad Röntgens Entdeckung von 1895, damals auch X-Strahlen genannt, glaubte der französische Physiker René Blondlot, von einem heißen Platindraht ausgehende ‚N-Strahlen' beobachtet zu haben, deren Lichtspektrum er mit einem Prisma bestimmt habe. Das Phänomen wurde als eine peinliche Selbsttäuschung entlarvt, hatte aber nicht weniger als 300 (!) Veröffentlichungen von etwa 120 Forschern nach sich gezogen, die die Strahlen ebenfalls ‚gesehen' hatten. Es hat schon seinen Grund, dass die Naturwissenschaft auch das Interesse der Soziologen anzieht.

Wer meint, die altertümliche Experimentiertechnik um 1900 sei hier verantwortlich, der lese einen Artikel in *Nature* aus dem Jahr 1969.[13] Er berichtet von einer sensationellen Entdeckung namens Polywasser, das sich vom trivialen Nass durch erhöhte Viskosität und andere exotische physikalische Eigenschaften unterscheiden sollte. Der Grund dafür: Dreck. Diesen wiederentdeckt zu haben, war dann übrigens Gegenstand eines Prioritätsstreits zwischen zwei Amerikanern, die ihre Erkenntnis beide von dem gleichen Russen abgekupfert hatten. Schlimmer kann man sich selbst nicht nass machen.

Weniger als echte Irrwege der Forschung denn als Test für Reparaturmechanismen müssen die nicht wenigen Fälle von Fälschungen in der Wissenschaft gelten. So wurde der Physiker Jan Hendrik Schön für seine anscheinend bahnbrechenden Arbeiten in der Nanotechnologie mit Preisen überhäuft, im Jahr 2001 publizierte er an die 50 Fachartikel, allein 17 davon in der Königsklasse, den Zeitschriften *Nature* und *Science*. Über das Gutachtersystem, das die erstklassigen Leistungen der Menschheit evaluiert, kann man da schon ins Grübeln kommen. Vielleicht wäre sogar das Nobelkomitee in eine Peinlichkeit geschlittert, hätten nicht Kollegen die besonders dreisten Fälschungen erkannt – gleiche Fehlerdaten in verschiedenen Experimenten!

> Eine Lüge kann den halben Weg um den Globus machen, bevor die Wahrheit Zeit hat, die Stiefel anzuziehen. – Mark Twain

Solche Betrügereien zu entlarven kann erstaunlich lange dauern, selbst in Zeiten, als Versuche noch sorgsamer reproduziert wurden als heute. Um 1920 galt der Physiker Emil Rupp als einer der führenden Experimentatoren, ehe sich nach über zehn Jahren herausstellte, dass alle seine Daten gefälscht waren. Originell ist, wie Rupp endgültig aufflog. Einstein hatte sich einmal in einem Vorzeichen verrechnet, und Rupp, der ihm aus Selbstschutz immer recht gab, bestätigte dieses falsche Vorzeichen experimentell. Ein zweifellos nützlicher Fehler.

Aber die Mühlen der Falsifikation arbeiten sehr, sehr langsam, selbst in eindeutigen Fällen – beunruhigend. Die größtenteils idealistische Gemeinschaft der Wissenschaftler ist wohl unzureichend auf Sabotageakte wie Fälschungen vorbereitet. Bei aller Aufmerksamkeit, die Fehlverhalten in der Wissenschaft zu Recht erhält, stellt dies jedoch nicht die größte Ge-

TEIL 1: DER PATIENT PHYSIK

fahr für sie dar. Die allermeisten Wissenschaftler verfolgen ihre Projekte sorgfältig und integer, jedoch zeigen Beispiele wie Otto Hahn, dass auch nach bestem Wissen und Gewissen arbeitende Forscher sich gewaltig verlaufen können. Über Generationen tradierte Vorstellungen sind dabei besonders haltbar – Paradebeispiel ist natürlich das geozentrische Weltbild, das die Astronomie fast zwei Jahrtausende lang dominierte.

> Überzeugungen sind gefährlichere Feinde der Wahrheit als Lügen. – Friedrich Nietzsche

PRÄZISIONSKOSMOLOGIE, DIE DEN VERSTAND ERMÜDET

Dabei war dieses Modell der antiken Astronomie keineswegs unwissenschaftlich. Aus heutiger Sicht lacht man über die Vorstellung des Ptolemäus, die Erde würde im Zentrum der Welt ruhen, und über die dümmlichen Argumente, die Galilei in einem satirischen Dialog dem damaligen Papst Urban als *Simplicio* in den Mund legte. Aber wenige Jahrzehnte vor dem ersten Teleskop, und erst recht zu Zeiten von Kopernikus, klang die Vorstellung noch ziemlich logisch, die Erde sei der Mittelpunkt der Welt. Dass sie sich um die Sonne drehe, erschien dagegen absurd. Schließlich nehmen wir keine entsprechende Bewegung wahr, und außerdem fallen Gegenstände zur Erde – ein starkes Indiz dafür, dass sie das Zentrum des Weltalls sei. Hinweise auf die Bahnbewegung der Erde, etwa die Verschiebung der Sternpositionen, waren noch nicht beobachtbar.

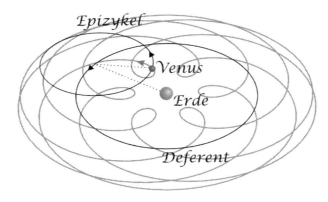

(2) Epizykelmodell

Und schließlich wurde die scheinbare Rückwärtsbewegung von Planeten, etwa wenn wir Mars auf der ‚Innenbahn' um die Sonne überholen, auch anders befriedigend gedeutet: Man stellte sich vor, auf einer Kreisbahn um die Erde sei ein kleinerer Kreis montiert, auf dem Mars seine Runden dreht, ein sogenannter Epizykel.* Heute kommt uns das albern vor, es war jedoch die fast einhellige Überzeugung der klügsten Köpfe. Einzig die Tatsache einer gewissen willkürlichen Komplikation konnte damals Zweifel am Ptolemäischen Weltbild nähren. Weil das Modell der Epizyklen nicht perfekt passte, verschob man den Mittelpunkt des Hauptkreises zu einem sogenannten Exzenter, um mit den Beobachtungen im Einklang zu sein. Und weil gleichsam als Nebenwirkung des Symptomkurierens die Geschwindigkeit immer noch nicht stimmte, postulierte man einen weiteren willkürlichen Punkt, den Äquanten, von dem aus gesehen die Planetenbewegung gleichmäßig erfolgen sollte. Die Epizykeltheorie ist seither zum Synonym für eine gedankenlose Komplizierung geworden. Der Historiker Arthur Koestler nannte sie treffend „Produkt einer müde gewordenen Philosophie und einer im Verfall begriffenen Naturwissenschaft".[14]

> Hätte mich der Herrgott bei der Schöpfung um Rat gefragt, hätte ich etwas Einfacheres empfohlen. –
> König Alfonso X. von Kastilien

LIEBER DIE BESCHREIBUNG IN HÄNDEN ALS DIE ERKLÄRUNG IM KOPF

Offenbar ist Genauigkeit in der Physik nicht alles, solange keine vernünftige Theorie dahinter steht. Dennoch wird heute die offensichtliche Komplizierung der Physik mit dem Argument gerechtfertigt, die Standardmodelle seien so schön präzise – man redet hier komplett aneinander vorbei. Ein Modell mit vielen anpassbaren Parametern tut sich eben unvergleichlich leichter, seinen Kopf aus der Schlinge zu ziehen, wenn die Beobachtungen sich widersprechen.

Nebenbei produziert der Forschungsbetrieb fortwährend Belege für die herrschenden Vorstellungen. Aber auch das ist nicht neu. So bemerkte Ptolemäus, dass sich die Epizyklen von Sonne und Venus genau in einem Punkt berührten, und dass die größte Distanz Erde – Mond (im Modell) dem kleinsten Abstand zum Mars entsprach[15] – reiner Zufall, jedoch musste dies

---

* Solche „Kreise auf Kreisen" gelten auch als Synonym für das ganze Modell.

als schlagendes Argument zugunsten einer naturgesetzlichen Ordnung perfekter Kreise erscheinen. Wie der Physiker Julian Barbour in seinem interessanten Buch *The Discovery of Dynamics* beschreibt, wurde diese Illusion dadurch befördert, dass Ptolemäus' Modell viele Freiheitsgrade besaß: Durch die Unkenntnis der tatsächlichen Entfernungen wurden solche scheinbaren Übereinstimmungen viel wahrscheinlicher.* Je mehr Unbekannte wir in ein Modell stecken, desto eher foppen wir uns selbst durch Zurechtbiegen der nicht direkt beobachteten Größen. Halten Sie sich vor Augen, dass nach dem momentanen Modell der Kosmologie der allergrößte Teil des Universums aus unsichtbaren Substanzen besteht – leider ziemlich viel Raum für Selbsttäuschung. Aber auf allen Gebieten der Physik ist es heute üblich geworden, überraschende Effekte mit neuen Freiheitsgraden zu ‚erklären'. Obwohl Wissenschaftstheoretiker den Kopf schütteln müssten, setzen sich solche Ad-hoc-Erklärungen nach einer Schamfrist gewöhnlich mit dem Argument durch, es gebe nichts Besseres. Aber die Wurzel aller Komplikationen ist Unverständnis.

> Wer sich nicht an die Vergangenheit erinnern kann, ist dazu verdammt, sie zu wiederholen. –
> Georg Santayana, spanisch-amerikanischer Philosoph

KURZLEBIGE WISSENSCHAFT MIT HOMO SAPIENS

Befinden wir uns auf einer Straße der Objektivität wie in der Zeit nach Newton – oder in einer Sackgasse wie Ptolemäus? Leider sehen wir nur, dass viele Leute unterwegs sind. Willkürliche Komplizierungen sprachen jedoch stets für die Sackgasse, sei es bei den Epizyklen oder bei den Transuranen. Und zusätzlich müssen wir feststellen, dass die Irrwege der Wissenschaft auf jeder Zeitskala vorkommen: das kurze Intermezzo der nichtexistenten N-Strahlen, das fünf Jahre währende Übersehen der Kernspaltung, die fast hundert Jahre dauernde Suche nach dem Feuerstoff, schließlich die quälende Zeitspanne bis zu Keplers erlösenden Planetenbahnen. Wie bei einem Erdbeben entlud sich hier die Spannung jahrhundertelanger Widersprüche in einer Revolution, bei der kein Stein auf dem anderen blieb. Längere

> In der Wissenschaft geht es nicht um den Status quo, es geht um Revolution. – Leon Lederman, Nobelpreisträger 1988

---

* Umgekehrt sind viele eigenartige Koinzidenzen in der heutigen Kosmologie nicht erklärbar. Auch dazu gibt es Parallelen: So hätte man sich früher wundern können, warum die Epizyklen von Sonne, Merkur und Venus – Letztere sind die inneren Planeten – ‚zufällig' so nahe beieinander lagen (Barbour 2001, S. 141).

störungsfreie Phasen zwischen kleineren Erdstößen verleiten dazu, das Heraufziehen einer wissenschaftlichen Umwälzung zu übersehen – das Phänomen ist übrigens nicht auf die Physik beschränkt. Der Philosoph Thomas Kuhn hat treffend beschrieben, wie solche Revolutionen mit Paradigmenwechseln einhergehen, wenn sich in zwischenzeitlichen Phasen von ‚Normalwissenschaft' die Ungereimtheiten zu sehr aufgestaut haben. Und normalerweise sind Normalwissenschaftler blind für solche Anzeichen. In Kenntnis dieser Beispiele müssen wir heute vorsichtiger sein.

Besonders kritisch wird eine wissenschaftliche Sackgasse dann, wenn ihre Lebensdauer eine Generation von Forschern überschreitet und somit jene verstorben sind, die noch den Rückweg im Blick hatten. An diesem *point of no return* hilft die Diskussion im Zirkel der Experten nicht mehr weiter, und Rufe von außen, wie beispielsweise die Alfred Wegeners, verhallen. Aristarchos von Samos hat im dritten Jahrhundert vor Christus das heliozentrische Weltbild vorweggenommen – seine Argumente wurden jedoch von Hipparchos, einem herausragenden ‚Normalwissenschaftler', beiseite geschoben. Ist die Lebensspanne von Homo Sapiens also kleiner als der Rhythmus seiner Entdeckungen, gibt es ein Problem. Max Planck sagte dazu, in diesen Fällen schreite die Wissenschaft mit sehr langsamem Tritt voran: von einem Begräbnis zum nächsten. Wird das Weltbild wie heute zusätzlich in Institutionen tradiert, hilft auch das nicht mehr.

> Das Studium der Geschichte ist ein kräftiges Mittel gegen zeitgenössische Arroganz. – Paul Johnson, britischer Historiker

> Ich bin nicht jung genug, um alles zu wissen. – Oscar Wilde

HEILEN MIT GEWALT: WIE KRANKHEITEN DURCH BEHANDLUNG ENTSTEHEN

Die Gesellschaft für Schwerionenforschung in Darmstadt darf sich rühmen, immerhin 6 der 118 bisher bekannten chemischen Elemente entdeckt zu haben. Diese großen Erfolge wurden erreicht, indem man in einem Beschleuniger mit Kernteilchen auf schwere Atomkerne schoss. Dabei entstanden durch Verschmelzung die besagten neuen Kerne, und man konnte sogar auf die Entdeckung ganz neuer Elementarteilchen hoffen. Genau das schien sich 1983 anzubahnen: Hinweise darauf gaben kurzzeitig entstandene Positronen, Antiteilchen des Elektrons mit umgekehrter Ladung,* die man mit sogenannten Positronenlinien nachzuweisen hoffte, auf die nun alle Anstrengungen konzentriert wurden. Mit Erfolg. Man fand die Linien mit einer Signifikanz, die über 99,9999 Prozent Wahrscheinlichkeit entsprach, sodass das Phänomen praktisch kein Zufall mehr sein konnte. Die Theoretiker waren elektrisiert. Der Nachweis der Positronenlinien wäre sensationell und ein Kandidat für den Nobelpreis gewesen, von dem der Forschungsgruppenleiter, Autor eines ganzen Regalmeters von Lehrbüchern, bald träumte. Nach wie vor zeigte sich das Experiment jedoch kapriziös. In manchen Zusammenstößen waren die rätselhaften Signale einfach nicht zu sehen, was man auf ein ‚schlechtes Target' zurückführte, also auf einen unter Beschuss genommenen Atomkern, der irgendwie nicht so wollte. Solche Erklärungen häuften sich. Ein neuer Direktor gab der Gruppe schließlich ein halbes Jahr Zeit, um die Sache endgültig zu klären. Aber mit einem

---

* Elektron-Positron-Paare entstehen durch Erzeugung von Materie aus bloßer Energie nach der Einsteinschen Formel $E = mc^2$.

verbesserten Versuchsaufbau sah man plötzlich *gar nichts* mehr. Die Seifenblase war geplatzt, zehn Jahre Forschungsarbeit waren in den Sand gesetzt. Berufsrisiko der Wissenschaft, könnte man sagen, aber wie konnte es zu so einer groben Fehlinterpretation der früheren Daten kommen? Durch Blickverengung. Die ersten Hinweise machten die Forscher so euphorisch, dass sie in immer kleineren Teilmengen der Daten suchten. Diese waren als interessant ausgewählt worden, eben weil man dort das neue Phänomen sah, das entweder aus einem unbekannten Hintergrund – also einem Störeffekt – bestand oder aus rein zufälligen Fluktuationen, wie ein Bericht der Gesellschaft 1999 zerknirscht bemerkt.[16] Durch Herausfiltern der hier vermeintlich interessanten Daten, eine verbreitete Technik, die Triggern genannt wird, habe sich der Effekt selbst verstärkt. Sorry.

Ehrgeiz ist der Tod des Denkens. –
Ludwig Wittgenstein

SECHSTER SINN MESSGERÄT

Unbedachte extensive Filterung und zu zielgerichteter Ehrgeiz sind die Zutaten dieser peinlichen Geschichte, und doch sollte niemand über die Beteiligten allzu sehr die Nase rümpfen, denn die Problematik ist grundlegend. In komplexen Experimenten tauchen unvermeidlich Artefakte auf, also Fehler, die als ein Signal interpretiert werden können. Sie wirken sich verheerend aus, wenn sie einer theoretischen Wunschvorstellung entsprechen. Die Auswahl der Methoden mit Blick auf das gewünschte Ergebnis ist ja manchmal durchaus sinnvoll, aber es besteht die Gefahr, dass Theoretiker und Experimentatoren sich in ihren Erwartungen wechselseitig verstärken. Die Entdeckung ist vorteilhaft für beide. Auch sorgfältig arbeitende Wissenschaftler unterschätzen diesen Mechanismus.

Dazu kommt, dass immer raffiniertere Apparate unsere direkten Wahrnehmungen ersetzen. Wie sehr wir diesen erweiterten Sinnesorganen aber trauen können – diese Frage stellt man kaum, obwohl sie bereits antike Philosophen aufgeworfen haben, woran Erwin Schrödinger in seinem wunderbaren Büchlein *Die Natur und die Griechen* erinnert. Gerade in Zeiten des *Large Hadron Collider* am CERN ist diese Frage aber hochaktuell. Dabei geht es keineswegs um banale Reflexionen darüber, ob die Welt ‚real' ist oder uns nur ‚scheint', die jeden Physikstudenten langweilen.

(3) Erwin Schrödinger mit seiner Tochter

Aber bei der Komplexität der heutigen Experimente muss man darüber nachdenken, was wir gesicherten Sinneseindrücken gleichsetzen, wenn wir sagen, ein Teilchen wurde „gesehen". Die Angabe der Signifikanz mit hohen Wahrscheinlichkeiten klingt oft beeindruckend, täuscht aber darüber hinweg, wie viele systematische Fehler sich in der Datenauswahl, in der Eichung der Messgeräte, in der Auswerteelektronik oder in den Simulationen zum Herausrechnen von unerwünschten Hintergrundsignalen verbergen können – ein erhebliches Restrisiko. Erst wenn alle diese Helfer unserer Sinne richtig zusammenarbeiten, sollten wir den Verstand zur Theoriebildung nutzen – theoretisch. Nicht selten läuft er etwas voraus.

> Es ist ein Kapitalfehler, eine Theorie zu entwickeln, bevor man Daten hat. Unmerklich verbiegt man dann nämlich die Daten, damit die Theorie stimmt. – Arthur Conan Doyle, britischer Schriftsteller

FILTERN AUF FEHLER KOMM RAUS

Die Eichung von Messgeräten, genannt Kalibrierung, ist in fast allen modernen Großexperimenten von immenser Bedeutung. Man muss natürlich wissen, wie sich ein Gerät ohne das zu messende Signal benimmt, bevor man dieses herauslesen will. So müssen etwa Detektoren in den abgeschirmten unterirdischen Laboratorien, die zurzeit intensiv nach Dunkler

Materie suchen, besonders sorgfältig kalibriert werden. Jeder Detektor ist einer unvermeidlichen Kontamination ausgesetzt, beispielsweise durch Neutronen, die durch die kosmische Höhenstrahlung freigesetzt werden. Wenn dieses Rauschen stärker als das Signal wird, kann man eigentlich nicht mehr messen. Um trotzdem etwas herauszuholen, versucht man die störenden Ereignisse zu simulieren. Kennt man die Störer gut, ist das unproblematisch. Im Falle der Neutronen wird dies, wie wir noch sehen werden,[17] jedoch abenteuerlich oberflächlich gemacht. Interessanterweise ignoriert dabei die Fachgemeinde der Detektorexperimente, was die Kernphysik über die Reaktionen langsamer Neutronen herausgefunden hat. Aber auch anderswo werden Erkenntnisse eines fremden Gebietes oft nur als lästig empfunden. Dabei spielt immer der gleiche Gesichtspunkt eine Rolle: Ersehnte Entdeckungen wie die Dunkle Materie sind einfach spannender als Fehlersuche. Das Prüfen, Suchen und Testen bei der Auswertung, das Erwägen eines Irrtums stellt implizit die eigene Kompetenz in Frage und ist ein frustrierendes Geschäft, die Erwartung des Durchbruchs dagegen, die Vorstellung, der Erste zu sein, höchst erregend. Niemand kann behaupten, dass Menschen in ihrer Urteilsfähigkeit davon unbeeinflusst bleiben.

Das Experiment mit seinen trockenen technischen Einzelheiten ist viel weniger glamourös als das Nachdenken über das Design der Schöpfung, dem sich die Theoretiker hingeben dürfen. So ist die Kosmologie getragen von der Euphorie über die Vermessung des kosmischen Mikrowellenhintergrundes, der einen Blick auf eine Epoche kurz nach dem Urknall erlaubt. Das öffentliche Interesse an der Funktionsweise des Instruments, das sein Signal auf ziemlich indirekte Weise erhält, ist aber gleich null. Ein gemeinsames Problem von Astro- und Teilchenphysik ist das immer exzessivere Herausfiltern von unerwünschten Signalen. Die verbleibenden Beobachtungen werden damit unvermeidlich anfälliger für systematische Fehler – so, wie hochgezüchtete Hühner sich unter dem eigenen Gewicht die Knochen brechen. Die Gefahr, dass misslungene Filterungen Realität vorspiegeln, dass das Unerwünschte zum Erwünschten wird, wird immer größer.

GROSSALARM FÜR DATENSCHLUCKAUF

Zwischen wissenschaftlicher Wahrheit und Illusion liegt oft ein schmaler Grat. Dies offenbart eine Geschichte, die die Teilchenphysik immerhin acht Jahre in Atem hielt.[18] 1985 entdeckte ein britischer Forscher Hinweise auf ein neuartiges Elementarteilchen, ein Neutrino mit einer überraschend großen Ruheenergie* von 17 Kiloelektronenvolt (keV). Die Daten waren zwar nie ganz unumstritten, jedoch gab es immerhin sechs unabhängige Experimente, die auf die Existenz hindeuteten, und wie üblich eine unüberschaubare Zahl von Theorien, die genau dieses Teilchen erwartet hatten.

Auch hier zeigt sich der soziologische Effekt zu Gunsten des bestätigenden Experiments – es tut niemandem weh. Ähnlich wie bei den Positronenlinien in der Schwerionenforschung stellte sich alles als ein Artefakt heraus, bei dem man sich mit der Auswahl des ‚richtigen' Teils der Daten selbst ein Bein gestellt hatte. Vor dieser Versuchung waren übrigens auch die Großen der Vergangenheit nicht gefeit: Robert Andrews Millikan, Nobelpreisträger von 1923, der die Elementarladung als Erster, wenn auch fehlerhaft und unter Auslassung von ‚schlechten' Werten, gemessen hatte, wurde schließlich durch nachfolgende Experimente korrigiert. Interessanterweise entfernten sich diese jeweils in kleinen Schritten von Millikans Wert, womit der Übergang zur Wahrheit wesentlich sanfter erfolgen konnte. Begebenheiten wie das 17-keV-Neutrino werden manchmal als Erfolgsgeschichten der wissenschaftlichen Methode hingestellt, weil die Sache gut ausging und der Fehler gefunden wurde. In Wirklichkeit offenbaren sie aber bedenkliche Mängel in der Genese von Wissen, denn alle modernen Großexperimente sind ungleich schwieriger zu überprüfen als diese relativ einfache Posse. Und klüger ist man eben immer erst hinterher. Sogar die angeblich überlichtschnellen Teilchen der OPERA-Kollaboration im Gran Sasso hielten die wissenschaftliche Welt monatelang in Atem – beflissene Theoretiker hatten schon Einsteins Relativitätstheorie ad acta gelegt. Als dann ein vergleichsweise banales technisches Versehen als Ursache erkannt wurde, trat der Sprecher des Experiments zurück. Warum eigentlich?

DAS EXPERIMENT: MEHR ADVOKAT ALS RICHTER

Interessant ist hier schon, auf welche Weise sich Physiker irren dürfen: Systematische Fehler eines Experiments, auch durch einen unbekannten Effekt, ruinieren den wissenschaftlichen Ruf sofort. Sie gelten als ehrenrührig, selbst wenn sie bei aller Sorgfalt

> Wir hatten die Freiheit, Fehler zu machen. Das ist etwas sehr Wichtiges. – Heinrich Rohrer, Mitentdecker des Rastertunnelmikroskops

---

* Die Ruheenergie ist eine gebräuchliche Bezeichnung, wenn man die (Ruhe-)Masse eines Teilchens mit Einsteins Formel $E = mc^2$ umrechnet.

unvermeidlich gewesen wären. Umgekehrt wird niemand wegen eines erfolglosen theoretischen Vorschlags schräg angeschaut, auch wenn dieser auf noch so hanebüchenen Annahmen beruht – das bleibt ein Kavaliersdelikt. Dem liegt ein Denkfehler zu Grunde, den Wissenschaftstheoretiker als naiven Realismus bezeichnen. Das Experiment wird stilisiert als gerechter Richter, der über Theorien das Urteil ‚richtig' oder ‚falsch' fällt. Aber in jedem komplexeren Versuchsaufbau sind technische Details mit den verschiedensten theoretischen Annahmen so verwoben, dass die Resultate einer umfangreichen Interpretation bedürfen, die keineswegs immer eindeutig gelingt – sagt zum Beispiel der Wissenschaftsphilosoph Ian Hacking.[19] Je länger die Kette der indirekten Schlüsse, desto mehr subtile Fehler können sich einschleichen. Das Ergebnis ist leider nicht automatisch Realität, auch wenn wir es uns als Wissenschaftler wünschen.

Das Wissen gründet sich am Schluß auf der Anerkennung. – Ludwig Wittgenstein

Wenn Sie sich ernsthaft mit den Erkenntnissen der modernen Physik auseinandersetzen wollen, müssen Sie diese historischen, methodischen und soziologischen Bedingungen zur Kenntnis nehmen, unter denen das vermeintlich pure Faktenwissen zustande kommt. Für mich war dabei das Buch *Constructing Quarks* von Andrew Pickering besonders aufschlussreich, weil es diese wichtigen methodischen Fragen mit physikalischem Sachverstand behandelt. Pickering war als promovierter Hochenergiephysiker jahrelang an großen Beschleunigern tätig, bevor er auf die Probleme aufmerksam wurde, mit denen er sich heute als Wissenschaftssoziologe beschäftigt. Ein typisches Dilemma der modernen Physik beschreibt er so:[20]

„Nehmen wir ein Phänomen an, dessen Existenz nach Meinung der Fachleute als gut gesichert gilt. Eine Gruppe von Experimentatoren findet es jedoch nicht. Plötzlich sind sie mit der Möglichkeit eines systematischen Fehlers konfrontiert. Man reproduziert den Versuch, aber keine noch so sorgfältige Detailanalyse hilft weiter. Nun betritt ein Theoretiker die Szene. Er findet die Ergebnisse keineswegs unerwartet, vielmehr stellen sie ein zentrales Element seiner neuen Theorie dar."

Man versetze sich für einen Moment in diese Lage. Jeder wird hier Erleichterung verspüren. Und hierbei handelt es sich um eine Situation, die in der Wissenschaft erstaunlich oft vorkam. Pickering analysiert:

„Dies schafft neue Optionen: Die Experimentatoren können die Ergebnisse als Manifestation der neuen Theorie interpretieren, anstatt als unerfreulichen systematischen Fehler, und weitere Experimente in dieser Richtung unterneh-

men. *Die Theoretiker können an dem Ansatz weiter arbeiten, umso mehr, als es jetzt experimentelle Hinweise auf die Gültigkeit gibt."*

Weil Pickering* viele solcher wunden Punkte fand, wurde sein Buch von der Gemeinde der Teilchenphysiker nicht gerade begeistert aufgenommen. Bezeichnend für die Überheblichkeit ist ein Kommentar in einer Rezension:[21] „Inhaltlich sehr fundiert, beweist es doch die totale Nutzlosigkeit soziologischer Argumente für die Physik." Manche stecken den Kopf gern tief in den Sand.

> Ein Buch ist ein Spiegel, aus dem kein Apostel herausgucken kann, wenn ein Affe hineinguckt. – Georg Christoph Lichtenberg

DATENHYPOCHONDRIE

In einem bizarren Zeitraffer sah man die beschriebene Szene zum Beispiel in der aufgeheizten Atmosphäre vor der Schließung des *Tevatron* am Fermilab in Chicago, die mit der Inbetriebnahme des *Large Hadron Collider* am CERN einherging. Die Forscher am Fermilab hatten eine unerwartete Abweichung in ihren Daten entdeckt. Wie Paparazzi hatten sich einige Theoretiker die Kurvenpunkte aus einer unautorisierten Diplomarbeit geholt, sodass schon zwanzig Minuten (!) nach der offiziellen Datenveröffentlichung eine theoretische Erklärung „Technicolor am Tevatron" die Welt beglückte.[22] Beteiligt war übrigens auch ein Kosmologe und Fan der Dunklen Materie. Nach ein paar Tagen war der Spuk dann vorbei. Hat der Ruf des ‚Technicolor'-Modells darunter gelitten? Natürlich nicht. Theoretiker sind immun gegen Blamagen.

Jedem, der sich hier etwas am Kopf kratzt, müssen doch zwei Dinge auffallen: Wie die Politik produziert der Wissenschaftsbetrieb keine langfristigen, geschweige denn durchdachten Visionen, sondern betreibt ein Krisenmanagement des Augenblicks, weil man sich unbequeme Fragen nicht stellen will. Zudem wird man den Eindruck nicht los, dass es kein Resultat der Hochenergiephysik gibt, das nicht mit einer passenden Erweiterung

> Ich habe nichts dagegen, wenn Sie langsam denken, aber ich habe etwas dagegen, wenn Sie rascher publizieren als denken. – Wolfgang Pauli, Nobelpreisträger 1945

---

* Leider wurde er auch von einer Gemeinde ‚sozialer Konstruktivisten' instrumentalisiert, einer Spezies, die von Naturwissenschaft nichts versteht und daher jegliche Forschung als ‚soziales Konstrukt' abwertet. Wunderbar entlarvte dies der Physiker Alan Sokal, der der Zeitschrift *Social Text* einen vor Unsinn strotzenden Artikel „Grenzen überschreiten: Zu einer transformativen Hermeneutik der Quantengravitation" unterjubelte.

der Modelle in Einklang zu bringen wäre, also letztlich beliebig interpretierbar ist. Für jeden denkbaren Datensalat steht ein theoretisches Dressing bereit, um uns das Neue schmackhaft zu machen, ohne dass noch jemand fragt, woher die Dickleibigkeit des Standardmodells kommt. Mit Überprüfbarkeit, nach Karl Popper das entscheidende Merkmal von Wissenschaft, hat das allerdings nicht mehr viel zu tun. Und einige fundamentale Probleme hat man dabei ohnehin längst aus den Augen verloren.

UNGESUNDE SYMBIOSE

Vielleicht hat Popper mit seiner Wissenschaftstheorie sogar wider Willen dazu beigetragen, dem Experiment den Nimbus der kontrollierbaren Frage an die Natur zu verleihen. Er kannte die Hochenergiephysik allerdings noch nicht mit ihrer ganz speziellen Arbeitsteilung: Die Experimentatoren sind für das Entdecken, die Theoretiker für das Erklären zuständig – eine Situation, die bei fachlicher Nähe unweigerlich zu einer Schieflage führt, denn beide bevorzugen diejenige Lesart der Ergebnisse, die dem einen als Arbeitsgebiet, dem anderen als Rechtfertigung dient. Im Zweifel für das Neue, eine Art kognitiver Placeboeffekt, der auch deshalb so gut wirkt, weil das nötige Expertenwissen im jeweils anderen Gebiet fehlt. Auch Theoretiker und Experimentatoren müssen einander vertrauen. Eine Revision der neuen Entdeckung wäre hingegen für beide peinlich, und dies verdammt Theoretiker und Experimentatoren zur Symbiose. Das hat nichts mit Unredlichkeit zu tun, sondern spielt sich, vielleicht noch mächtiger, im Unbewussten ab. Das Ganze ist einem Kartenspiel vergleichbar, in dessen Verlauf permanent die Regeln angepasst werden. Der Erfolg ist dann nicht verwunderlich, aber das Experiment als Abbild der Realität wird hierbei zur Karikatur.

> ... wie experimentelle Forschungen von einer theoriebesessenen Geschichtsschreibung in Untersuchungen einer Theorie verwandelt werden, von der die experimentellen Forscher gar keine Vorstellung hatten.[23] –
> Ian Hacking, Wissenschaftshistoriker

> Die Experimentatoren können heute keine Zahlenreihe mehr aufaddieren, und die Theoretiker schaffen es nicht, sich die Schnürsenkel zu binden. –
> Isaac Rabi, Nobelpreisträger 1944

Insbesondere sind auch die Berühmtheiten fehlbar, die darüber befinden, was Realität ist. So zeigte Carlo Rubbia, damals Leiter eines Experiments am CERN, im November 1982 seine neuesten Bilder von Teilchenkollisionen den Nobelpreisträgern Weinberg, Glashow und Salam, die darin einhellig das neue (und von ihnen erwünschte) Teilchen W-Boson erkannten. Später stellte sich dieses konkrete Ereignis als Artefakt heraus.[24] Auch Physiker urteilen manchmal nicht verlässlicher als Kunsthistoriker, die einen Rembrandt am Pinselstrich zu erkennen glauben.

Bei allen Beobachtungen der Hochenergiephysik, aber auch zunehmend in anderen Gebieten, ist die relevante Information nur noch ein winziger Bruchteil der produzierten Rohdaten, der mit immensem Aufwand herausgefiltert wird. So war man etwa bei der Suche nach dem Higgs-Teilchen am CERN darauf angewiesen, ein störendes Hintergrundrauschen zu entfernen, das billionenfach stärker als die erwünschten Signale ist – so als ob man beim Abbau von tausend Tonnen Gestein in einem Bergwerk ein Milligramm zuviel erhält. Bei einer geplanten Kartierung des Himmels im Radiowellenbereich ist das unerwünschte Vordergrundrauschen der Milchstraße ‚nur' zehntausendfach größer, der Ehrgeiz, ein Signal aus dem Kosmos destillieren zu können, aber ebenso fragwürdig. Gerade bei denjenigen Daten, die ursprünglich sehr präzise sind, muss man die meisten Filterungen, Bearbeitungen und Mittelungen durchführen. Bei Kollisionen in der Teilchenphysik geht man davon aus, dass man Tausende von Umwandlungsprozessen genau versteht, und man versucht, sie in Computersimulationen zu beschreiben. Solange die Ergebnisse mit den Erwartungen harmonieren, sind sie allerdings uninteressant, erst die Unregelmäßigkeit gilt als spannend. Man jagt praktisch alle 41 Mozart-Sinfonien durch den Kamin, um zwei dissonante Noten zu ergattern. Wissenschaft? Heutzutage schon. Wir bilden uns ein, umso mehr über die Natur zu erfahren, je winziger die Effekte sind, die wir mit immer größerem Aufwand herausfiltern – eine Art von Homöopathisierung der Physik. Eigentlich handelt es sich um einen schleichenden Übergang zur Nichtfalsifizierbarkeit: Bei der Überprüfung dieses Fast-Nichts sind wir auf dem Weg dorthin, wo wir von gar nichts mehr alles wissen.

HALLUZINOGENE BEOBACHTUNGEN UND ECHTE ENTDECKUNGEN

Der Wunsch nach Entdeckung führt gelegentlich dazu, buchstäblich aus dem Nichts etwas herauszulesen. Carl Sagan, der durch seine Popularisierungen wohl eine ganze Generation von Astronomen geprägt hat, beschreibt in seinem Buch *Cosmos*, wie jemand allein aus der undurchsichtigen Wolkendecke der Venus folgert, es müsse darunter Leben geben.[25] Das ist natürlich Satire, bringt aber das Phänomen des Mit-Gewalt-sehen-Wollens auf den Punkt. *Cosmos* wäre eine lehrreiche Lektüre für manchen Forscher, der aus seinen Computersimulationen des ‚dunklen Zeitalters' Rückschlüsse auf die Frühzeit des Universums zieht. Die Computerrealität dient den Theoretikern oft als rosarote Brille. Wissenschaftlich sind fehlende Beobachtungen aber Alarmstufe Rot.

> Das Schattenreich ist das Paradies der Phantasten. – Immanuel Kant

Lässt man die Wissenschaftsgeschichte Revue passieren, so fällt auf, dass viele revolutionäre Entdeckungen gemacht wurden, indem Forscher quasi darüber stolperten – etwa die Radioaktivität, der kosmische Mikrowellenhintergrund oder auch die Ionosphäre. Mit unbefangener Naturbeobachtung ließen die Entdecker diese Erkenntnisse zu sich kommen, im Kontrast dazu wollen heutige Wissenschaftsarchitekten mit aller Macht ihr Gedankengebäude errichten. Viele moderne Konzepte wurden mit großem Ehrgeiz und zielgerichteter Forschung an der Messgrenze verfolgt, konnten sich jedoch erst im Laufe von Jahrzehnten ‚etablieren', nachdem die Skeptiker irgendwann resigniert hatten. Eigentlich sollte es so sein, dass die Natur mit etwas überrascht – und man *dann* eine Theorie dazu entwickelt. Im Gegensatz dazu sorgte in den letzten Jahrzehnten oft die Theorie für die Überraschung – nämlich einen Widerspruch, für dessen Erklärung dann ein geeignetes Teilchen generiert wurde.

> Die Glühbirne ist nicht durch eine stetige Verbesserung der Kerze entstanden. – Unbekannt

Echte Entdeckungen kommen meist aus heiterem Himmel. Dieses Phänomen geht weit über die Physik hinaus und wird nach dem Buch von Nassim Taleb auch als ‚schwarze Schwäne' bezeichnet: Niemand hat den Computer, das Internet oder die Quantenmechanik erwartet oder gar vorhergesagt. Entsprechend tumb ging die etablierte Wissenschaft auch mit manchen Sensationen um: Gerd Binning, Nobelpreisträger und Erfinder des Rastertunnelmikroskops, wurde bei der Präsentation seines Gerätes ausgelacht; dem Erfinder des Lasers, Theodore Maiman, wurden Finanzmittel gestrichen, weil seine Entwicklung „keinen Anwendungsbezug" hatte. Die Liste solcher Beispiele ist lang.[26]

> Jemand mit einer neuen Idee gilt so lange als Spinner, bis sich die Sache durchgesetzt hat. – Mark Twain

UND BIST DU NICHT WILLIG, SO BRAUCH ICH GEWALT

Weil Wissenschaft so wenig planbar ist, ist zweckgerichtete Förderung wahrscheinlich oft ein Hemmschuh des Fortschritts. Ein Projekt zur Erforschung der Dunklen Energie wird kaum zum Ergebnis haben, dass sie gar nicht existiert – obwohl das durchaus sein kann. Es gibt keine große Entdeckung der Physik, die vorher beantragt worden wäre. Neue Wege, die den etablierten Modellen zuwiderlaufen, haben geringe Chancen auf Förderung, und wenn ein Querdenker sich dorthin wagt, gilt es als abwegig. Nur: Man muss vom normalen Weg abgehen, um über eine Entdeckung zu stolpern. Auf den Autobahnen der Wissenschaftslandschaft, auf denen sich die Masse der Wissenschaftler zu den Modethemen drängt, wächst nicht viel Kreativität. Bei Forschungsanträgen ist es üblich geworden, dass man schon vorher angeben muss, was herauskommt, spätere Entdeckungen sind eigentlich nicht vorgesehen. Kleinere Gruppen haben daher meist schon das geplante Resultat in der Schublade, sodass man mit dem Geld noch etwas Neues machen kann. Bei den ehrgeizigen Großprojekten unter intensiver Begutachtung ist dies natürlich kaum möglich. Derek de Solla Price, ein höchst origineller Wissenschaftshistoriker, pflegte daher an seine Veröffentlichungen folgende Bemerkung anzuschließen:[27] „Hier wird für keine Unterstützung von welcher Organisation auch immer gedankt, aber es wurde auch keine Zeit für das Schreiben von Anträgen verschwendet."

> Leute, die große Entdeckungen machen, schaffen es irgendwie, sich von konventionellem Denken zu befreien. – Anthony Leggett, Nobelpreisträger 2003

> We've got no money, so we've got to think. – Ernest Rutherford, Nobelpreisträger für Chemie 1908

Wie wurden die großen Fortschritte der Physik erzielt? Bei der Quantenmechanik dachte Niels Bohr nach und kombinierte – die von Max Planck entdeckte Naturkonstante h konnte ja auch anderswo Bedeutung haben –, und die Folge war eine Revolution der Atomphysik. Ein Geistesblitz ohne lange Rechnung, der komplette Gegenentwurf zur heutigen Theoretischen Physik. Bohr hörte der Natur zu, anstatt ihr mathematische Theorien einzureden, wie es bei den sogenannten Standardmodellen heute geschieht. Trotz teilweise langer Lebensdauer waren solche Modelle selten erfolgreich, und doch wuchert heute das Zusammenspiel von komplizierten Theorien und komplexen Experimenten immer weiter – kein Anbau an das Modell scheint zu viel, ein Fortschritt, der nur Gleichschritt ist. Statt Offenheit für Überraschungen sehen wir Filterung und Blickverengung, Gigantomanie statt Kreativität, Ehrgeiz statt Neugier, Gruppendenken statt Querdenker, Theorien, die sich ausbreiten statt einleuchten. Aber trotz der enormen Mittel, trotz langer Planung und aller Anstrengung sind wir Zeugen einer ermüdend langsamen Entwicklung. Kein gutes Zeichen.

BIG SCIENCE: VOM GRUPPENZWANG ZUR KOLLEKTIVEN VERDRÄNGUNG

Das aufwendigste Experiment der Menschheit, der *Large Hadron Collider* am CERN, beschäftigt, wenn man alle Gastwissenschaftler hinzurechnet, etwa zehntausend Forscher. *Ein* Forscher, Michael Faraday, der Entdecker der elektromagnetischen Induktion, notierte im Laufe seines Forscherlebens, das um 1810 als Buchbinder begann, in sein Laborbuch etwa zehntausend Experimente. Es ist sicher nicht ganz fair, diese Zahlen nebeneinander zu stellen. Aber kann man ernsthaft behaupten, die Wissenschaft arbeite noch unter den gleichen Bedingungen wie früher? Ist dies wirklich seit zweihundert Jahren das gleiche idealisierte Wechselspiel zwischen Theorie und Experiment, die gleiche ‚wissenschaftliche Methode'? Es wäre töricht, die soziologischen und psychologischen Effekte auf den einzelnen Forscher zu leugnen, die dieser Wandel der Epochen mit sich brachte, aber sicher blieben auch die Ergebnisse der Physik nicht ganz unbeeinflusst. Denn Wissenschaft wird von Menschen gemacht.

Bei der Solvay-Konferenz 1927 diskutierten noch alle führenden Physiker miteinander - wahrscheinlich zum letzten Mal. Heute gibt es pro Jahr Hunderte von Konferenzen mit Zehntausenden von Teilnehmern. Die Physik hat sich in zahllose Teilgebiete aufgespalten. Für die Anwendung ist das sicher unvermeidlich, aber gilt dies auch für die Suche nach den fundamentalen Naturgesetzen? Hier taucht wieder die Frage nach der Einfachheit auf. Haben die Forschergruppen, die sich mit elementaren Fragen befassen, sich deswegen zersplittert, *weil* die fundamentale

> Sich die Geschichten und das Leben der wissenschaftlichen Gemeinschaft anzusehen ist wichtig für das Verständnis der Wissenschaft selbst.[28] – Robert P. Crease, Hochenergiephysiker

Physik nicht mehr einfach ist? Oder sieht die fundamentale Physik auch deswegen nicht mehr einfach aus, *weil* sie aus Erkenntnissen zusammengewürfelt wurde, die in getrennten Gemeinden der Physik gewonnen wurden? Neutrino- und Hochenergiephysiker, Experten zur Galaxiendynamik und Gravitationsphysiker können heute nicht mehr auf der Ebene echten Verständnisses kommunizieren. Kaum jemand kann Rohdaten außerhalb seines Fachgebietes interpretieren, niemand kann die Kette der detaillierten Schlussfolgerungen des jeweils anderen wirklich nachvollziehen oder gar nachprüfen. Sie müssen einander glauben.

> Es ist die Perfektion von Gottes Werken, dass sie alle mit der größten Einfachheit gemacht wurden. – Isaac Newton

Es wäre leichtfertig, wenn die Physiker den kritischen Blick der Soziologie auf ihr Fach nicht zur Kenntnis nehmen. Was Andrew Pickering in seinem Buch *Constructing Quarks* oder Harry Collins in seinem Werk *Gravity's Shadow* dargestellt haben, sind Fakten, die die Physik betreffen: Wie Forscher kommunizieren, auf was sie vertrauen, welche Rolle Wettbewerb, Autorität und Gruppendynamik spielen – das wirkt sich nachweislich darauf aus, was sich als wissenschaftliche Wahrheit durchsetzt.

> In den frühen Tagen der Wissenschaft wurde aus dem Kampf gegen die Autoritäten unsere Freiheit zu zweifeln geboren. – Richard Feynman, Nobelpreisträger 1965

Insbesondere können wir fundamentale Physik nicht wirklich verstehen, ohne einen gründlichen Blick auf ihre Geschichte zu werfen. Derek de Solla Price beschreibt in seinem Buch über *Big Science*, wie er sämtliche Bände der Zeitschrift *Philosophical Transactions of the Royal Society of London* von 1662 – 1930 Zeile für Zeile las[29] – alle wesentlichen wissenschaftlichen Erkenntnisse waren darin enthalten. Man stelle sich das heute vor! Ein Ding der Unmöglichkeit, dabei wäre ein Überblick so notwendig. Es ist kein Zufall, dass Einstein in der Elektrodynamik, der Quantenmechanik, der Thermodynamik und natürlich in den von ihm entwickelten Relativitätstheorien sowie in der Kosmologie zu Hause war, also in allen fundamentalen Gebieten der Physik, und zugleich die wesentlichen experimentellen Ergebnisse der Zeit kannte. „Man bräuchte eben einen neuen Einstein!", seufzen Physiker zuweilen, aber die Aussage ist nicht durchdacht. Bei sieben Milliarden Menschen und den heutigen Bildungsmöglichkeiten sollte sich eigentlich jemand finden lassen, der Einstein das Wasser reichen könnte. Aber ein Einstein *kann* heute nicht mehr existieren, weil es unmöglich geworden ist, die fundamentale Physik zu überblicken. Die Frage lautet wieder:

Sind die Menschen wesentlich dümmer geworden, oder hat die Menschheit die fundamentale Physik in einen Zustand befördert, der in seiner Unübersichtlichkeit nicht mehr zu retten ist? Denn Schwarmintelligenz gibt es doch hauptsächlich in Romanen von Frank Schätzing.

GROßE TIERE MIT LANGEN LEITUNGEN – WACHSTUM IST NICHT ALLES

Einsteins Leben spiegelte auch die weltpolitischen Verwerfungen wider, die die Physik veränderten.[30] Als die Nazi-Ideologie die wissenschaftlichen Zentren vergiftete, wurden Einsteins Leistungen von den Vertretern einer ‚Deutschen Physik' diffamiert, schließlich symbolisierte seine Emigration 1933 das Ende der philosophisch verwurzelten Physiktradition Europas. Und kaum ein Ereignis hat die Physik so beeinflusst wie die Atombombenabwürfe im August 1945. Die Wissenschaft war neben die Politik gerückt, ja mächtig geworden.* Die Apparate und Beschleuniger, die die Kräfte des Atomkerns entfesselt und jene auf dem Globus verschoben hatten, rückten ins Zentrum des Interesses, entwickelten aber auch ein Eigenleben. Wie dramatisch sich die Wissenschaft nach dem Zweiten Weltkrieg verändert hat, kann man vielleicht am besten durch die Lektüre des Buches *Making Physics* von Robert P. Crease verstehen. Mit immer größeren Beschleunigern entstand das Gebiet der Hochenergiephysik. Das handtellergroße Zyklotron, von Ernest Lawrence im Jahr 1930 entwickelt, wuchs auf den heutigen, schier unglaublichen Umfang von 27 Kilometern am CERN an. Entfaltet hier nicht schon die pure Größe eine suggestive Überzeugungskraft? Und doch wird der wissenschaftliche Fortschritt anders gemessen als der technologische.

> Am Ende des Krieges standen die Physiker, die für Kriegszwecke gearbeitet hatten, vor der Frage, was sie nun anfangen sollten.[31] – Emilio Segrè, Nobelpreisträger 1959

Mit *Big Science* wurde die Physik abhängig vom Geld: Heute gibt es Konkurrenz um riesige Budgets, viele Gruppen verheimlichen sogar ihre Techniken, um einen Vorsprung vor anderen zu erhalten. Das ist absurd, denn

> Seit Lawrence musste man, wenn man auf unserem Gebiet berühmt werden wollte, selbst den größten und leistungsfähigsten Beschleuniger haben.[32] – Carlo Rubbia, Hochenergiephysiker und Nobelpreisträger 1984

---

* Mächtiger, als ihr guttat. Als die Militärs den Einsatz über bewohntem Gebiet planten, äußerte von den vier Mitgliedern des *scientific panel* – Compton, Oppenheimer, Fermi und Lawrence – nur Letzterer entschiedenen Widerspruch (Jungk, S. 209).

der Wissenschaft wohnt etwas Kontemplatives, zutiefst Nichtkompetitives inne. Wenn es um Geld geht, ist Größe von Vorteil. Aber konzentrierte Forschung in großen Einrichtungen ist schon deshalb bedenklich, weil sie sich auswirkt wie in Biologie und Wirtschaft: Artenvielfalt ist gesund, Oligopole knebeln, Megaprojekte sind fehleranfällig, und den Dinosauriern der Wissenschaft droht deren Schicksal. Man kann Entdeckungen nicht planen – und noch weniger mit Geld kaufen. Aber besonders in der Hochenergiephysik hat sich eine Spirale sich selbst reproduzierender Gigantomanie ausgebildet, die der Kreativität alles andere als zuträglich ist. Emilio Segrè, der Entdecker des Antiprotons, bemerkte dazu schon 1972:[33]

> Wissenschaft ist die Suche nach der Wahrheit – nicht ein Spiel, in dem man seinen Gegner zu besiegen versucht. – Linus Pauling, Nobelpreisträger 1954

„Planung und Entscheidung liegen oft in der Hand von Komitees, deren Einfallskraft zu vertrauen nicht leichtfällt. Die Physiker sind heute gezwungen, sichere Experimente vorzuschlagen, deren Ergebnisse auf der Hand liegen und die hauptsächlich wegen der verwendeten Energieregion, in der sie durchgeführt werden, interessant werden, im übrigen aber eher einfältig sind."

Damals waren die Beschleuniger noch hundertmal kleiner. Es wäre interessant, ihn heute zu hören. Alvin Weinberg, langjähriger Direktor des Oak Ridge National Laboratory und Berater von US-Präsident Kennedy, gab in seinem Buch *Reflections on Big Science* zu bedenken:[34] „Die Atmosphäre eines Komitees ist zu kompetitiv, zu verbal, zu formal, als dass Weisheit daraus erwachsen könnte", und fügt hinzu: „Entdeckungen sind meist ein individueller Akt [...] ich kann mir nicht vorstellen, dass so etwas wie die Relativitätstheorie oder die Dirac-Gleichung in einem Team gefunden wird, wie es heute charakteristisch für *Big Science* ist."[35] Allein der Zeitrahmen für ein neues Experiment ist heute erdrückend: Während früher ein neuer Versuchsaufbau innerhalb von Wochen Resultate zeigte, liegt die Zeitspanne zwischen Planung und Auswertung beim *Large Hadron Collider* bei etwa zwanzig Jahren, ohne dass ein Einzelner sich nennenswert einbringen könnte. Welcher kreative junge Physiker kann sich von dieser Perspektive angezogen fühlen?

EINSIEDLER UND HERDE

Da man vermeiden will, dass Einzelne sich auf Kosten der Gruppe profilieren, werden Resultate von großen Kollaborationen erst veröffentlicht, nachdem man sich über die Datenbearbeitung geeinigt hat. Dabei kann in der Diskussion auch eine Meinung untergehen, die sich später als richtig herausstellt. Aber auch die Öffentlichkeit erwartet Konsens, denn nichts wäre dem Ansehen schädlicher als zerstrittene Wissenschaftler, die sich nicht auf ein Vorgehen einigen können. Der Zwang zur Einigung mit dem Extremfall des Kompromisses hat jedoch etwas zutiefst Unwissenschaftliches. Oft waren es die größten Entdeckungen, die die Mehrheit zunächst für abwegig hielt. Bestimmt diese, was gemacht wird, wird manch wirklich Interessantes gar nicht erst untersucht. Solche ‚Demokratie', wenn sie Macht ausübt, ist Gift für die Kreativität.

Verfolgt man die physikalischen Erkenntnisse seit Beginn von *Big Science*, lohnt auch ein Blick auf die Vergabe der Nobelpreise. Obwohl die Forschungsaktivitäten in der Nachkriegszeit explodiert sind, erachtete die Schwedische Akademie offenbar nur wenige aktuelle Entdeckungen als preiswürdig und griff schon ab den 1960er Jahren immer weiter in die Vergangenheit zurück.[37] Anstatt einzelner Arbeiten wurden mehr und mehr auch die Lebensleistungen der Laureaten gewürdigt. Obwohl hier ein Mangel an fundamentalen Ergebnissen der Physik sichtbar wird, ist die Lage für die Teilchenphysik noch geschönt. Denn angeblich verabredeten sich die acht prestigeträchtigen Universitäten im Osten der USA oft untereinander, welcher Name zuerst genannt wird, wenn sich ein Anrufer aus Stockholm nach Kandidaten erkundigte. Da blieb häufig nicht viel Auswahl.

> Ich bin nicht geeignet für Tandem- oder Teamarbeit ... Solche Isolation ist manchmal bitter ..., aber ich fühle mich dafür kompensiert, da ich damit unabhängig sein kann von den Gebräuchen, Meinungen und Vorurteilen anderer, und versuche nicht, den Frieden meines Geistes auf solch schwankenden Fundamenten ruhen zu lassen.[36] – Albert Einstein

WAHRHEIT UNTER DRUCK

Neben Auszeichnungen, über die man sich auch oft wundern muss, besteht wissenschaftlicher Erfolg aus Publikationen. Konsens hilft natürlich, den Weg in die begutachteten Zeitschriften zu ebnen, und weil Stromlinienförmiges gerne durchgewunken wird, quillt aus den Journalen eine Flut von korrekten, aber oft inhaltsleeren Publikationen. Weil sich Quantität so leicht erzeugen lässt, sind ‚Qualitäts'-Bewertungen entstanden, die sich – tolle Idee – nach der Häufigkeit des Zitierens richten. Dies lässt sich natürlich leicht beeinflussen, und so läuten diese hilflosen Versuche nur eine neue Runde des grassierenden Evaluationsfetischismus ein. Für wirklich Hervorstechendes haben wir keine Kriterien – es gibt sie nicht, weil Wissenschaft nicht mit Mehrheitsmeinungen fortschreitet, sondern allenfalls durch den Schutz kreativer Minderheiten. Inhaltlich ist die Begutachtung komplexerer Arbeiten eine Farce, denn niemand kann sich die Arbeit machen, alles nachzuprüfen – wenn überhaupt, könnte das nur durch ein komplettes Offenlegen aller Rohdaten erfolgen. Im Übrigen hat sich der eigentliche Zweck der Begutachtung überlebt, den knappen Platz in den Zeitschriften für Wichtiges zu reservieren. Erstens sind ohnehin alle Dämme gebrochen und zweitens fischt man im Suchmaschinenzeitalter dennoch die Dinge von Interesse heraus. Das sogenannte *peer review*, die Begutachtung durch Experten, ist also nur noch Bürokratie mit vermeintlicher Kompetenz, die die Mainstream-Interessen im Schutz der Anonymität vertritt – vergleichbar mit Ratingagenturen in der Finanzwelt. Dort soll ja auch schon der Vorschlag gekommen sein, komplett abschaffen wäre das Beste. Man kann nur hoffen, dass sich durch das Internet irgendwann ein transparentes und offenes System der Bewertung durchsetzt.

Große Erwartungen hatte man hier an das Internetportal *ArXiv* der Cornell-Universität, das die Kommunikation dominiert. Leider ist es inzwischen das Gegenteil von transparent, denn nichtöffentliche Kriterien entscheiden darüber, wer dort ungehindert publizieren darf.* So ist das *ArXiv* leider zu einem Monopolisten verkommen, der schwarze Listen von Wissenschaftlern führt, die sich kritisch zur Stringtheorie äußern. Auf Seiten wie viXra.org oder archivefreedom.org können Sie haarsträubende Geschichten über *ArXiv* finden, die jeder wissenschaftlichen Ethik Hohn sprechen. Schließlich mache man das Ganze

> Wenn jemand die Ideen derjenigen Genies, die Gründerväter der modernen Wissenschaft waren, Komitees von Spezialisten vorgelegt hätte, kann kein Zweifel bestehen, dass diese sie für abwegig befunden und gerade wegen ihrer Originalität und Tiefe aussortiert hätten. –
> Louis Victor de Broglie, Nobelpreisträger 1929

> Das Buch, das in der Welt am ersten verboten zu werden verdiente, wäre ein Katalogus von verbotenen Büchern. –
> Georg Christoph Lichtenberg

---

* Stattdessen wäre es ein Leichtes, unorthodoxen Forschern ein jährliches Kontingent zu gewähren.

für andere, daher brauche auch niemand zu protestieren. Die Ideale der Wissenschaft werden in Cornell ähnlich gepflegt wie die der Freiheit in Guantánamo. Es ist sicher gut gemeint.

MÜNDLICH IN STEIN GEHAUEN

Es heißt manchmal, Publikationen benötigten eine Qualitätskontrolle. Doch in einer Zeit, in der die Mehrheit sich verlaufen hat, ist letztlich jede Begutachtung so kontraproduktiv wie eine Durchführungsverordnung für Umstürze. So haben es alternative Ideen außerordentlich schwer: Widerspricht ein Ansatz dem Mainstream der Fachgemeinde, sind seine Chancen auf Veröffentlichung in einer prestigeträchtigen Zeitschrift gering. Viele kreative Forscher verzweifeln fast im Kampf mit den Verwaltern des Meinungsmonopols, die die etablierten Ansichten gegen neue Ideen abschirmen – die teilweise verfilzten

> Wer immer unserer Meinung widerspricht, muss geistesgestört sein. – Mark Twain

und intransparenten Strukturen der Förderung tun ein Übriges.[38] Langsam dringen diese Missstände ins Bewusstsein. Die immer wieder unfaire Begutachtung bringt jene Außenseiter in Rage, die sich selbst um Anerkennung und die Welt um ihre Entdeckung betrogen sehen. Aber das trifft noch nicht den Kern des Problems. Denn selbst eine nach solchen Hürden publizierte revolutionäre Idee der Physik würde heute scheitern, weil sie nicht gelesen wird. Nur ein verschwindend geringer Prozentsatz der Physiker beschäftigt sich mit Fachartikeln außerhalb des eigenen Gebietes – man würde sie ja meist auch nicht verstehen. Zusätzlich irritiert, dass die aktuelle mündliche Wissensüberlieferung gegenüber der schriftlichen ein

> Denn was man schwarz auf weiß besitzt, kann man getrost nach Hause tragen. – Johann Wolfgang von Goethe

so großes Gewicht hat. Die Nestwärme von dreihundert Gleichgesinnten in einem Konferenzraum zu spüren, statt sich dort auszugrenzen durch Skepsis gegenüber dem Etablierten – das lässt unser Urteil nicht kalt. So zählt das weit mehr, was auf Tagungen diskutiert und von den Alpha-Wölfen als ‚allgemein anerkannt' befunden wird, als das leicht bedruckbare Papier. Und dieses bildet die Gegenwart ja ohnehin schon unter einem enormen Vergrößerungsglas ab. Insbesondere Misserfolge werden oft nur mündlich kommuniziert, und so färbt das kollektive Gedächtnis die Wissenschaft genauso schön wie unser individuelles, das negative Erfahrungen ausblendet. Nimmt man die Entwicklung unter die historische Lupe, so wird auch klar: In der Physik wurde nicht immer nur die Realität langsam freigelegt. Die Abbilder der Realität, unsere heutigen Standardmodelle, tragen vielmehr deutliche Spuren menschlicher Formung.

Thomas Gold, ein Pionier der Kosmologie, stellte sarkastisch fest, dass durch Aussieben bei der Begutachtung, Organisation von Tagungen und Mittelverteilung unter der Kontrolle des Gruppendenkens sogar eine wenig fundierte Hypothese in wissenschaftliche Wahrheit transferiert werden kann. So sind womöglich die Gleichschaltungen der Communitys, die sich auf den Konferenzen zutragen, noch schädlicher als die Missstände im Publikationswesen. Der ungesunde Fokus auf das Tagesgeschäft ist hier besonders stark ausgeprägt, und die eigentlichen Probleme der Physik werden noch viel gründlicher überblendet von der allerletzten Statistik zur Teilchenentdeckung, die gerade durchs Dorf getrieben wird. Doktoranden präsentieren die neueste theoretische Mode wie auf dem Laufsteg – viele Tagungen heißen schon „Trends in ...", und man folgt kurzatmig den wenigen Ideen der Trendsetter.*

> Wahrheit in der Wissenschaft: die jüngste aufsehenerregende Entdeckung. – Oscar Wilde

Wer dabei sein will, der tut gut daran, eine Portion Enthusiasmus abzusondern mit dem Bekenntnis, das Fachgebiet sei im Zeitalter der Präzision angelangt, ohne einen Gedanken darauf zu verschwenden, dass dies schon vor über hundert Jahren eine Degenerationserscheinung war. „We know", heißt es da, „it is well established", und zeigt doch nur, dass der Referent die Verantwortung für das Nachdenken an das Establishment abgegeben hat. Selten, und eher unter den Älteren, offenbart jemand die eigenen Zweifel, wenn er nach gereifter Sicht feststellt: „We still don't know ..." Skepsis ist ein sehr individuelles Gefühl, und Euphorie gedeiht nun mal besser im Kollektiv. Aber die seit Jahrzehnten ungelösten Probleme, die die großen Physiker der Vergangenheit umtrieben, haben die allermeisten längst aus den Augen verloren.

> Angesichts der Dummheit der Mehrheit der Menschheit ist eine weit verbreitete Ansicht wahrscheinlich eher töricht als vernünftig. – Bertrand Russell, britischer Philosoph

---

* Einem befreundeten Forscher wurde einmal von den Moderatoren des *ArXiv* beschieden, sein Artikel eigne sich nicht zur Veröffentlichung, weil er „nicht aktuelle Trends des Gebietes" reflektiere.

KEINE ERKENNTNIS AUF BEFEHL

Bei den Entdeckungen von Faraday, Kepler oder Planck war relativ wenig Psychologie im Spiel. Wenn Hunderte von Wissenschaftlern ein Experiment aufbauen und interpretieren, ist es aber fahrlässig, so zu tun, als spiele Gruppendynamik keine Rolle – naiver Realismus in Reinkultur eben.

Eine Versuchsperson, die die relative Länge zweier Stäbchen schätzen muss, verleugnet ihre eigene Wahrnehmung, um in einer Runde von fünf instruierten Schauspielern deren Meinung zu folgen. Dies ist das Ergebnis des Konformitätsexperiments des Psychologen Solomon Asch.[40]

Überlegen Sie, wie schwer es fällt, unter mäßigem sozialen Druck – wie etwa im Beruf – Nein zu sagen. Und wenn wir uns nicht sicher sind, beeinflusst uns die Meinung anderer besonders stark.* Das Verantwortungsgefühl des Individuums lässt nach, je mehr Personen beteiligt sind – schon viele sind ertrunken, weil eine Menschenmenge kollektiv auf einen mutigen Retter gewartet hat. Sobald die Masse unüberschaubar geworden ist, verhält sie sich meist irrationaler als der Einzelne. Daher sollten Sie vorsichtig sein, wenn ein Artikel mit den Worten beginnt: „It is generally believed that ...", denn das bedeutet, dass die Autoren nichts mehr hinterfragt haben.

Die gleiche Meinung wie der Chef zu haben, mag oft von Vorteil sein, der Wissen-

> Ihr habt mir das alles so klar, so augenfällig gezeigt – stünde nicht der Text des Aristoteles entgegen, der deutlich besagt, der Nervenursprung liege im Herzen, man sähe sich zu dem Zugeständnis gezwungen, dass Ihr Recht habt. – Mittelalterlicher Philosoph zu einem Anatomen[39]

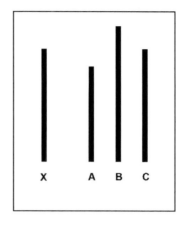

(4) Auch die Stäbe A und B wurden im Experiment von Asch als gleich lang wie X bezeichnet.

> Jeder Narr glaubt das, was seine Lehrer ihm erzählen, und nennt seine eigene Leichtgläubigkeit genauso überzeugt Wissenschaft oder Moral, wie sein Vater sie göttliche Offenbarung nannte. – George Bernard Shaw

---

* Kürzlich wurde zum Beispiel nachgewiesen, dass Astronomen bei der Messung der Entfernung unserer Begleitgalaxie geradezu unwahrscheinlich einig sind – viel mehr, als bei unabhängigen Messungen noch glaubhaft sein kann (arxiv.org/abs/0709.4531).

schaft nützt das eher wenig. Denn es fällt auf, dass gerade die größten Denker oft ein Problem mit der Autorität hatten. Évariste Galois, der bis zum sechzehnten Lebensjahr keine Schule von innen gesehen hatte, brachte es innerhalb eines Jahres mathematischer Lektüre zur Weltklasse; seine Lehrer bewarf er jedoch im Ärger auch mal mit einem Tafelschwamm.

> Jeder wahre Mann muss lernen, in der Mitte von allen anderen allein zu sein, und notfalls gegen alle anderen. – Romain Rolland, Literaturnobelpreisträger 1915

Léon Foucault, berühmt für sein Pendel, wurde mangels Fleißes und ordentlichen Betragens von der Schule verwiesen. Einstein, schon als Student stur, redete einen Professor despektierlich als „Herr Weber" an, und dieser rächte sich kleinlich damit, dass er Einstein seine Diplomarbeit noch mal auf das vorschriftsgemäße Papier schreiben ließ. Es gibt niemanden, den man über eine zufällige Rolle in seiner Biografie hinaus als Lehrer Einsteins bezeichnen könnte. Ähnlich liegt der Fall bei Newton (der einen schrecklichen Stiefvater hatte), Maxwell, Planck, Bohr und Schrödinger. Nur Heisenberg und Pauli profitierten maßgeblich von ihrem Mentor Arnold Sommerfeld. Kreativität verträgt sich schlecht mit Hierarchien. Die meisten Wissenschaftler haben heute einen Chef.

> Darin ist jedermann einig, daß Genie dem Nachahmungsgeiste gänzlich entgegen zu setzen sei. – Immanuel Kant

BLOSS KEINE BLÖSSE GEBEN

Wenn Physiker miteinander kommunizieren wollen, müssen sie den Mut haben zu sagen: „Das verstehe ich nicht." Der Betreuer meiner Diplomarbeit hatte einmal einen Doktoranden, der scheiterte, weil er in allen Unterhaltungen nur verständnisvoll lächelnd mit dem Kopf nickte – er schämte sich, wenn er etwas nicht verstand. Jeder hat mehr Wissenslücken, als er gerne zugibt. Dann muss man aber sich selbst und dem Gesprächspartner eingestehen, wenn man etwas zwar gelernt, aber noch nicht wirklich durchdrungen hat – in der Physik liegt darin meist ein großer Unterschied. Ein solches Eingeständnis erfordert Vertrauen. So tauschen sich viele Physiker sogar in der eigenen Arbeitsgruppe nur oberflächlich aus, Nichtwissen zu offenbaren gilt als Schwäche, Halbwissen wird zur Sprachregelung. Kommt ein hierarchisches oder intellektuelles Gefälle hinzu, wird der Effekt besonders deutlich. Man vertraut auf den erfahrenen oder anerkannt

> Das Halbwissen ist siegreicher als das Ganzwissen: Es kennt die Dinge einfacher, als sie sind, und macht daher seine Meinung fasslicher und überzeugender. – Friedrich Nietzsche

schnell rechnenden Kollegen, von dessen Integrität man sich durch persönliche Bekanntschaft überzeugt hat, und übernimmt seine Meinungen als physikalische Fakten. Aber ein Irrtum kann sich auf diese Weise ausbreiten wie ein Dominoeffekt.

BITTE SPRECHEN SIE IHR TICKET VOR

Fast alles, was Sie über Physik wissen, wissen Sie vom Hörensagen. Und selbst wenn Sie Physiker sind, ja sogar wenn Sie über Ihr Fachgebiet sprechen, ist Ihnen doch das allermeiste, worauf Sie sich beziehen, nur vom Hörensagen bekannt. Zu einem gewissen Grad ist dies unvermeidlich, aber es lohnt sich doch, darüber nachzudenken. Wir müssen uns auf Informationen unserer Mitmenschen verlassen, aber wie sehr? Um überhaupt teilnehmen zu dürfen an der Kommunikation, müssen wir gelegentlich etwas tun: nachplappern. Dass zum Beispiel Analysen von Wirtschaftswissenschaftlern oft schon in kollektiver Idiotie erfolgten, ist ja nicht neu. Vielleicht halten sich die Physiker ja für schlauer. Aber auch hier wird unsäglich viel nachgeplappert. Das liegt einerseits an der Zersplitterung des Wissens, andererseits an der Angst, aus der *Community* ausgegrenzt zu werden. Dieser Begriff klingt nicht zufällig nach *Kommunion* und *exkommunizieren*, denn eine abweichende Ansicht wird nicht als Reflexion, sondern als frevelhafte Irrung eingeordnet. Wenn Sie also hören - und wie oft hört man das von Physikern -, die Standardmodelle seien „hervorragend bestätigt" - was für eine bizarre Aussage in ihrer Allgemeinheit -, so können Sie sicher sein, dass der Betreffende nur vom dritten Hörensagen berichtet, und je mehr er im Brustton der Überzeugung spricht, desto weniger wird er wollen, dass man seinem Wissen auf den Zahn fühlt. Nachplappern ist heute die Eintrittskarte in die wissenschaftliche Gemeinschaft, Ritus einer Hybris der Gegenwart, die vorgibt, alles verstanden zu haben.

Ich hoffe, dass Sie in diesem Abschnitt nachvollziehen konnten, warum ich die Physik für nicht mehr gesund halte: Die Möglichkeit, dass wir uns in einem großen Irrtum

> An allem zweifeln oder alles glauben sind gleichermaßen bequeme Lösungen. – Henri Poincaré, französischer Mathematiker

> Eine Voraussetzung für geistige Gesundheit ist, mit der britischen Öffentlichkeit uneins zu sein. – Oscar Wilde

> Ich habe herausgefunden, dass die meisten Wissenschaftler hoffnungslose Scharlatane sind, sobald es sich um Gebiete handelt, die außerhalb ihres engen Horizonts liegen.[41] – Fritz Zwicky, Schweizer Astrophysiker

über die Realität befinden, ist leider sehr real. Neben rein äußerlichen Krankheitszeichen der Physik sind ihr philosophische Grundlagen abhandengekommen, mit denen sie Ziele definieren und Ergebnisse bewerten müsste. Die historischen Beispiele von Irrwegen werden nicht zur Kenntnis genommen und gravierende methodische Symptome übersehen, wie etwa die Komplizierung der Modelle. Man verkennt die ungesunde Symbiose zwischen Theorien, die ehrgeizige Experimente generieren, und deren theorieverliebter Interpretation, und anstatt über Sinneswahrnehmungen in modernen Großversuchen zu reflektieren, werden die soziologischen und psychologischen Mechanismen verdrängt, die entscheidenden Anteil an der Produktion von Fakten haben. Nicht zufällig hat das Leugnen der Gebrechen der Physik dazu geführt, dass kollektive Fantasien wie die Stringtheorie sich so verfestigen konnten. Aber wenden wir uns nun den wirklichen Fragen zu, die die Natur auf subtile Weise stellt.

TEIL 2:
DIREKT VOR UNSEREN INSTRUMENTEN

DER RAUM: GEHEIMNISSE UM RUHE, DREHUNG UND BESCHLEUNIGUNG

Very Large Baseline Interferometry wird eine Technik genannt, für die uns Außerirdische sicher Respekt zollen würden. So werden zum Beispiel auf Hawaii mit einem Radioteleskop Signale von Quasaren – weit entfernten Galaxienkernen – registriert und mit dem Zeitstempel einer Atomuhr versehen. Da diese Signale zeitlich schwanken, lassen sie sich wie Fingerabdrücke mit einem leicht zeitversetzt ankommenden Signal eines anderen Teleskops, etwa in Mitteleuropa, zur Deckung bringen. Bei bekannter Zeitdifferenz bestimmt man mit weit auseinanderliegenden Teleskopen die Position außerordentlich genau. Umgekehrt kann man durch kombinierte Messungen die Rotationsachse der Erde auf Zentimeter genau festlegen oder auch Schwankungen der Tageslänge im Bereich von Millisekunden aufzeichnen. Dies alles funktioniert, weil die Position der Milliarden von Lichtjahren entfernten Quasare am Himmel unveränderlich ist und den Instrumenten ein Koordinatennetz gibt, das unbeeindruckt von Bewegungen der Erde die Richtungen im Universum anzeigt. Die Teleskope ‚wissen' damit ganz genau, was Ruhe bedeutet. Ohne die Begriffe Ruhe, Bewegung und Beschleunigung könnten wir keine Physik machen. All dies bezieht sich auf den Raum – aber was ist das eigentlich? Überraschenderweise enthält dieser elementare Begriff einige Rätsel. Eines davon ist, dass man für das Ruhesystem der Teleskope gar kein Teleskop braucht.

UNIVERSUM AN ERDE: WAS HEIßT, „IHR ROTIERT"?

Am 26. März 1851 verfolgte ein großer Menschenauflauf im Panthéon in Paris ein aufsehenerregendes Experiment des Physikers Léon Foucault. Ein 67 Meter langes Pendel, aus dem Sandkörner herausrieselten, änderte schon nach wenigen der 15 Sekunden dauernden Schwingungen merklich seine Richtung. Diese scheinbare Drehung der Schwingungsebene bewies, dass sich in Wirklichkeit die Erde unter dem unbeirrbaren Pendel drehte.* Seine Bewegungen zeichnen die Richtungen eines unsichtbaren, stillstehenden Koordinatennetzes nach, das sich von den Bewegungen der Erde, der Sonne oder der Galaxie nicht beeindrucken lässt. Das Pendel ‚weiß' ebenfalls, was Ruhe ist. Woher?

Solche ruhenden Koordinatensysteme sind in der Physik deshalb wichtig, weil man nur hier keine Fliehkräfte spürt. Schon Foucault konnte also so ein System festlegen, und die Radioteleskope können es auch, ganz unabhängig davon. Aber warum geben sie uns die gleiche Antwort? Das Ergebnis dieses Experiments ist uns so in Fleisch und Blut übergegangen, dass Sie wahrscheinlich Schwierigkeiten haben, darin ein Problem zu erkennen. Nur: Es ist alles andere als selbstverständlich, dass das Pendel und der Sternenhimmel sich auf ein Ruhesystem einigen. Es kann Zufall sein – daran möchte man nicht recht glauben –, oder es sollte einen kausalen Zusammenhang geben. Ziemlich beunruhigend: In unseren Theorien der Gravitation gibt es diesen kausalen Zusammenhang nicht.

Sogar Isaac Newton machte sich darüber wenig Gedanken und postulierte einfach einen ruhenden ‚absoluten Raum', wogegen sich zuerst der irische Bischof George Berkeley wandte. Aufgegriffen und populär gemacht wurde diese Kritik durch den Wiener Physiker und Philosophen Ernst Mach, dessen Gedanken später Einstein maßgeblich beeinflussen sollten.[42] Newton betrachtete in einem berühmten Gedankenexperi-

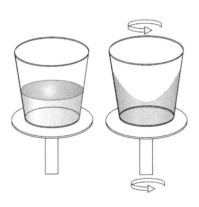

(5) Newtonscher Eimer, der in Drehung versetzt wird.

---

* Streng genommen gilt dies nur für Nord- und Südpol.

ment einen Eimer Wasser, den man in Rotation versetzt. Die Rotationsbewegung wird durch die Wand auf das Wasser übertragen, das schließlich wegen der Fliehkräfte an dieser hochsteigt, sodass die Wasseroberfläche eine gekrümmte Form annimmt. Newton behauptete, der Effekt, dass das Wasser gegenüber einem ruhenden absoluten Raum rotiere, sei auch in einem leeren Weltall sichtbar. Mach hingegen hielt das nicht für überprüfbar und meinte, erst die umgebenden Massen im Universum teilten dem Wasser mit, was unter Ruhesystem zu verstehen sei: „Niemand kann sagen, wie der Versuch verlaufen würde, wenn die Gefäßwände immer dicker und massiger, zuletzt mehrere Meilen dick würden ..." Es ist schade, dass wir dieses Experiment nicht durchführen und alle Galaxien auf Knopfdruck um die Erde rotieren lassen können, um dann nachzusehen, ob sich Foucaults Pendel und Newtons Eimer davon beeindrucken ließen. Wenn ja, hätte Mach recht. Der Gedanke ist doch recht tiefsinnig.

> Alles ist einfacher, als man denken kann, zugleich verschränkter, als zu begreifen ist. –
> Johann Wolfgang von Goethe

VERGEBLICHE MÜHE UM EIN LEERES WELTALL

Die Frage nach der Existenz eines absolut ruhenden, unbeschleunigten Bezugssystems ist bis heute ungelöst. Weil wir keine Versuche in einem leeren Weltall machen können, hat man besondere Energie darauf verwendet, nach einem kleinen Effekt zu suchen, der entfernt mit Newtons Eimer zu tun hat – ein Beispiel, das zeigt, wie schwierig es manchmal ist, der Natur durch Experimente Geheimnisse zu entlocken.

Mit Einsteins Theorie berechneten 1918 die Physiker Lense und Thirring, dass die Erddrehung eine kleine Verdrehung des umgebenden Raumes verursachen sollte, welche die Drehachse eines Kreisels aus ihrer ursprünglichen Richtung ablenken müsste. Solch ein Kreisel wurde in dem Satellitenexperiment *Gravity Probe B* durch rotierende Kugeln realisiert, wobei man Störeinflüsse mit supraleitenden Hightech-Materialien minimierte – eine ganz außerordentlich präzise Form eines Foucaultschen Pendels im Weltall. Was für ein Experiment! Leider erfüllten sich die hochgesteckten Erwartungen in die Mission nicht. Erst bei der Datenauswertung erkannte man, dass die tischtennisballgroßen Metallkugeln trotz perfekt runder Form eine Beschichtung erhalten hatten, die eine minimale Verschiebung elektrischer Ladungen während der schnellen Rotation erzeugte – eine fatale Fehlerquelle für ein Gravitationsexperiment, wenn man bedenkt, dass ein einziges Elektron eine ähnlich große Kraft erzeugt wie eine Million Tonnen an Gravitation. Man gab sich alle erdenkliche Mühe, noch ein präsentables Resultat vorzulegen,* doch die Existenz des Thirring-Lense-Effekts ist immer noch nicht erwiesen. Zwar wurde aufgrund von Bahnauswertungen der LAGEOS-Satelliten, die als Spiegel für Laserabstandsmessungen dienen, der Nachweis des Effektes behauptet, aber hier verursacht die Deformation der Erde durch die Gezeiten ein vielfach größeres Signal, das kaum präzise herauszurechnen ist.[43] Zwei italienische Physiker, ehemals Arbeitskollegen, beschuldigten sich dabei gegenseitig, die Genauigkeit der Resultate des jeweils anderen sei völlig übertrieben.[44]

> Wenn die Wissenschaft ihren Kreis durchlaufen hat, so gelanget sie natürlicher Weise zu dem Punkte eines bescheidenen Mißtrauens, und sagt, unwillig über sich selbst, wie viele Dinge gibt es doch, die ich nicht einsehe. – Immanuel Kant

Solche Szenen könnten erst dann der Vergangenheit angehören, wenn die gesamte Auswertung der Rohdaten öffentlich gemacht würde. Denn die Versuchung, mehr Genauigkeit erreichen zu wollen, als die Messungen rechtfertigen, ist ziemlich groß. Im Übrigen: Ob nun die kleine Raumverdrehung des Lense-Thirring-Effekts existiert oder nicht, sie klärt das Rätsel von Newtons Eimer nicht auf. Denn nach der Einsteinschen Theorie würde sich die Wasseroberfläche des rotierenden Eimers in einem leeren Universum ebenso krümmen, nach Mach hingegen nicht.

> Jeder moderne Gedanke besteht im Denken des Undenkbaren. – Michel Foucault, französischer Philosoph

Die Frage, die an den Zusammenhang der Naturgesetze mit dem Zustand des Kosmos rührt, ist bis heute unbeantwortet.

VORZEITIGER TOD DES ÄTHERS – EINSTEIN LEBT IM FESTKÖRPER WEITER

Während es für die Allgemeine Relativitätstheorie darauf ankommt, ob ein Bezugssystem *beschleunigt* ist, beschäftigt sich Einsteins Spezielle Relativitätstheorie mit der Frage, wie wir die *gleichförmige* Bewegung eines Bezugssystems spüren. Die Antwort lautet: gar nicht. Das war sehr überraschend, denn im 19. Jahrhundert konnte man sich die Ausbreitung von Lichtwellen nur innerhalb eines ruhenden Mediums vorstellen: Es müsse

---

* Die NASA kürzte jedoch die Mittel für eine erweiterte Auswertung, weil ein signifikantes Ergebnis wegen des Fehlers praktisch ausgeschlossen war.

etwas geben, das schwingt, und man nannte dieses elastische Medium Äther. Die Idee war populär, weil Lichtwellen tatsächlich große Ähnlichkeit mit transversalen Wellen der Kontinuumsmechanik haben, bei denen das Medium senkrecht zur Ausbreitungsrichtung schwingt. Die Amerikaner Albert Abraham Michelson und Edward Morley versuchten daher, den ruhenden Äther nachzuweisen, durch den sich ihrer Vorstellung nach die Erde mit großer Geschwindigkeit hindurchbewegte. Das Ergebnis des Experiments war jedoch verstörend, denn die Bewegung der Erde machte sich nicht im Geringsten bemerkbar. Einstein beschrieb dies mit der Speziellen Relativitätstheorie auf spektakuläre Weise, ohne einen Äther vorauszusetzen. Er folgerte weiter, dass bewegte Uhren langsamer gehen und Längenmaßstäbe bei großer Geschwindigkeit verkürzt erscheinen – erstaunliche Vorhersagen, die jedoch glänzend bestätigt wurden. Enttäuscht davon, dass der Äther sich hier als so nutzlos erwiesen hatte, verwarfen die Physiker das ganze Konzept eines ausgezeichneten, ruhenden Koordinatensystems. Vielleicht zu Unrecht.

Auch Einstein hat sich später wieder mit dem Äther beschäftigt – aus gutem Grund. Denn es ist leider wenig bekannt, dass die Spezielle Relativitätstheorie der Idee eines Äthers keineswegs widerspricht. Vielmehr folgt aus den Gleichungen der Kontinuumsmechanik, dass sich alle Wellenlängen bei Bewegung verkürzen, und zwar im gleichen Maß wie in Einsteins Theorie. Mehr noch: Sind in einem Festkörper Unregelmäßigkeiten vorhanden, die eine elastische Spannung erzeugen, gehorcht die dabei gespeicherte Energie sogar der berühmten Formel $E = mc^2$. c steht hier für die transversale Schallgeschwindigkeit im Festkörper, die von Wellen ebenso wenig erreicht werden kann wie die Lichtgeschwindigkeit im leeren Raum! Dies ist höchst erstaunlich, wurde aber erst 1949 entdeckt,[45] nachdem die Spezielle Relativitätstheorie fast ein halbes Jahrhundert alt war, und blieb so eine weitgehend unbekannte Kuriosität. Die Theorie der Unregelmäßigkeiten im Festkörper, sogenannter Versetzungen, hat faszinierende Aspekte, die mich lange begeisterten, nachdem ich in den 1990er Jahren noch Ekkehart Kröner kennenlernen konnte, der die Theorie mitentwickelt hatte. Kröner hatte stets darauf hingewiesen, dass ein Kontinuum mit Versetzungen der Raumzeit mit Elementarteilchen fundamental ähnlich sein könnte.[46]

Das fundamentale Missverständnis der ursprünglichen Äthertheorien war, dass man sich Teilchen als fremde Substanz im Äther vorstellte, die sich bei Bewegung durch diesen hindurchzwängen musste, was schon ab-

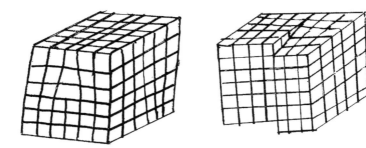

(6) Zwei Arten von Unregelmäßigkeiten: Stufen- und Schraubenversetzung

surd ist, wenn man an die Reibung denkt. Dem gleichen Missverständnis saßen aber jene auf, die den Äther widerlegt zu haben glaubten. Denn stellt man sich Teilchen als Unregelmäßigkeiten oder Wellen im Äther vor, gehorchen sie automatisch der Speziellen Relativitätstheorie. Der historische Unfall lag darin, dass die ersten Versetzungen in Festkörpern erst in den 1930er Jahren entdeckt wurden, als alle Ideen zum Äther schon lange begraben waren.

Was weiß ein Fisch von dem Wasser, in dem er sein ganzes Leben lang schwimmt? – Albert Einstein

Ohne es zu wissen, hatte der französische Mathematiker Élie Cartan um 1922 mittels einer rein geometrischen Beschreibung namens Torsion eine Theorie der Versetzungen entwickelt. Und nun werden Sie verblüfft sein: Genau diese Theorie wurde in den folgenden Jahren von Einstein aufgegriffen,[47] der auf diesem Weg eine einheitliche Feldtheorie der Elektrizität und Gravitation entwickeln wollte. Wohlgemerkt: Einstein und Cartan kannten weder Versetzungen, noch wussten sie, dass deren Bewegung den Formeln der Speziellen Relativitätstheorie gehorcht! Interessanterweise kamen sie darauf durch abstrakt-geometrische Überlegungen zur Torsion, die sich als Dichte von Versetzungen interpretieren lässt, und vermuteten einen Zusammenhang mit der Elektrodynamik. Dieses Zusammentreffen bringt mich regelmäßig ins Grübeln und führt dazu, dass ich höchsten Respekt vor Einsteins Versuchen zu dieser einheitlichen Feldtheorie habe, die von Physikern regelmäßig als Unsinn abgetan wird. Die Torsion offensichtlich nicht verstanden hatte zum Beispiel Wolfgang Pauli, der 1929 an Einstein schrieb:[48]

„Es bleibt nur übrig, Ihnen zu gratulieren (oder soll ich lieber sagen: zu kondolieren?), daß Sie zu den reinen Mathematikern übergegangen sind."

Einstein wies ihn zurecht:
"Ihr Brief ist recht amüsant, aber Ihre Stellungnahme scheint mir doch etwas oberflächlich. So dürfte nur einer schreiben, der sicher ist, die Naturkräfte vom richtigen Standpunkt aus zu überblicken."

Sicher ist Einsteins Theorie in der um 1930 vorliegenden Form nicht richtig. Aber dass ein Korn Wahrheit darin steckt, halte ich gerade deswegen für wahrscheinlich, weil sich die Spezielle Relativitätstheorie so natürlich daraus ergibt. Und sogar mit der Quantenmechanik, die Einstein nicht ganz geheuer war, gibt es einen überraschenden Zusammenhang.

GRAVITATIONSGESETZ VOR NEUEN HERAUSFORDERUNGEN

Die in der Speziellen Relativitätstheorie wichtigen Längenvergleiche benötigen fundamentale Maßstäbe, mit denen wir den Raum vermessen können. Dafür kommen nur die typischen Längenausdehnungen der Elementarteilchen in Frage. Ob sie wirklich unveränderlich sind, können wir dabei auf den ersten Blick gar nicht erkennen, wenn wir mit ihnen astronomische Distanzen bestimmen. Dass uns solche Messungen heute mit Lasern in Raumsonden gelingen, muss man sicher als große Leistung der Menschheit betrachten, und man kann nur hoffen, dass solche spannenden Missionen wie ASTROD[49] und LISA gut gelingen. Spektakuläre Daten verspricht die Raumsonde GAIA, die Himmelskörper mit einer Genauigkeit anpeilen wird, die einer Haaresbreite in tausend Kilometern Entfernung entspricht. Man erhofft sich, damit sogar Bewegungen außerhalb der Milchstraße aufzuspüren. Der Astronom David Hogg aus New York, der bei einer Konferenz in Leiden 2010 über allgemeine Aspekte der Datenauswertung referierte, meinte scherzhaft, nach GAIA solle man alle Teleskope schließen und in Ruhe den Schatz der Messergebnisse auswerten. Tatsächlich wird GAIA auch die Gültigkeit des Gravitationsgesetzes in der Form von Einsteins Allgemeiner Relativitätstheorie überprüfen, indem sie den Raum mit unerreichter Genauigkeit vermessen wird. Das ist deshalb wichtig, weil es inzwischen zahlreiche Widersprüche gibt, die ernsthaft an der universellen Gültigkeit des Gravitationsgesetzes zweifeln lassen.[50]

Vor allem Beobachtungen außerhalb unserer Galaxis verlangen zahlreiche Hilfsannahmen, wenn das Gesetz dort auch gelten soll. Überzeugend getestet ist es nur im Sonnensystem, wie übrigens jeder mit Hilfe der NASA-Datenbank HORIZONS nachprüfen kann. Dort können Sie sich nicht nur sachlich informieren, wenn zum Beispiel in der Boulevardpresse der baldige Weltuntergang durch eine Asteroidenkollision angekündigt wird, sondern auch die Bahndaten von Tausenden von Himmelskörpern herunterladen. Dass dies jedermann zugänglich ist und nicht nur einem engen Kreis von Experten, ist eine Entwicklung in der Astronomie, die ich für sehr wichtig halte, weil sie ermöglicht, Daten unter vielleicht ganz neuen Aspekten auszuwerten. Denn es ist gefährlich, Beobachtungen mit zu vielen Annahmen aus den derzeitigen Theorien zu interpretieren – das betrifft alle Gebiete der Physik. Bei HORIZONS geht man etwa davon aus, dass sich ein Planet zwischen zwei Beobachtungspunkten nach den Kepler-Gesetzen auf einer Ellipse bewegt hat – weil sich die Orte auf der Bahn so wesentlich präziser angeben lassen als der einzelne Beobachtungspunkt. Umgekehrt führt eine solche Annahme dazu, dass wir gar nicht mehr überprüfen, ob es sich tatsächlich um exakte Ellipsen handelt. Optimal wäre es daher, wenn nicht nur die Daten, sondern auch jeder Auswertungsschritt offengelegt würde, sodass alternative Ideen ohne jegliche theoretische Annahmen überprüft werden können. Dazu müsste sich die Astronomie auf Standards von Datenbanken und Auswertungsprogrammen einigen, was natürlich noch ein weiter Weg ist.

MACH GEGEN EINSTEIN, BEIDE GEGEN NEWTON

Die hochempfindlichen modernen Weltraumteleskope verführen dazu, das Hauptaugenmerk auf Detailfragen zu richten, die durch die neuartige Präzision erst aufgeworfen werden. Dabei vergisst man vor Begeisterung manchmal, sich über grundlegende Dinge Gedanken zu machen, die von den derzeitigen Theorien nicht thematisiert werden. Ein konkretes Beispiel ist der kosmische Mikrowellenhintergrund, ein Signal aus der Frühzeit des Kosmos, das von den Sonden COBE, WMAP und neuerdings Planck vermessen wird. Einer Eigenschaft des Mikrowellenhintergrundes wird wenig Beachtung geschenkt: Wir können mit seiner Hilfe eine Geschwindigkeit bestimmen, mit der wir uns, die Erde und das Sonnensystem, durch das Weltall bewegen – bisher die einzige Beobachtung, die dies ermöglicht! Um dies zu würdigen, müssen wir nochmals die Gedanken von Newton, Mach und Einstein über den Raum vergleichen. Mach und Einstein waren sich einig, dass Newtons ruhender absoluter Raum nicht beobachtbar und daher sinnlos war. Mach nannte seine Gegenposition dazu Relativität, was für ihn bedeutete, dass die Naturgesetze nur von der Relativbewegung gegenüber allen anderen *Massen* abhängen konnten. Einsteins Spezielle Relativitätstheorie dagegen hat ihren Namen, weil sie in relativ zueinander bewegten *Bezugssystemen* die gleichen Naturgesetze fordert – die beiden gingen hier ganz unterschiedliche Wege. Einstein verallgemeinerte dieses Prinzip der Unabhängigkeit von *Bewegung* auf die Allgemeine Relativitätstheorie, indem er die Naturgesetze auch unabhängig von der *Beschleunigung* von Bezugssystemen formulieren wollte.

Dahinter steckt die Beobachtung, dass ein Astronaut den freien Fall im Gravitationsfeld in gleicher Weise spürt wie ein unbeschleunigtes Schweben im schwerelosen Weltall. Mach hingegen vermutete auch hier, dass es auf die Beschleunigung *relativ* zu anderen Massen ankommt. Einstein kannte und schätzte diesen Gedanken sogar, er schrieb 1916:[51] „Der klassischen Mechanik ... haftet ein erkenntnistheoretischer Mangel an, der vielleicht zum ersten Mal klar von E. Mach hervorgehoben wurde." Dennoch wurde Machs Kritik an Newton nicht Inhalt der Allgemeinen Relativitätstheorie, sondern lediglich eine Art Katalysator ihrer Entwicklung; zwischen Einstein und Mach blieb eine Diskrepanz, die bis heute ungeklärt ist. Einsteins Ansicht, dass es auf Bewegung und Beschleunigung des Bezugssystems nicht ankommt, ist weithin dominierend. Dafür spricht, dass weder die Bewegung der Erde noch die der Sonne durch Kräfte in Erscheinung treten. Nach Mach hingegen könnte dies einfach an der winzigen Masse des Sonnensystems liegen, während es möglich bliebe, dass Bewegungen und Beschleunigungen *relativ* zu allen Massen im Universum Kräfte hervorrufen.

(7) Ernst Mach

RELATIVE WAHRHEITEN

Über unsere Bewegung relativ zu allen anderen Massen im Universum erteilt der kosmische Mikrowellenhintergrund also erstmals Auskunft – und er wird vielleicht irgendwann die Frage beantworten, ob Einstein oder Mach recht hatte. Wenn Sie dies Physikern erzählen, werden Sie meistens eine Mischung aus ungläubigem Lächeln und freundlicher Geringschätzung ernten. Denn Einsteins Ansatz, Naturgesetze überhaupt nur ‚symmetrisch', das heißt gleichgültig gegenüber Bewegungen und Beschleunigungen zu formulieren, durchzieht unter dem Namen allgemeine Kovarianz als Leitidee die gesamte Theoretische Physik. Obwohl die physikalische Bedeutung dieser allgemeinen Kovarianz strittig ist,[52] hat sie sich so zum Dogma verfestigt, dass man andere Möglichkeiten für ausgeschlossen hält. Letztlich hat Einstein mit diesem Postulat mehr aus der Not eine Tugend gemacht, als Machs Frage nach der Definition eines absoluten Ruhesystems wirklich zu beantworten. Dessen Gedanke, die entfernten Massen im Universum könnten eine Rolle spielen, ist daher keineswegs abwegig.

> Wenn alle das Gleiche denken, denkt keiner sehr viel. – Walter Lippmann, amerikanischer Schriftsteller

Die Spezielle Relativitätstheorie beschreibt elegant die These, dass Naturgesetze unabhängig von der Bewegung des Bezugssystems sind, und die Experimente bestätigen dies bisher hervorragend. Wie wir beim Äther gesehen haben, können die gleichen Ergebnisse jedoch auch im Rahmen eines ausgezeichneten Bezugssystems erklärt werden. Deswegen muss man die verbreitete Überzeugung in Frage stellen, dass alle denkbaren Experimente blind sein müssen gegenüber einer Bewegung relativ zu allen Massen im Universum. Im Zweifel empfiehlt es sich, die Augen offen zu halten. Nach wie vor ist der einfache Begriff Raum rätselhaft: Sind die Naturgesetze unbeeindruckt von gleichmäßiger Bewegung oder nicht? Und, ganz abgesehen von Bewegung, wie definiert sich die Abwesenheit von Beschleunigung? Durch die Gesamtheit aller Massen im Universum, wie Mach vermutete, oder durch die mathematische Möglichkeit, Beschleunigung zu eliminieren, wie Einstein es tat? Sind unsere Maßstäbe des Raumes, die Lichtwellenlängen, unveränderlich, oder hängen sie gar mit der Expansion des Kosmos zusammen? Raumsonden werden uns hierzu bald neue Präzisionsmessungen liefern. Wie es auch ausgeht, Einstein und Mach wären sicher beide davon begeistert.

Für ein tieferes Verständnis des Raums muss man auch die derzeitige Definition der Längeneinheit Meter betrachten: die Strecke, die das Licht in einem bestimmten Sekundenbruchteil, 1/299792458, zurücklegt. Daher müssen wir über die Begriffe Raum, Zeit und Lichtgeschwindigkeit als Gesamtheit nachdenken. Dazu mehr im folgenden Kapitel.

ZEIT VON GESTERN? WIR WISSEN NICHT, WIE DER KOSMOS TICKT

Im Jahr 1932 machten Irène Joliot-Curie, die Tochter der Pionierin der Radioaktivität Marie Curie, und ihr Mann Frédéric eine kuriose Beobachtung. Auf einer der Fotografien ihrer Nebelkammerexperimente bemerkten sie eine gekrümmte Bahn. Die Ablenkung in einem Magnetfeld sah nach einem Teilchen aus, das in Masse und Ladung mit einem Elektron übereinstimmte, und so glaubten sie, dass dieses ohne erkennbaren Grund in einen Atomkern hineingestürzt war. Sicher haben sie sich später geärgert, dieser Merkwürdigkeit nicht auf den Grund gegangen zu sein, denn in Wirklichkeit zeigte die Aufnahme ein Positron, das *aus* dem Kern kam und eine dem Elektron entgegengesetzte positive Ladung trug. Carl Anderson, der 1932 ein Positron aus der Höhenstrahlung fotografierte, gilt nun als Entdecker der Antimaterie.

Was ist das? Es handelt sich um rätselhafte Spiegelbilder von Elementarteilchen, die diesen exakt gleichen, jedoch eine elektrische Ladung mit umgekehrtem Vorzeichen tragen. Dramatisch ist das Zusammentreffen von Materie und Antimaterie. Ihre Masse wird dabei in einer sogenannten Paarvernichtung nach Einsteins Formel $E = mc^2$ komplett in Lichtenergie umgewandelt und entfaltet so eine etwa tausendmal stärkere Explosionskraft als Kernreaktionen. Aus diesem Grund wäre Antimaterie im Weltraum auch auf große Distanzen gut sichtbar. Man sucht intensiv danach, aber aus der sehr geringen Häufigkeit von entsprechender Gammastrahlung, die Paarvernichtung markieren würde, muss man schließen, dass das Universum praktisch nur aus ‚normaler' Materie besteht. Woher kommt diese Asymmetrie? Warum hat die Natur dem leichten Elektron ein negatives Ladungsvorzeichen gegeben und dem schweren Proton ein positives? Ansonsten machen die Naturgesetze zwischen Materie und Antimaterie keinen Unterschied.* Wie kann man sich überhaupt Antimaterie erklären? Vielleicht steckt in dem Fehler der Joliot-Curies ja ein tieferer Sinn: Tatsächlich irrten sie sich über den Ablauf der Zeitrichtung. Positronen könnten in der Zeit rückwärts laufende Elektronen sein! Diese Idee hatte 1941 zum ersten Mal der Schweizer Physiker Ernst Stückelberg,[53] bekannt wurde sie jedoch erst durch Richard Feynman, der für die damit zusammenhängende Quantenelektrodynamik 1965 den Nobelpreis bekam. Was man normalerweise als Vernichtung eines Elektron-Positron-Paares bezeichnen würde, kann man so als Umkehrpunkt betrachten, an dem ein Elektron seine Zeitrichtung in die Vergangenheit ändert. Klingt verrückt, aber diese Sicht der Dinge würde erklären, warum wir so wenig Antimaterie beobachten: eben weil die Zeit ‚normal' abläuft und nicht umgekehrt.

Es ist mir unverständlich, warum statt mancher Scheinerklärungen für die Antimaterie, die in der Kosmologie im Umlauf sind, diese Idee nicht ernster genommen wird. Wie wir im nächsten Abschnitt sehen werden, verfügt die Physik leider nur über eine recht oberflächliche Beschreibung der Elementarteilchen. So weiß man zwar aus der Quantentheorie, dass Teilchen auch eine Wellennatur haben müssen. Aber wir kennen die Struktur der Teilchen selbst nicht gut genug, um sie korrekt als raumzeitliche Wellen darstellen zu können, wie dies zum Beispiel bei Wasserwellen möglich ist. Sonst könnte man möglicherweise durch Änderung der Zeitrichtung Antimaterie beschreiben. Aber warum läuft die Zeit überhaupt in eine Richtung?

ZEIT DURCH UNORDNUNG? ODER UHR-KNALL?

Manchmal wird auf diese Frage folgende Antwort versucht: Scherben auf dem Boden enden nicht als hochspringende Tasse, zu viel Salz in der Suppe kann man schlecht herausholen und der Schreibtisch ordnet sich nie von selbst. Diese komischen rückwärts ablaufenden Szenen sind allerdings nur extrem unwahrscheinlich, und es war das Verdienst des genialen Physikers Ludwig Boltzmann, dies mit dem Begriff der Entropie beschrieben zu haben. Dieses physikalische Äquivalent von Unordnung kann immer nur zuneh-

---

* Angeblich gibt es einen winzigen exotischen Effekt beim sogenannten Kaonenzerfall.

men – wahrscheinlich. Die Entropie gibt somit eine Zeitrichtung vor, aber es ist schwer zu glauben, dass darin etwas Fundamentales liegt, denn alle Bewegungsgesetze der Natur sind symmetrisch in der Zeit: Zum Beispiel könnten die Planeten ebenso gut rückwärts laufen.

Noch rätselhafter als die Zeitrichtung ist daher wohl die Frage nach dem Zeitablauf, die heute kaum gestellt wird. Man stellt sich Zeit naiv als einen unsichtbaren Fluss vor, dessen Geschwindigkeit unabhängig vom Rest des Geschehens ist. Besonders merkwürdig erscheint dabei der Urknall, mit dem man willkürlich den Zeitbeginn festlegt – als gäbe es eine Uhr, die von diesem Ereignis unbeeindruckt tickte. Naheliegend wäre stattdessen, dass die Evolution des Kosmos seit dem Urknall sich auch auf den Ablauf der Zeit auswirkt. So fragt der britische Physiker Julian Barbour in seinem Buch *The End of Time* hintergründig:[54] „Dauert eine Sekunde heute gleich lang wie eine Sekunde morgen?" Barbour macht klar, dass es eben die Zeit an sich nicht gibt, sondern lediglich periodisch ablaufende Vorgänge in der Natur, deren Regelmäßigkeit uns zum Begriff der Zeit geführt hat. Es ist nicht so, dass Planeten oder Atomuhren mehr oder weniger ordentlich einer Abstraktion von Zeit folgen, wir haben nur nichts Besseres, als uns nach deren Takt zu richten: Den Rhythmus ihrer Wiederholung nutzen wir zur Definition von *gleichen* Zeitschritten. Ob die Zeitgeber aber seit dem Urknall wirklich im Gleichschritt laufen, davon haben wir keine Ahnung. Uns bleibt nichts anderes übrig, als unsere heutigen Zeitmesser genau zu untersuchen. Was sind die besten Uhren?

> Zeit ist so definiert, dass Bewegungen einfach aussehen. – John Wheeler, amerikanischer Physiker

Eine Sekunde ist das 9 192 631 770-fache der Schwingungsdauer einer bestimmten Strahlung des Cäsium-Atoms. Atome im Experiment so zu bändigen, dass man genau messen kann, ist gar keine so leichte Aufgabe, aber die letzten Jahre haben einen bemerkenswerten Fortschritt gebracht. Mit der neuen Technik des Frequenzkamms, für die 2005 der Nobelpreis vergeben wurde, kann man Uhren mit einer relativen Genauigkeit von 10^{-15} bauen, das entspricht ein paar Millisekunden Abweichung seit der Jungsteinzeit. Vielleicht kommt man mit ihnen dem großen Rätsel endlich näher, ob die Zeit mit der Evolution des Universums zusammenhängt. Die Allgemeine Relativitätstheorie legt nahe, dass der Raum erst durch die Massen im Universum entsteht, und das Gleiche muss man konsequenterweise für die Zeit

> Es ist vollkommen außerhalb unserer Möglichkeiten, die Veränderung der Dinge in der Zeit zu messen. Im Gegenteil, Zeit ist eine Abstraktion, zu der wir durch die Veränderung der Dinge gelangt sind.[55] – Ernst Mach

vermuten. Weil der Kosmos sich verändert, wäre es logisch, dass auch die Zeit nicht ganz gleichmäßig abläuft. Da das Universum schon sehr alt ist, würden sich solche Anomalien aber erst in entfernten Nachkommastellen bemerkbar machen.

KETZEREIEN VOM PAPST

Vielleicht haben Sie schon gehört, dass nach Einsteins Spezieller Relativitätstheorie bewegte Uhren langsamer ticken. Etwas weniger bekannt ist, dass der Gang der Uhren nach der Allgemeinen Relativitätstheorie auch von der Gravitation verlangsamt wird. Die Kombination dieser Effekte wurde übrigens spektakulär mit Atomuhren in Flugzeugen demonstriert.[56]

Da Uhren in der Nähe von Massen langsamer laufen, liegt es eigentlich nahe, an dem Dogma der seit dem Urknall gleichlaufenden Zeit zu zweifeln. Kurz nach diesem Ereignis, wenn wir uns diese spekulative Rückreise in Gedanken erlauben, befanden sich schließlich sehr wenige Massen innerhalb des Horizonts, also im damals sichtbaren Universum, weil uns ihr Licht noch gar nicht erreichen konnte. Und entsprechend weniger Masse konnte durch ihre bloße Anwesenheit den Gang einer Uhr verlangsamen, wie wir dies heute in Sonnen- und Erdnähe beobachten.

Es ist nicht verwunderlich, dass Einstein der Erste war, der sich solche Gedanken erlaubte und dabei auch über die Lichtgeschwindigkeit nachdachte, deren besondere Rolle in der Physik ihn berühmt gemacht hatte. Ich beginne daher die Darstellung der Problematik gerne mit einem Zitat von Einstein höchstpersönlich – vor allem, um dem hysterischen Geschrei vorzubeugen, das sich im Allgemeinen erhebt, wenn man über ‚variable Lichtgeschwindigkeit' spricht. Denn das erste, wenngleich von keiner sachlichen und historischen Kenntnis angehauchte Argument, das man hört, lautet fast immer, dies widerspreche Einsteins Relativitätstheorie. Das ist keineswegs so, aber hören wir ihn zuerst selbst:[57]

„*Die Konstanz der Lichtgeschwindigkeit [kann] nur für Raum-Zeit-Gebiete mit konstantem Gravitationspotential Gültigkeit beanspruchen.*"

Das bedeutete nichts anderes, als dass er die Schwerkraft selbst durch eine veränderliche Lichtgeschwindigkeit erklären wollte. Erstmals führte er 1911 in einem Artikel „Über den Einfluss der Schwerkraft auf die Ausbreitung des Lichtes" die Idee näher aus:[58]

„*Aus dem ..., daß die Lichtgeschwindigkeit im Schwerefelde eine Funktion des Ortes ist, läßt sich leicht mittels des Huygensschen Prinzipes schließen, dass quer zum Schwerefeld sich fortpflanzende Lichtstrahlen eine Krümmung erfahren müssen."*

Einstein stellte sich also allen Ernstes vor, an *verschiedenen* Orten könnte die Lichtgeschwindigkeit unterschiedlich sein,* während sie an einem bestimmten Ort konstant bleibt, auch wenn man sie aus einem bewegten Bezugssystem betrachtet – die Spezielle Relativitätstheorie mit allen ihren Konsequenzen bleibt also gültig. Man sieht an dieser Stelle, dass ‚veränderliche Lichtgeschwindigkeit' mit Worten schwer zu präzisieren ist und mehreres bedeuten kann. Zum Beispiel wollen einige Versionen der ‚Quantengravitation' die Geschwindigkeit des Lichts von dessen Farbe abhängig machen – wie genau, sagt man lieber nicht, denn das würde die schöne Theorie ja der Gefahr einer Widerlegung aussetzen. Einstein hätte vielleicht noch eine Lachfalte mehr bekommen.

(8) Albert Einstein

LICHTWELLEN: MASSSTÄBE DES UNIVERSUMS

Einsteins Überlegung ist im Gegensatz dazu durchaus konservativ und so einfach, dass man sie leicht nachvollziehen kann: Bei gleicher Wellenlänge ist die Lichtgeschwindigkeit proportional zur Frequenz, die ja angibt, wie viele Wellenberge pro Sekunde einen ruhenden Bezugspunkt passieren. Es ist also ganz natürlich, langsamer tickende Uhren in einem Gravitationsfeld mit einer geringeren Lichtgeschwindigkeit zu beschreiben. Warum Einstein bei dieser Idee nicht blieb – dazu im letzten Abschnitt noch mehr. Hat man so den ersten Einwand gegen eine variable Lichtgeschwindigkeit widerlegt, wird gewöhnlich der nächste vorgebracht: Wenn das schon nicht grundfalsch sei, dann doch wenigstens gänzlich überflüssig.

---

* Gemeint ist die Lichtgeschwindigkeit im Vakuum, da sie in Glas oder Wasser natürlich langsamer ist.

Unter theoretischen Physikern ist die Unsitte verbreitet, physikalische Einheiten wegzulassen, weil man so bequemer rechnen kann. Sie seien in der Physik entbehrlich. Man muss kein Genie sein, um an den historisch bedingten Definitionen des Meters oder der Sekunde eine Willkür zu erkennen; der Zahlenwert als solcher hat natürlich keine Bedeutung. Durch eine entsprechende andere Wahl für die Sekunde oder das Meter kann man in der Tat die Lichtgeschwindigkeit immer gleich 1 setzen und die Einheit weglassen, und das Gleiche gilt für andere Naturkonstanten. Diese verbreitete Konvention ist aber zugleich richtig und dumm. Denn man kann eine geringere Lichtgeschwindigkeit in einem Gravitationsfeld nicht direkt bemerken, wenn sich dort die Frequenzen oder Wellenlängen aller Atome entsprechend verkleinern – man erhält immer den gleichen Wert in Meter pro Sekunde. Dies ist übrigens der Grund, warum die Lichtgeschwindigkeit nicht mehr gemessen wird, sondern als 299792458 m/s *definiert* ist: Diese Festlegung ist insofern verhängnisvoll, als sie in den Köpfen der Physiker eine Denkblockade erzeugt, die Einstein jedenfalls nicht im Sinn hatte.

DIE ZEMENTIERTE VERÄNDERUNG

Dies veranschaulicht eine Analogie zwischen Lichtgeschwindigkeit und Temperatur, die auch Richard Feynman erwähnt.[59] Man stelle sich vor, alle Gegenstände dehnten sich durch Wärme genau gleich aus. Wenn sich dann in einem Thermometer das Glas ebenso wie die Flüssigkeit ausdehnt, kann man keine Temperaturveränderung mehr ablesen! Um eine analoge Situation handelt es sich bei der veränderlichen Lichtgeschwindigkeit, die man ebenfalls nicht direkt feststellen kann, wenn Meter und Sekunde sich im Gleichschritt dehnen. Es mag also korrekt sein, die Physik mit überall konstanter Lichtgeschwindigkeit zu beschreiben, aber vielleicht ist das auch nur so hilfreich, wie wenn man eine Wettervorhersage mit konstanter Temperatur formulierte.

Es könnte hier der Verdacht aufkommen, dass man eine unterschiedliche Lichtgeschwindigkeit gar nicht beobachten kann, doch halt: Natürlich ist die Veränderlichkeit messbar, weil Lichtstrahlen durch verschiedene Geschwindigkeiten wie in einer Linse abgelenkt werden – eben diese Ablenkung beobachtet man auch in Gravitationsfeldern. Einsteins Formulierung von 1915 mit Hilfe einer gekrümmten Geometrie hat sich allerdings später gegenüber jener mit variabler Lichtgeschwindigkeit durchgesetzt. Vielleicht wird dadurch die richtige Perspektive aber auch verdeckt. Denn über die Lichtgeschwindigkeit sind die elementarsten Größen der Physik, Raum und Zeit, miteinander verbunden. Wir dürfen diese nicht einfach als gegeben hinnehmen, sondern müssen die dazugehörigen Maßstäbe untersuchen. Vor allem das ungelöste Rätsel, ob und wie die Definition der Zeit mit dem Zustand des Universums zusammenhängt, nötigt uns, eine variable Lichtgeschwindigkeit genauer zu durchdenken. Denn wenn sich in die fundamentalsten Begriffe falsche Konzepte eingeschlichen haben, würden darauf aufbauende Theorien kaum etwas taugen.

> Zu Beginn der Zeit waren die Naturgesetze wahrscheinlich ganz anders als heute. – Paul Dirac

MASSE, SCHWER ZU VERSTEHEN: HAT DAS URKILOGRAMM MIT DEM URKNALL ZU TUN?

Er schlummert in einem sicheren Tresor - und doch kommt etwas weg: Auch zwei zusätzliche Glashauben können nicht verhindern, dass der Kilogramm-Prototyp im *Bureau International des Poids et Mesures* in Paris etwas an Substanz verliert - immerhin hundert Mikrogramm in den letzten fünfzig Jahren, als man ihn zum letzten Mal mit seinen Kopien verglich. Obwohl man hier keinen fundamental wichtigen Effekt vermuten wird, sind die Physiker doch besorgt und trachten danach, das flüchtige Urmaß durch einen genaueren Standard zu ersetzen. Bald wird man mit einem hochreinen Siliziumkristall, bei dem man praktisch einzelne Atome abzählen kann, neue Präzision erreichen. Trotz dieser experimentellen Fortschritte lautet eine elementare Frage der Physik aber nach wie vor: Was ist eigentlich Masse?

SCHWERE IN DER LEERE

Ein Kugelstoßer könnte auch im schwerelosen Weltraum die Masse einer Kugel bestimmen. Denn die beschleunigende Kraft, die sein Arm aufwenden muss, ist nach Newtons Gesetz proportional dazu. Stößt er mit der gleichen Kraft zwei verschiedene Kugeln, so wird die mit der größeren Masse sich stärker widersetzen und nicht so stark beschleunigen lassen. Diese Widerspenstigkeit bezeichnet man daher als *träge* Masse. Newton kam es bei dieser Definition der Masse über sein Kraftgesetz sehr gelegen, ein ruhendes absolutes Bezugssystem zu postulieren, dem gegenüber die Beschleunigung wirkt. Wie wir im Kapitel über den Raum schon gesehen haben, ist dies jedoch gar nicht so einfach – was Ruhe ist, könnte durchaus erst durch die entferntesten Himmelskörper im Universum festgelegt sein. Also stellt sich das Problem: In Bezug auf was ist etwas beschleunigt? Hier taucht plötzlich wieder das Universum auf: Bedeutet Masse vielleicht, dass ein Gegenstand sich der Beschleunigung *relativ* zu allen anderen Massen im Kosmos widersetzt? Auch dieser hochintelligente und grundlegende Gedanke geht auf Ernst Mach zurück, und er rüttelt an unserem Weltbild, indem er die Natur der Masse über die Beschleunigung mit dem Rest des Weltalls verbindet.

> ... musste jeder naive Mensch sich fragen: Gegen was führt nun ... die Bahnellipse diese Drehung aus? Der Zusammenhang mit ... den Fixsternmassen war in die Rechnung überhaupt nicht eingegangen. –
> Erwin Schrödinger, 1925

Vielleicht sollte ich hier ein paar Worte über Machs eigenartige Reputation sagen. Mit seinem Rauschebart scheint er mir in der Physik eine ähnliche Rolle auszufüllen wie Freud in der Medizin – seiner Zeit voraus und vor allem von denen als antiquiert eingeschätzt, die ihn nicht verstanden haben. Jedenfalls blieb mir der Mund offen stehen, als ich zum ersten Mal folgende Kritik von einem Astronomen hörte: „Mach? Was wollen Sie denn mit dem, der hat doch noch nicht mal kapiert, dass es Atome gibt!" Daran ist richtig, dass es Ende des vorvergangenen Jahrhunderts eine Diskussion zwischen Ernst Mach und Ludwig Boltzmann über die thermodynamischen Eigenschaften von Materie gab, in der Boltzmann mit seiner Erklärung durch Atome recht behielt. Nur: Man halte sich vor Augen, dass um 1890 ein naives Teilchenbild von Materie herrschte, das durch die von der Quantenmechanik offengelegte Wellennatur zwei Jahrzehnte später völlig zertrümmert wurde. Mach hatte also mit seiner Skepsis gegenüber einer Bauklötzchenstruktur der Natur *auch* recht. Aber die zitierte Kritik an Mach hat noch eine viel absurdere Komponente: Es gibt keinen großen Physiker, der sich nicht irgendwo geirrt hat, und oft bis hin zum Eigensinn. Planck glaubte zu wenig an seine größte Entdeckung, das Wirkungsquantum, Einstein bekämpfte zu Unrecht den Zufall in der Natur, Dirac spekulierte über nicht existierende magnetische Monopole, Heisenberg scheiterte an einer einheitlichen Theorie, Bohr verlor sich in metaphysischen Interpretationen der Quantenmechanik. Und Mach glaubte nicht an Atome. Na und? Tut das ihren Leistungen Abbruch? Gegen solche Irrtümer gibt es nur eine Versicherung: Gar nicht nachdenken und mit der Mehrheit schwimmen. Mach traute sich

> Wenn weise Männer nicht irrten, müssten die Narren verzweifeln. –
> Johann Wolfgang von Goethe

dagegen, ein Konzept der Über-Autorität Newton in Frage zu stellen, und vielleicht hat er dabei sogar einen Aspekt tiefer durchdrungen als Einstein. Wenn Sie jedenfalls ein ironisches Lächeln wahrnehmen, mit dem ein Gesprächspartner sein Desinteresse an ‚altem philosophischen Kram' wie dem *Machschen Prinzip* zeigt, dann ist das vor allem eines: Symptom einer Arroganz der Gegenwart, einer der ernsten Krankheiten der heutigen Physik.

RÄTSELHAFTE GLEICHHEIT

Ohne Mach hätte sich die Erkenntnis kaum verbreitet, dass allein schon der Begriff der Trägheit (gegenüber einer Beschleunigung) die Masse definiert – die herkömmliche Bestimmung über eine Gewichtswaage brauchen wir dazu gar nicht! Die Gewichtskraft, genauer gesagt die gravitative Anziehungskraft zwischen zwei Körpern, ist auf den ersten Blick völlig unabhängig von der Trägheit, die der Kugelstoßer spürt. Umso überraschender ist es daher, dass diese Kraft nicht von einer weiteren Eigenschaft wie zum Beispiel der Ladung abhängt, sondern nur von der Masse, einem Begriff, der ja schon über die Trägheit definiert ist. Den für die Gravitation verantwortlichen Teil bezeichnet man daher zutreffend als *schwere* Masse. Und dennoch zeigen uns alle Experimente perfekte Übereinstimmung zwischen träger und schwerer Masse – irre! Einstein hatte dies intuitiv erfasst und baute auf dieser Gleichheit, genannt Äquivalenzprinzip, seine Allgemeine Relativitätstheorie, schon bevor er jene Experimente kannte. Zwei Arten von Massen widersprachen seiner Vorstellung von Einfachheit:[61] „Dieser Satz von der Gleichheit der trägen und schweren Masse ... leuchtete mir nun in seiner tiefen Bedeutung ein."

> Freilich war mir Machs Auffassung bekannt geworden, nach der es als denkbar erschien, daß der Trägheitswiderstand nicht einer Beschleunigung an sich, sondern einer Beschleunigung gegen die Massen der übrigen in der Welt vorhandenen Körper entgegenwirkte.[60] – Albert Einstein

Man muss angesichts dieser Sonderstellung der Gravitation einen kurzen Seitenblick auf das Standardmodell der Teilchenphysik werfen, in dem das Phänomen Gravitation komplett ignoriert wird: Zu schwierig, wir sind nicht zuständig! Und obwohl man die Schwerenatur der Masse völlig ausklammert, versucht man ihre Trägheitseigenschaften mit dem sogenannten Higgs-Teilchen zu beschreiben, um im Standardmodell wenigstens einen Grund für die pure Existenz von Masse zu schaffen. Die Higgs-Idee mag ja zu kunstvollen Rechnungen führen – aber was für eine blauäugige Bastelei in ihrer Beschränkung auf einen Teil der Physik! Erklärt wird selbst durch den Nachweis des Teilchens nichts. In einem Vortrag eines Max-Planck-Direktors an der Universität München über die ersehnten Entdeckungen des *Large Hadron Collider* fragte eine kluge Studentin, was man denn von dem Higgs-Teilchen über das Äquivalenzprinzip lerne. Die Antwort, in ihrem Enthusiasmus für die große Maschine am CERN von keiner Nachdenklichkeit angekränkelt, speiste die Studentin salbungsvoll mit einer Oberflächlichkeit ab und erweckte den Eindruck, als sei die Frage naiv und nicht der Vortragende. Solche Szenen bringen einem das Blut in Wallung und lassen befürchten, dass manche unserer vermeintlichen Fortschritte in Wirklichkeit eine Generation von Physikern am Nachdenken hindern.

> So lästig nämlich auch die offene Frage sein mag, wenn sie durch eine Ausrede beseitigt ist, entfällt auch die Notwendigkeit, über die Sache nachzudenken. – Erwin Schrödinger

Die Geringschätzung von Ideen wie dem Machschen Prinzip rührt auch daher, dass es keine einheitliche Formel dazu gibt, mit der sich die heutzutage rechensüchtige Theoretische Physik beschäftigen könnte. Man bildet sich dort seit Jahrzehnten ein, Virtuosität in Algebra könne Denken ersetzen. Dabei wurden alle echten Ergebnisse der Physik mit relativ wenig Mathematik, dafür mit umso tieferer Reflexion über grundlegende Prinzipien erreicht. Den Gedanken Machs genau zu formulieren, wäre eine echte Herausforderung, umso mehr, als heute die experimentellen Techniken eine Präzision erreichen, die den vermuteten Zusammenhang mit dem Kosmos vielleicht aufzuspüren hilft.

ALLES HÄNGT AN EINEM PLANETEN

Zur Untersuchung der *schweren* Masse ist die Erde ein großartiges Labor, und ihr Gravitationsfeld wurde in letzter Zeit durch Satelliten wie GRACE und GOCE exakt vermessen. Dies ist nicht nur für geologische Fragen wichtig, sondern auch notwendig, um unliebsame Störungen durch die Unregelmäßigkeiten der Erdkugel von Effekten des Gravitationsgesetzes zu unterscheiden. Aber auch auf der Erdoberfläche gibt es tolle Geräte wie etwa supraleitende Gravimeter – sie spüren sogar die Abnahme der Erdgravitation in wenigen Millimetern Höhe. Mit derartiger Technik kann man vielleicht in Zukunft winzigen Effekten auf die Spur kommen, die Mach recht geben könnten. Das Thema ist höchst spannend.

Bemerkenswert ist übrigens, dass wir die Masse unseres Heimatplaneten nur indirekt bestimmen können – indem man die winzige Gravitationskraft zwischen zwei Probekörpern im Labor misst und mit der Erdanziehung vergleicht. Dieses Experiment, das Newton selbst noch für unmöglich gehalten hatte, wurde 1798 erstmals von Henry Cavendish durchgeführt und legt nicht nur die Masse der Erde fest, sondern auch die Massenskala des ganzen Universums! Über die relative Verteilung der Massen im Erdinneren geben Erdbebenwellen Auskunft, deren Geschwindigkeiten von der Dichte abhängen. Bei der Gesamtmasse der Erde müssen sich die Geologen jedoch auf das Gravitationsgesetz verlassen. Etwas verwunderlich ist in ihrem Modell vielleicht die abrupte Zunahme der Dichte an der Grenze von Erdkern und Erdmantel von 6 Tonnen pro Kubikmeter auf 10, doch wird man hier keinen fundamentalen Fehler vermuten. Schon irritierender ist die seit fast zwei Jahrzehnten andauernde Kontroverse um den genauen Wert der Gravitationskonstanten G, der seit den inzwischen zweihundert Jahre alten Experimenten kaum verbessert wurde. Denn 1995 wurde bekannt, dass eine Messung, auf die die Fachwelt über fünfzehn Jahre lang vertraut hatte, eine systematische Fehlerquelle enthielt.[62] Bis heute dauert die Diskussion über den richtigen Wert an.[63] Die präzisen Beobachtungen der Planetenbahnen zeigen uns übrigens nur die Massen*verhältnisse* der Himmelskörper, aber sie sagen nichts über die Gravitationskonstante G selbst.

UNVERÄNDERLICHKEIT – DAS BELIEBTESTE DOGMA

Wendet man den Gedanken von Ernst Mach auf die Gravitationskonstante G an, hätte ihr sehr kleiner Wert mit dem sehr großen Universum und der darin enthaltenen Masse zu tun. Eigentlich wurde dies durch die ersten Abschätzungen um 1930 glänzend bestätigt, als man den ungefähren Zusammenhang $\frac{GM}{R} \approx c^2$ feststellte, wobei M und R für die Masse und den Radius des Universums sowie c für die Lichtgeschwindigkeit stehen. Es ist eigentlich verwunderlich, dass diese Koinzidenz damals nicht mehr Aufmerksamkeit erregt hat. Einstein war um diese Zeit sehr mit seiner einheitlichen Feldtheorie beschäftigt und vielleicht von der Kosmologie frustriert, weil sich seine kosmologische Konstante, mit der er ein statisches Universum zu rechtfertigen suchte, als nutzlos herausgestellt hatte. Über einen Zusammenhang von G mit dem Universum dachte er offenbar nicht nach. Dabei ist eine Idee naheliegend, die der Kosmologe Dennis Sciama 1953 entwickelte. Der Wert des Gravitationspotenzials $\frac{GM}{r}$ einer Masse M im Abstand r wird schon seit Newton zur Berechnung von Planetenbahnen verwendet. Sciama stellte fest, dass das Gravitationspotenzial des gesamten Universums ungefähr dem Quadrat der Lichtgeschwindigkeit c^2 entspricht, und gab damit der oben erwähnten Koinzidenz einen zusätzlichen Sinn.[64] Dennoch misst die Mehrheit der Physiker dem heute keine Bedeutung mehr bei.

Lange nach Ernst Mach machte sich Paul Dirac Gedanken zur Gravitationskonstanten, als er sich in den 1930er Jahren der Kosmologie zuwandte. Dirac war bei aller Genialität ein Sonderling, dessen Schweigsamkeit seine Forscherkollegen oft zur Verzweiflung brachte: Man spottete, sein Wortschatz bestehe nur aus „Yes", „No" und „I don't know". Als ihm der Astrophysiker Fred Hoyle einmal am Telefon eine Frage stellte, entgegnete Dirac: „Ich werde jetzt den Hörer hinlegen, dann eine Minute nachdenken und ihn dann wieder aufnehmen."

Aus einer Überlegung heraus, die wir im letzten Abschnitt noch besprechen, folgerte Dirac 1938, dass die Gravitationskonstante abnehmen sollte, und zwar in der Größenordnung von einem Zehnmilliardstel pro Jahr. Dies entspricht grob den seit dem Urknall vergangenen gut zehn Milliarden Jahren, wenn man von einer gleichmäßigen Entwicklung ausgeht. Eine solche Änderung konnte man allerdings bisher nicht finden, insbesondere nicht mit den Viking-Sonden, die in den 1970er Jahren auf dem Mars landeten und den Abstand zu unserem Nachbarplaneten auf wenige Meter genau vermaßen. Würde die Gravitationskonstante tatsächlich kleiner werden, so hätte dieser Abstand während der Dauer der Mission etwas anwachsen sollen. Von den meisten Gravitationsphysikern höre ich daher das reflexartige Argument, Diracs ‚Theorie' sei *ruled out*, das heißt durch präzise Beobachtungen ausgeschlossen. Nur: Es gibt Diracs Theorie gar nicht. Er vermutete nur aus allgemeinen Überlegungen heraus einen Zusammenhang, ohne sich um die etablierten Ansichten zu kümmern – ähnlich wie die Ideen von Kopernikus der Unveränderlichkeit des Sternenhimmels widersprachen. Kopernikus' ‚Theorie' der Kreisbahnen um die Sonne war durch die damaligen Beobachtungen übrigens auch *ruled out*. Denn das geozentrische Weltbild mit seinen vielen Hilfsannahmen beschrieb alles viel genauer. Man sollte also vielleicht doch lieber versuchen, ob sich Diracs Gedanke zu einer Theorie ausbauen lässt, anstatt ihn vorschnell zu verwerfen.

Neben den astronomischen Effekten müsste eine Abnahme der Gravitationskonstanten auch eine leichte Expansion der Erde bewirken. Pascual Jordan, einer der wenigen, die an Diracs Ideen weiterarbeiteten, untersuchte diese Konsequenz um 1955 etwas genauer. Jordan hatte früher nobelpreisverdächtige Beiträge zur Quantenmechanik geliefert, jedoch machte es seine in der NS-Zeit nicht gerade weiße Weste dem Komitee wohl schwer, ihn zu berücksichtigen. In der Sache finde ich die Hypothese der Erdexpansion faszinierend, obwohl sie heute als völlig exotisch gilt. Jedenfalls enthalten die Kapitel 34 und 35 von Jordans Buch *Schwerkraft und Weltall* eine Reihe diesbezüglich hochinteressanter Fakten. Mit GPS-Daten kann man heute schon die Kontinentaldrift vermessen, die allerdings viel größere Bewegungen verursacht als eine mögliche Expansion der Erde. Hier sollte man genau hinsehen.[65]

DREIFACHE EINFALT WIRD DREIFALTIGKEIT

Eine Schwäche von Jordans und Diracs Ideen zur Abnahme der Gravitationskonstanten G war vielleicht, nur G die Veränderung zu erlauben und nicht auch anderen Konstanten. Dirac betrachtete zum Beispiel die Lichtgeschwindigkeit als unveränderlich, was man keineswegs tun muss, wie ja Einstein schon festgestellt hatte. Diese faszinierenden Ideen verdienen jedenfalls mehr Aufmerksamkeit, und umso mehr nervt es mich, wenn hierbei Denkverbote aufgestellt werden. So fühlten sich vor einiger Zeit drei Theoretiker bemüßigt, ihre unausgegorenen Gedanken aus einer Unterhaltung in der Cafeteria des CERN zu publizieren.[66] Seitdem geistert durch die Literatur das Argument, nur ‚dimensionslose' Naturkonstanten, also reine Zahlen, könnten eine fundamentale Bedeutung haben oder gar veränderlich sein, die Lichtgeschwindigkeit und Gravitationskonstante also nicht. Oh, hätte Einstein nur Gelegenheit gehabt, bei einem Cappuccino im CERN diesen Erkenntnissen zu lauschen! Sicherlich hätte er dann sofort eingesehen, wie dumm seine Überlegungen zur variablen Lichtgeschwindigkeit waren. Und hätte auch noch Maxwell zugehört, wären die ganzen Probleme ohnehin nicht da – mit einem ‚dimensionslosen' Brett vor dem Kopf wie bei den dreien* hätte er die Zusammenhänge zwischen Naturkonstanten gar nicht untersucht und so niemals entdeckt, dass Licht eine elektromagnetische Welle ist. Was für eine peinliche historische Ignoranz sich in dem Artikel offenbart! Dennoch wird die These weithin nachgeplappert.[67]

Weil es bisher keine klaren Hinweise auf isolierte Veränderlichkeiten einzelner Naturkonstanten gibt, wird dieses Gebiet von den theoretischen

---

* Einer davon ist ein namhafter Stringtheoretiker und – man halte sich fest – Träger der Einstein-Medaille.

Physikern wenig beachtet. Gerade deshalb werde ich Ihnen im letzten Abschnitt berichten, wie ein anderer Physiker versucht hat, die Ideen von Einstein und Dirac mit dem Machschen Prinzip zu kombinieren. Natürlich ist die Variation von Naturkonstanten kein Selbstzweck, sondern nur dann sinnvoll, wenn der Effekt quantifiziert wird und sich die Anzahl der Naturkonstanten insgesamt verringert. Denn bei fast allen großen Durchbrüchen in der Physik wurde eine bis dato als gottgegeben angesehene Naturkonstante aus anderen abgeleitet. Beispiele sind die Rydberg-Konstante der Atomphysik, in der man das Plancksche Wirkungsquantum h erkannte, oder eben die Elektrodynamik von Maxwell, der die elektrischen Konstanten mit der Lichtgeschwindigkeit verband. Die Gravitationskonstante ist wegen der oben angeführten Koinzidenz $\frac{GM}{R} \approx c^2$ höchst verdächtig, sich durch Größen des Weltalls ausdrücken zu lassen, obwohl eine Theorie, die diesen Zusammenhang kausal erklärt, nicht existiert! Wenn man die Arbeitshypothese einfacher Naturgesetze nicht ganz schlecht findet, ist es geradezu fahrlässig, dass die erstaunliche Gleichheit $\frac{GM}{R} \approx c^2$ und die dazugehörigen Gedanken von Mach, Sciama und Dirac so wenig Beachtung finden.

Derweil beschreibt die Physik heute die Welt mit Begriffen wie ‚Topness', ‚schwache Hyperladung' und ähnlich buntem Geplänkel. Raum, Zeit und Masse, die elementaren Phänomene, bleiben dagegen unhinterfragt, obwohl sie keineswegs richtig verstanden sind. Um diese Phänomene mit den Einheiten Meter, Sekunde und Kilogramm zu untersuchen, müssen wir daher die Naturkonstanten betrachten, von denen sie sich ableiten[*] – die Lichtgeschwindigkeit, die Gravitationskonstante und das Plancksche Wirkungsquantum h. Davon mehr im nächsten Abschnitt.

---

[*] Ich meine hier ausdrücklich nicht die oft erwähnte winzige ‚Plancklänge' von 10^{-35} Metern, die ziemlich bedeutungslos ist und hauptsächlich dazu dient, einer experimentellen Überprüfung zu entkommen.

TEIL 3:
IM ATOM: REVOLUTIONEN IM UNTEILBAREN

MAXWELLS UNVOLLENDETE: GENIESTREICH OHNE GUTEN SCHLUSSAKKORD

Unvermittelt dreht sich die Magnetnadel aus ihrer Ruhelage und stellt sich nach ein paar Pendelbewegungen senkrecht zu einem Draht, durch den eine zentnerschwere Batterie aus Kupfer und Zink, damals noch ‚Galvanischer Apparat' genannt, elektrischen Strom schickt. Die Studenten, die sich an diesem Januartag im Jahre 1820 im Hörsaal der Universität Kopenhagen eingefunden haben, ahnen nicht, dass sie in diesem Moment Zeugen einer wissenschaftlichen Revolution werden. Hans Christian Oersted, der das Experiment ausführt, hatte sich lange über die damals neuartigen Phänomene Elektrizität und Magnetismus Gedanken gemacht und nach einem verborgenen Zusammenhang gesucht. Die Logik schien nahezulegen, dass die Magnetnadel sich parallel zum Strom führenden Draht ausrichten musste, was jedoch noch nie jemand beobachtet hatte. Einer plötzlichen Eingebung folgend, stellte Oersted die Nadel endlich so auf, dass sie auch die scheinbar widersinnige, senkrechte Orientierung einnehmen konnte, was sie dann auch prompt tat: Das merkwürdige Naturgesetz, das dem Magnetismus zu Grunde liegt, hatte sich endlich offenbart. Sofort verbreitete sich die Nachricht in Europa, und Oersted wurde über Nacht zur Berühmtheit. Die Auswirkungen seiner Entdeckung auf unsere gesamte Zivilisation konnte aber noch kaum jemand ermessen.

Phantasie ist wichtiger als Wissen. – Albert Einstein

Ein Wettrennen der klügsten Köpfe um die Konsequenzen von Oersteds Experiment begann. André-Marie Ampère formulierte die Gesetze des Magnetismus, und Michael Faraday führte das wichtige Konzept des elektrischen Feldes ein, mit dem der geniale James Clerk Maxwell die Theorie der Elektrodynamik 1865 zum Abschluss brachte. Das elektrische Feld stellt man sich am besten als unsichtbare Linien im Raum vor, die von jeder elektrischen Ladung ausgehen. Wie an einer Perlenkette sind daran Pfeile, Vektoren genannt, in Richtung der Linien aufgereiht, welche die Kräfte symbolisieren, die auf andere Ladungen ausgeübt werden. Der Durchbruch gelang Maxwell, als er in seinen Gleichungen den Zuwachs dieser elektrischen Feldlinien gleichberechtigt neben die Bewegung echter Ladungen stellte. So formuliert, sagte die Theorie plötzlich die Existenz elektromagnetischer Wellen voraus, die durch wechselseitige Beeinflussung des elektrischen und magnetischen Feldes entstehen. 1888 wurden diese Wellen durch Heinrich Hertz nachgewiesen - und damit der Energietransport durch den Raum, der damals als wahrer Zauber erschien. Vor allem gelang Hertz auch die Messung der Übertragungszeit, und er bestätigte damit Maxwells kühne Vorhersage, dass sich die Wellen mit Lichtgeschwindigkeit bewegten.

Der wirkliche Zauber dieser Vereinigung liegt darin, dass eine der Fundamentalkonstanten - jene rätselhaften Zahlenbotschaften der Natur - damit enträtselt wurde: Während vorher die Konstanten der Elektrizität und des Magnetismus,* ε_0 und μ_0, ihre Eigenständigkeit besaßen und durch unabhängige Messungen geadelt wurden, sind sie heute mittels Maxwells Formel $\frac{1}{\varepsilon_0 \mu_0} = c^2$ Lakaien der Lichtgeschwindigkeit c. Und die Vereinigung war äußerst fruchtbar: Magnetismus wurde damit verstanden - und gleichzeitig konnte man die bunten Erscheinungen des Lichts als elektromagnetische Wellen beschreiben. Die Erkenntnisse passten wie fehlende Puzzlestücke zu der bekannten Beobachtung, dass die Wellenlänge des Lichts als Farbe wahrgenommen wird - in einem kleinen Bereich des Spektrums, für den das Auge empfindlich ist. Wie Licht von den Quellen der Elektrizität, den geladenen Elektronen, beeinflusst wird, ist allerdings auch heute, fast zweihundert Jahre nach Oersted, noch nicht genau verstanden.

---

* Historisch lauteten die Bezeichnungen anders.

DIE WICHTIGSTE FORMEL, DIE WIR NICHT KENNEN

Heinrich Hertz konnte nur deshalb Wellen in den leeren Raum aussenden, weil er elektrische Ladungen in einer Antenne zum Schwingen brachte. In jeder Antenne, zum Beispiel auch in Ihrem Handy, führen Elektronen solch eine periodische Bewegung aus. Die Änderung der Geschwindigkeit in den Umkehrpunkten, die sich notwendig ergibt, nennen Physiker Beschleunigung. Wann immer elektrische Ladungen beschleunigt werden, *müssen* sie nach den Maxwellschen Gleichungen elektromagnetische Wellen aussenden – es bleibt ihnen nichts anderes übrig, ähnlich wie einem in eine Pfütze geworfenen Stein. Daher musste man auch die zu simple Vorstellung aufgeben, im Atom umkreise ein Elektron den Kern – denn allein durch die Beschleunigung aufgrund der Zentripetalkraft käme es zu einer Abstrahlung und somit zu einem Energieverlust. Hingegen führt eine gleichförmige *Geschwindigkeit* einer Ladung allein noch nicht zu einer Abstrahlung von Wellen.

Die angenehmste Abstrahlung elektromagnetischer Wellen ist sicher das Licht der Sonne: Auf ihrer Oberfläche bewegen sich geladene Teilchen sehr schnell und sind daher heftig beschleunigt. Max Planck war es 1900 gelungen, die dadurch verursachte Lichtabstrahlung in einer Formel auszudrücken, die allein von der Temperatur abhängt. Seine Entdeckung löste ein Erdbeben in der Physik aus, weil sie die Existenz von Lichtteilchen, auch *Photonen* genannt, nahelegte. Merkwürdigerweise ist die kollektive ungeordnete Abstrahlung von vielen Ladungen leichter zu verstehen als die einer einzelnen, etwa eines beschleunigten Elektrons.

Stellen Sie sich nun vor, Sie kennen die Beschleunigung einer einzelnen Ladung zu jedem Zeitpunkt genau. Man möchte meinen, dass die Physik nun eine Formel zur Hand hat, die genau angibt, wie viel Licht einer bestimmten Wellenlänge in welche Raumrichtung abgestrahlt wird. Hat sie aber nicht! Wenn Sie auch nur einen Funken Ehrgeiz für Naturerkenntnis verspüren, ist dies eine höchst befremdliche Tatsache. Zwar gibt es Spezialfälle wie jene von Heinrich Hertz verwendete Antenne, in denen man die Abstrahlung exakt berechnen kann. In anderen Situationen, etwa wenn Elektronen in einer Röntgenröhre auf Metall prallen und stark abgebremst werden – physikalisch handelt es sich dabei ebenfalls um eine (negative) Beschleunigung –, gibt es Näherungsformeln, welche die Energieabstrahlung ungefähr wiedergeben. In voller Allgemeinheit ist aber noch unverstanden, wie beschleunigte Ladungen Licht erzeugen. Warum?

DIE ENERGIERECHNUNG OHNE DEN WIRT GEMACHT

Am besten erklärt dieses Problem Richard Feynman in seinen *Lectures on Physics*, einem hervorragenden und dabei verständlichen Buch. Nach längeren Ausführungen über die Elektrodynamik schreibt Feynman:[68]

„*Aber wir wollen einen Moment anhalten, um Ihnen zu zeigen, dass dieses enorme Gebäude, mit dem sich so viele Phänomene wunderbar erklären lassen, letztlich auf die Nase fällt ... – wir wollen nun eine ernsthafte Schwierigkeit diskutieren, nämlich das Versagen der klassischen elektrodynamischen Theorie.*"

Was meint er mit dieser provokativen Aussage? In der Tat widersprechen sich hier physikalische Formeln. Es leuchtet ein, dass eine Ladung mit jeder Beschleunigung Bewegungsenergie bekommt, die zum Beispiel aus dem elektrischen Feld einer anderen Ladung stammt, die sie zu sich hinzieht. Wie aber liegt der Fall bei nur einer Ladung? Es existiert eine Formel, die den Energieinhalt ihres elektrischen Feldes angibt, wobei es auf die Richtung der Kraftpfeile dann nicht mehr ankommt, sondern nur auf die Stärke. Und die Stärke des elektrischen Feldes in der Umgebung einer Ladung bestimmt das Coulomb-Gesetz. Zählen wir nun den Energieinhalt in allen Raumgebieten, die ein Elektron umgeben, systematisch zusammen, erhalten wir plötzlich eine unendlich große Energie. Ein vollkommen absurdes Ergebnis.

Verantwortlich für diese Katastrophe ist übrigens die Umgebung des punktförmig angenommenen Teilchens, wo immer höhere Energiekonzentrationen herrschen, je näher man ihm kommt. Wenn man Einsteins berühmtem Zusammenhang zwischen Energie, Masse und Lichtgeschwindigkeit, $E = mc^2$, nicht widersprechen will, bedeutet dies, dass jedes der Abermilliarden Elektronen in unserem Körper eine unendliche Masse haben müsste!

Ein wahrhaft schwerwiegender Widerspruch, denn im Experiment kann man das Elektron und sein gleich schweres Antiteilchen, das Positron, durch den Aufprall eines Photons, also mit einer Winzigkeit von Lichtenergie erzeugen.

Die Probleme, die mit der inneren Struktur des Elektrons zusammenhängen, sind noch sehr weit von einer Lösung entfernt.[69] – Enrico Fermi

Einsteins Formel wird man noch am wenigsten in Zweifel ziehen. Also kann wohl die Formel für den Energieinhalt nicht ganz stimmen. Oder ist das Elektron doch nicht punktförmig? Aber niemand konnte je seine Ausdehnung messen. Die von der Theorie verlangte unermesslich hohe Energiedichte in der Nähe des Elektrons führt dazu, dass wir sein Benehmen bei entsprechend hohen Beschleunigungen nicht verstehen können. Es könnte beliebig Licht abstrahlen, indem es sich aus dem eigenen unendlichen Energievorrat bedient – so als würde es sich nach Lust und Laune an den eigenen Haaren aus dem Sumpf ziehen oder „sich an den eigenen Schnürsenkeln festhalten", wie Feynman sich ausdrückt. Auch der russische Nobelpreisträger Lew Landau betont in seinem Standardwerk der Theoretischen Physik, dass hier der Hund begraben liegt:[70]

„Es kann hier die Frage entstehen, wie die Elektrodynamik, in der ja die Energieerhaltung gilt, zu so einem absurden Ergebnis führen kann. Die Wurzel dieser Schwierigkeit liegt in der unendlich großen elektromagnetischen ‚Eigenmasse' der Elementarteilchen."

Leider ist von diesem gravierenden Problem der Physik wenig mehr bekannt, als dass es grausam schwierig ist.

VERSUCHEN SIE ES ERST GAR NICHT

Bevor Sie nun zur Reparatur der Elektrodynamik eine Theorie des nichtpunktförmigen Elektrons entwerfen oder Ihre Kreativität in eine neue Formel seines Energieinhalts investieren, muss ich Sie weiter demoralisieren. Es gibt, wie Feynman ebenfalls beschreibt, einen noch etwas subtileren Versuch, die Masse des Elektrons zu berechnen. Der Impuls, das Produkt von Masse und Geschwindigkeit, bleibt bei physikalischen Prozessen ebenso erhalten wie die Energie; das zeigt sich zum Beispiel sehr anschaulich beim Zusammenprall von Billardkugeln. Auch fliegende Elektronen haben einen Impuls, ja sogar das elektromagnetische Feld selbst, was sich mit einer Formel berechnen lässt, die 1884 der britische Physiker John Henry Poynting entwickelte. Entsprechend verursacht auch Licht einen Rückstoß, er muss beispielsweise bei der Navigation von Satelliten berücksichtigt werden, die dem Sonnenlicht ausgesetzt sind. Versucht man aber, mit Poyntings Formel den Impuls eines bewegten Elektrons zu berechnen, indem man das umgebende elektromagnetische Feld betrachtet, stellt sich heraus, dass das Elektron wiederum eine unendliche Masse haben müsste – schlimm genug. Aber diese unterscheidet sich auch noch von jener vorher mit der Energieformel berechneten Masse um den Faktor ¾! Unendlich oder drei Viertel mal unendlich ist egal, könnte man einwenden, sogar mit einer gewissen mathematischen Berechtigung. Aber selbst wenn es gelänge, die

> Das Elektron ist ein zu einfaches Ding, als dass man nach Gesetzen fragen könnte, die seine Struktur entstehen lassen. – Paul Dirac

Unendlichkeit durch ein nicht-punktförmiges Elektron zu beseitigen, bliebe immer noch dieser irritierende Faktor, der jede noch so schöne Lösung kaputt macht. Die Situation ist verfahren.

Diese hoffnungslose Lage hat schon viele Theoretiker verzweifeln lassen, und vermutlich wird gerade deshalb das Problem oft verdrängt. Schon einige Male allerdings bin ich von Physikern belehrt worden, das Rätsel mit der unendlichen Masse habe sich aufgelöst, nämlich durch die in der Folgezeit entwickelte Theorie der Quantenelektrodynamik. Wohl hatte diese Theorie ihre Erfolge, aber die Analyse von Richard Feynman ist unzweideutig:[71] „Die Schwierigkeiten bleiben bestehen, wenn der Elektromagnetismus und die Quantenmechanik vereinigt werden." Hat er hier in seinem Lehrbuch etwas übersehen? Wer dieser Ansicht zuneigt, muss die Quantenelektrodynamik allerdings besser verstanden haben als Feynman selbst, dem für ihre Entwicklung 1965 der Nobelpreis verliehen wurde. „Es ist also keine Zeitverschwendung, wenn wir uns diese Schwierigkeiten jetzt ansehen", rät Feynman schließlich. Und doch scheinen gerade diejenigen Physiker keine Zeit mehr zu haben, in sein Lehrbuch zu schauen, deren Arbeit am meisten vom mangelnden Verständnis der stark beschleunigten Elektronen betroffen ist.

BESCHLEUNIGTE ÜBERSPRUNGSHANDLUNGEN

Mit neuartigen Lasern kann man geradezu unglaubliche Strahlungsleistungen erzeugen – bis zu 10^{24} Watt pro Quadratmeter, was einer Energiedichte von einer Milliarde Kilowattstunden pro Kubikmeter entspricht. Ein fingerdicker Strahl dieser Art würde den Chiemsee verdampfen lassen, könnte man ihn zehn Sekunden lang aufrechterhalten. Laserlicht ist aber nichts anderes als eine elektromagnetische Welle, und entsprechend spürt ein Elektron, welches in so einen Laserstrahl gerät, ein immenses elektrisches Feld mit entsprechend heftiger Beschleunigung. Das Laserlicht als solches ist übrigens völlig harmlos. Ähnlich wie in einem Mikrowellenherd wäre lediglich eine zu hohe Intensität ungesund – wie leider manche Meerschweinchen erfahren mussten, deren Besitzer sie darin trocknen wollten. Geraten hingegen Elektronen in den Fokus dieser Laserstrahlen, entsteht gefährliche Röntgenstrahlung – auch nichts anderes als Licht, aber mit einer ungemütlich kurzen Wellenlänge. Denn bekanntlich können beschleunigte Elektronen gar nicht anders, als elektromagnetische Wellen abzustrahlen, und die Heftigkeit der Beschleunigung führt zu einer extrem kurzen Wellenlänge. Im Prinzip handelt es sich dabei um ein hochinteressantes Forschungsgebiet. Laser, die fast ins Wohnzimmer passen, werden höchstwahrscheinlich eines Tages die gigantischen Teilchenbeschleuniger verdrängen wie Chips die Schreibmaschinen. Aber noch mal: Verstanden haben wir den Zusammenhang zwischen Beschleunigung und Abstrahlung noch nicht, trotz aller neuartigen Technik.

Angesichts dessen ist der quirlige Forschungsbetrieb auf diesem Gebiet etwas irritierend: Obwohl man zu ganz elementaren Fragen keine Theorie hat, rüstet man sich für einen Größer-Schneller-Besser-Wettlauf, der unverstandene Datenhaufen erzeugt. Nicht wenige der dabei Beteiligten werden behaupten, mit ein paar Näherungsformeln alles vernünftig beschreiben zu können – so der Originalton eines Arbeitsgruppenleiters am Max-Planck-Institut für Quantenoptik, mit dem ich mich vor längerer Zeit darüber unterhielt. Zu Feynmans Aussage, es gebe bei großen Beschleunigungen keine korrekte Formel, machte er große Augen und meinte, man befinde sich wohl noch nicht in diesem Bereich. Wann dann, fragt man sich, wenn nicht bei 10^{24} Watt pro Quadratmeter?

Die fleißigen Rechner berufen sich meist auf ‚den Jackson', ein Standardlehrbuch mit dem Titel *Classical Electrodynamics*. Es handelt sich um eines jener zahlreichen Werke, deren Autoren ihre Lebensaufgabe darin sehen, Hunderte von Formeln zusammenzutragen. Dass eine vollständige Theorie der Abstrahlung gar nicht existiert, liest man dort aber nicht – die alte Geschichte vom Wald und den Bäumen. Die Tatsache, dass wir große Beschleunigungen von Ladungen nicht beschreiben können, wirft übrigens ein bizarres Licht auf nahezu alle Experimente der Hochenergiephysik. Seit über fünfzig Jahren lässt man in den Collidern Ladungen aufeinanderprallen, für deren Strahlungsverluste bei der Abbremsung es keine gute Theorie gibt. Für eine korrekte Analyse wäre es eigentlich bitter nötig, einen so elementaren Prozess genauer zu verstehen.

EIN GROßER TRAUM – HOFFNUNGSLOS BEGRABEN?

Der Stil der Physik hat sich im letzten Jahrhundert entscheidend gewandelt. Paul Dirac, das introvertierte Genie der Quantentheorie, war vielleicht wie kein anderer den Geheimnissen des Elektrons auf die Spur gekommen und hatte dafür 1933 den Nobelpreis erhalten. Doch auch er versuchte sich in späteren Jahren an einer neuen Theorie der Elektrodynamik,[72] weil er deren grundlegende Defizite erkannt hatte – ohne Erfolg. Und schon Hendrik Antoon Lorentz, ein Mentor Einsteins, der wichtige Vorarbeit zu dessen Formel $E = mc^2$ geleistet hatte, war diesen entscheidenden Fragen nachgegangen. Er war überzeugt, dass man die Masse des Elektrons allein aus der Energie seines elektrischen Feldes ableiten konnte. Gab es keine Möglichkeit, diese zu berechnen? Er grübelte jahrelang darüber nach, konnte aber die Widersprüche nicht auflösen. Seine Idee bleibt jedoch faszinierend, einfach und schön.

> Vielleicht sind wir auf dem vollkommen falschen Weg, wenn wir auf Teile des Elektrons unseren gewöhnlichen Begriff der Kraft anwenden. – Hendrik Antoon Lorentz

An den enormen Schwierigkeiten sind also große Geister gescheitert, und die nicht ganz so großen nehmen wohl deswegen die Schwierigkeiten heute gar nicht mehr wahr. Dennoch sollte man an Lorentz' Anspruch, die Elektronenmasse zu berechnen, festhalten: Wer das Ziel aufgibt, etwas richtig zu verstehen, sollte die Physik gleich bleiben lassen. Tatsächlich scheint allerdings überall, wo die Masse auftaucht, ein tieferes Problem hineinverwoben zu sein, das uns noch öfters begegnen wird.

> Man wird uns zur Physikergeneration zählen..., die so wesentliche Probleme wie die Selbstenergie des Elektrons ungelöst zurückließ. Allmählich gewöhne ich mich an den Gedanken, einen wirklichen Fortschritt nicht mehr zu erleben. – Wolfgang Pauli

DIE QUANTENMECHANIK DER GOLDENEN ZWANZIGER: UNVERSTÄNDNIS WIRD SALONFÄHIG

„Dass er in seinen Spekulationen gelegentlich auch einmal über das Ziel hinausgeschossen haben mag, wie bei der Hypothese der Lichtquanten ...":[73] Diese Bemerkung von Max Planck über Albert Einstein war eine der kuriosesten Fehleinschätzungen in der Geschichte der Physik. Einstein hatte in einem Artikel von 1905 kühn postuliert, dass Licht, wenn es mit der Frequenz f oszillierte, seine Energie nur in Portionen E = hf abgeben konnte, eine geniale Intuition, die ihm Jahre später den Nobelpreis einbrachte. Die Naturkonstante h in der Formel musste offenbar eine fundamentale Wichtigkeit besitzen, und ironischerweise heißt sie heute Plancksches Wirkungsquantum, obwohl Max Planck ihr in seinem berühmten Strahlungsgesetz keine große Rolle zugedacht hatte („ein Akt der Verzweiflung"). Ihm gefielen die revolutionären Konsequenzen nicht, die sich aus Einsteins Lichtquanten ergaben.* Diese Energieportionen stellt man sich heute unter dem Namen ‚Photon' als Teilchen vor. Vor Einstein schien sich Licht immer als Welle zu verhalten. Dies ist die Grundfrage, mit der die Physik bis heute kämpft: Welle oder Teilchen?

Einsteins Vorschlag für das Licht strapazierte das Vorstellungsvermögen schon erheblich, aber es kam noch schlimmer. Elektronen, die nach damaliger Überzeugung als kleinste Teilchen den Atomkern umkreisen, haben offenbar umgekehrt auch eine Wellennatur. Mit einem äußerst simplen Experiment lässt sich - eine irre Vorstellung für Teilchen - sogar ihre Wellen-

---

* Umso höher ist es Planck anzurechnen, dass er einem unbekannten Patentamtsangestellten, der ihm widersprach, die Veröffentlichung in den renommierten *Annalen der Physik* gestattete - ein Vorgang, der heute ziemlich undenkbar wäre.

länge messen. Diese ist nach Louis Victor de Broglie benannt, einem schüchternen französischen Aristokraten, der in seiner Doktorarbeit die entscheidende Formel dafür gefunden hatte. Er erhielt 1929 den Nobelpreis. Noch umwälzender vielleicht war der Beitrag von Erwin Schrödinger, der durch Einstein auf de Broglie aufmerksam wurde. Nachdenken konnte Schrödinger offenbar am besten in neuer Umgebung und außerehelicher Begleitung. Physikalisch besonders fruchtbar war ein solcher Skiurlaub 1925 in Arosa. Dort stellte er eine Wellengleichung für das Atom auf, in der das Elektron jene verrückte Rolle einer Welle einnahm. Sie machte erstmals anschaulich, dass sich Elektronen nur in bestimmten Zuständen mit festgelegter Energie um den Atomkern bewegen können. Entscheidend beteiligt war dabei wieder die Naturkonstante h, das Plancksche Wirkungsquantum. Die Idee, die Quantelung mit h überhaupt in der Atomphysik anzuwenden, war wiederum das Verdienst von Niels Bohr. Er hatte wohl gesehen, dass h die physikalische Einheit eines Drehimpulses hat, jener Größe, die uns die Rotation von Eiskunstläufern verstehen lässt. Dabei kam ihm der geniale Gedanke, Einsteins Quanten nicht nur als Lichtenergie, sondern auch als Portionen des Drehimpulses zu betrachten, mit dem Elektronen den Atomkern umrunden durften.* Beobachten konnte man dies durch die Lichtquanten von genau festgelegter Frequenz und Farbe, die von Atomen ausgesendet werden und daher Spektrallinien genannt werden. Bis heute wissen wir aber eigentlich nicht, was der ominöse Wert $h = 6{,}62 \cdot 10^{-34}$ kg m²/s ‚wirklich' bedeutet – ist er in erster Linie eine Eigenschaft der Energie von Licht oder ein Drehimpuls von Materie? Lässt sich das eine aus dem anderen ableiten? Ist Einsteins Geistesblitz grundlegender – oder der von Bohr?

Die rätselhafte Quantelung von h erinnert daran, dass auch die elektrische Ladung nur in Vielfachen einer Elementarladung in der Natur vorkommt, ohne dass ein ursächlicher Zusammenhang bekannt wäre. Warum kommen manche Größen der Physik in Portionen vor und manche nicht? Und noch allgemeinere, aber beun-

> Dennoch muß ich ein Geständnis ablegen: Während der Verteidigung der Doktorarbeit habe ich nicht an die Realität der mit den Materieteilchen verbundenen Wellen geglaubt.[74] –
> Louis Victor de Broglie

> Wenn mir Einstein ein Radiotelegramm schickt, er habe nun die Teilchennatur des Lichtes endgültig bewiesen, so kommt das Telegramm nur an, weil das Licht eine Welle ist. –
> Niels Bohr

---

* Bemerkenswert dabei ist auch, dass Bohrs mathematische Fähigkeiten alles andere als überragend waren, wie etwa Werner Heisenberg bemerkt: „Es war ganz unmittelbar zu spüren, dass Bohr seine Resultate nicht durch Berechnungen und Beweise, sondern durch Einfühlen und Erraten gewonnen hatte." (Heisenberg, S. 51)

UNVERSTÄNDNIS WIRD SALONFÄHIG

ruhigende Fragen: Warum quält uns die Natur überhaupt mit einer Eigenschaft wie dem Wirkungsquantum? Warum ist es so klein? Oder wäre eine Physik denkbar, in der diese Konstante gar nicht vorkommt?

> Niemand weiß zum Beispiel, warum die Ladung ein ganzzahliges Vielfaches der Ladung des Elektrons ist.[75] – Emilio Segrè

Und wenn nein, warum nicht? Naturphilosophisch betrachtet läge es sogar nahe, dass dieser winzige Drehimpuls h mit dem von Ernst Mach aufgeworfenen Problem verwoben ist, für die Drehungen des Raumes ein Bezugssystem zu finden. Niemand kennt die Antwort auf diese Fragen. Aber nach Gründen sollten wir zumindest suchen.

Werner Heisenberg enthüllte 1927 noch eine weitere Facette des Wirkungsquantums h: Innerhalb einer bestimmten Zeitspanne Δt lässt sich die Energie eines Teilchens nur mit der prinzipiellen Ungenauigkeit $\Delta E = h/\Delta t$ bestimmen, und eine entsprechende Unschärfe gilt für Ort und Impuls (das Produkt aus Masse und Geschwindigkeit). All dies spiegelt natürlich nur das Dilemma von Welle und Teilchen wider, denn in sehr kurzen Zeitspannen ist die Lichtfrequenz und damit die Energie $E = hf$ nur ungenau definiert. Aus ähnlichem Grund hat zum Beispiel Mozart Triller im Bass vermieden – der einzelne Ton wäre so kurz, dass nur wenige Wellenlängen im Ohr ankämen, und aufgrund der Unmöglichkeit der genauen Frequenzbestimmung hört er sich unvermeidlich unsauber an. Ein bekannter Welleneffekt, der aber natürlich noch nicht unser Rätsel löst: Warum präsentieren sich die Phänomene manchmal als Welle und manchmal als Teilchen? Einstein lud zum Beispiel Heisenberg 1926 in seine Berliner Wohnung ein und unterhielt sich mit ihm stundenlang darüber.[76] So eine Diskussionskultur ist heute weitgehend verschwunden.

> Fünfzig Jahre Grübeln haben mich der Frage „Was sind Lichtquanten?" nicht näher gebracht. – Albert Einstein

SHOWDOWN UM DEN ZUFALL

Heisenberg hatte übrigens Schrödingers anschauliche Wellengleichung durch langwierige Rechnungen vorweggenommen. Eine Zeit lang gab es Streit darum, welche Darstellung die richtige ist, bis klar wurde, dass die Ansätze nur zwei sehr unterschiedliche Formulierungen derselben Sache waren. Die Streithähne waren aber dadurch nicht besänftigt, denn Schrödinger hing der Idee an, Elektronen mit ihren Ladungen seien gleichmäßig im Raum verteilt, ihre plötzlichen Sprünge – Konsequenz

> Die Natur macht keine Sprünge. – Gottfried Wilhelm Leibniz

des Aussendens von Lichtquanten – waren ihm zuwider. Das Dilemma zwischen Welle und Teilchen kann man umgehen, wenn man sich vorstellt, die Welle sei nichts Reales, sondern lediglich eine gedachte Schwingung, deren Form nichts über das Teilchen selbst aussagt, sondern nur über die Wahrscheinlichkeit, es anzutreffen. Diese Idee von Max Born, bekannt als statistische Interpretation der Quantenmechanik, beschreibt die Ergebnisse von Experimenten durchaus erfolgreich. Im Sinne einer Mehrheitsentscheidung hat sich diese Sicht der Dinge durchgesetzt, obwohl der Grund wohl weniger in ihrer intellektuellen Überzeugungskraft liegt als in den Ereignissen, die sich auf der legendären Solvay-Konferenz 1927 in Brüssel abspielten.

Fast alle berühmten Physiker hatten sich an einem Ort eingefunden: Was für ein Treffen! In den heftigen Diskussionen der Teilnehmer bildeten im wesentlichen Heisenberg, Pauli, Bohr und Born eine Allianz, die die Wahrscheinlichkeitsinterpretation vertrat, die heute als ‚Kopenhagener Deutung' bezeichnet wird. Vor allem Einstein, dem der Satz „Gott würfelt nicht!" zugeschrieben wird, wehrte sich mit Händen und Füßen gegen diese Elemente des Zufalls in der Physik und brachte geistreiche Gedankenexperimente gegen Heisenbergs Unschärferelation vor.

Die meisten sehen gar nicht, was sie für ein gewagtes Spiel mit der Wirklichkeit treiben.[77] – Albert Einstein

Dass Bohr in einem Fall zeigen konnte, dass Einstein einen Effekt seiner eigenen Allgemeinen Relativitätstheorie übersehen hatte, war ein Fanal für die Durchsetzung der neuen Theorie. Schrödinger hingegen konnte nicht akzeptieren, dass ein Atomzustand erst durch Beobachtung festgelegt werde, und verspottete die Kopenhagener Deutung,

(9) Niels Bohr und Albert Einstein im Gespräch

indem er ein Atom mit einer Katze in einer Kiste verglich: Wenn zwei Atomzustände einer toten oder lebendigen Katze entsprechen, solle man denn dann davon ausgehen, über das Schicksal des Tieres werde erst durch einen Blick in die Kiste entschieden?

Wegen dieser Meinungsverschiedenheiten war es ihm gar nicht recht, dass seine eigene Wellenmechanik offenbar kompatibel war mit der Theorie von Heisenberg, welcher, unterstützt von Pauli, das Problem für erledigt erklärte und sich selbst als Sieger in der Diskussion sah. Schrödinger soll dagegen gesagt haben:[78] „Die Göttinger benutzen jetzt meine schöne Wellenmechanik, um ihre Scheiß-Matrixelemente auszurechnen." Pauli lästerte im Gegenzug über „die kindischen Arbeiten von Schrödinger, der heute noch glaubt, er könne der statistischen Deutung seiner Funktion entgehen".[79] Diese Anekdoten zeigen eines: Die Gründerväter der Quantenmechanik waren sich grundlegend uneins, wie ihr gemeinsames Kind zu verstehen sei.* Fortan sprachen sie auch nicht mehr in dieser Form miteinander. Vielleicht begann in diesem Moment die Krise der Theoretischen Physik.

> Nur ein Narr verzichtet auf die Hypothese der realen Außenwelt. – Erwin Schrödinger

ICH HABE DA NOCH EINE FRAGE...

Bohrs Diskussionsbeiträge waren alles andere als klar und für jeden nicht völlig aufmerksamen Zuhörer in ihrer Länge ermüdend. Als Gesprächspartner war er geradezu gefürchtet. Schrödinger, der sich einmal zu Besuch bei ihm zu Hause aufhielt, wurde von ihm derart in Beschlag genommen, dass er sich wahrscheinlich halb willentlich einen Infekt zuzog, was Bohr nicht davon abhielt, von der Bettkante des Krankenlagers aus weiterhin auf ihn einzureden.[80] Und Paul Ehrenfest beklagte sich, dass Bohr bei der Solvay-Konferenz noch um ein Uhr nachts bei ihm klopfte, um „ein einziges" klärendes Wort zu äußern, was jedoch nie vor drei Uhr endete.[81] Ehrenfest war ein hochintelligenter Skeptiker, der später leider Selbstmord beging. In einem Aufsatz[82] aus dem Jahr 1932 benannte er

> Man soll sich auch nicht klarer ausdrücken, als man denkt. – Niels Bohr

> Ich bewunderte Bohr sehr. Wir hatten lange Gespräche zusammen, lange Gespräche, in denen praktisch nur Bohr sprach. – Paul Dirac

---

* Eine besonders gelungene Darstellung dieser Krise der Quantenmechanik findet man in dem Buch *The Quantum Ten* von Sheilla Jones.

einen wunden Punkt der Kopenhagener Deutung: Nach ihr kann man die Wahrscheinlichkeit, an einem bestimmten Ort ein Elektron anzutreffen, schon mit dem dortigen Wert der Wellenfunktion berechnen. Bei Lichtquanten hingegen, deren Wellenfunktion einfach das elektrische Feld ist, liegt der Fall anders! Um überhaupt die Wellenlänge zu bestimmen, müsste man zuerst das elektrische Feld in der Umgebung betrachten (mit einer sogenannten Fourier-Analyse), denn dessen Betrag an einem Ort sagt nichts darüber aus, *welches* Teilchen überhaupt – mit welcher Wahrscheinlichkeit auch immer – dort angetroffen werden soll. Das ist ein fundamentaler Unterschied im Verhalten von Materie und Licht, für den der Formalismus der Quantenmechanik bis heute keine Erklärung hat. Letztlich drückt sich die Kopenhagener Deutung um die Frage, wie die Welle denn flugs zum Teilchen wird. Über dieses Messproblem der Quantenmechanik ist erdrückend viel geschrieben worden, sodass ich dem nicht viel hinzufügen möchte. Eine Lektüre, die Spaß macht und einige Worthülsen seziert, ist zum Beispiel John Bells Buch *Speakable and Unspeakable in Quantum Mechanics*. Man hat aber bisher einfach keine überzeugendere Interpretation der Quantentheorie, insbesondere keine, die neue überprüfbare Vorhersagen macht. Solche fehlen zum Beispiel bei der Viele-Welten-Theorie, die anstelle einer Zufallsentscheidung annimmt, in jedem Moment würden sich romanhafte Alternativwelten verzweigen, die alle real seien, und wir lebten just in einer davon. Meine persönliche Lieblingswelt ist die, in der es die Viele-Welten-Theorie gar nicht gibt. Nach der Viele-Welten-Theorie muss auch diese existieren. So sind alle zufrieden, auch diejenigen, die den Ansatz heute zu Multiversums-Theorien verallgemeinern wollen, die zur Erklärung von allem taugen, wenn man gar nichts mehr verstanden hat.

Der Nährboden für solche Fantasien sind die merkwürdigen Naturerscheinungen der Quantentheorie, die bisher noch nicht wirklich verstanden wurden. Trotz neu gebildeter Begriffe ist unser Vorstellungsvermögen dabei ziemlich hilflos. In solchen Situationen ist die Wissenschaft anfällig, eine von der Mehrheitsmeinung diktierte Richtung einzuschlagen und Querdenker auszugrenzen wie etwa David Bohm, der in seiner Theorie den Zufall mit Annahmen zu umgehen versucht, die allerdings auch nicht leicht

> Wenn wir also im Wellenpaket oder der Wellengruppe für das Teilchen eine Art anschauliches Bild gewinnen ..., so dürfen wir dieses anschauliche Bild aus vielen Gründen nicht ganz ernst nehmen.[83] – Erwin Schrödinger

> Dieses Problem der Interpretation hat sich als um einiges schwieriger herausgestellt, als nur die Gleichungen auszuarbeiten. – Paul Dirac

zu verdauen sind. Bohm war sicher ein kluger Kopf, und interessanterweise schätzte Richard Feynman ihn offenbar so sehr,* dass er während seines Aufenthaltes in Rio de Janeiro mit ihm auf ausgedehnten Strandspaziergängen diskutierte.[84] Wem dagegen die Karriere wichtig war, der versuchte bei der reinen Lehre aus Kopenhagen zu bleiben. So soll der ehrgeizige Robert Oppenheimer zum Beispiel geäußert haben: „Wir müssen beschließen, Bohm zu ignorieren." Die Quantenmechanik begann orthodox zu werden. Kein gutes Zeichen für eine Wissenschaft.

> Zunächst hat mich Ihr Bedürfnis, mir eine Liste von Physikern zu schicken, die Oppenheimer lieben, sehr amüsiert. Es liegt nahe, dies mit der Tatsache zu verbinden, daß Sie selber sich nicht auf der Liste befinden. –
> Wolfgang Pauli an Paul Ehrenfest

UNANTASTBARES UNVERSTÄNDNIS

Bei aller Genialität hat Bohr zur Kopenhagener Deutung später ausufernde Beiträge geschrieben, die man nur als Geschwafel bezeichnen kann. In einem seiner Aufsätze wurden die Seiten sogar in falscher Reihenfolge gedruckt[86] – was allerdings niemandem auffiel. Weil die Wellen- und Teilchenaspekte der Quantenmechanik nicht erklärt werden konnten, meinte er einen metaphysischen Überbau schaffen zu

> Bohr benützt die klassische Theorie und die Quantenmechanik eigentlich nur so, wie ein Maler Pinsel und Farbe benutzt.[85] –
> Werner Heisenberg

müssen, der den Grund für das Unverständnis gleich mitliefert und jedes weitere Nachdenken unter der Dunstglocke der statistischen Interpretation zum Ersticken bringt. Was soll man davon halten, wenn der sogenannte Welle-Teilchen-Dualismus zu einem ‚Komplementaritätsprinzip' erhoben wird, das nicht weiter begründbar sei und seine natürliche weitergehende Bedeutung findet in Yin und Yang, Tag und Nacht, Mann und Weib, Hü und Hott? Zu Recht hat die Historikerin Mara Beller auch die seichten Ausführungen Max Borns kritisiert,[87] der die Unschärferelation in Politik, Gesellschaft und sonst wo anwenden wollte. Auch Physiker, die

> Die Wahrheit ist konkret. –
> Bertolt Brecht

Großes geleistet haben, sind gegen wortreichen Überschwang nicht gefeit.

---

* In seinen autobiografischen Büchern lässt Feynman dies allerdings tunlichst unerwähnt – Bohm hatte als Kommunist Ärger in der McCarthy-Ära und saß eine Ordnungshaft ab, weil er nicht gegen seine Freunde aussagen wollte. Einstein besorgte ihm schließlich ein Ticket nach Südamerika.

Pragmatiker hingegen, die erkannten, dass dies nicht mehr ihre Wissenschaft war, taten diese Auswüchse der Kopenhagener Deutung geringschätzig als ‚Philosophie' ab und diskreditierten damit die Mutterwissenschaft.*
Denn von Kant, Wittgenstein, Kuhn und anderen könnte die Physik durchaus lernen.

Das große Verhängnis für die weitere Entwicklung der Physik lag darin, dass gleichzeitig mit der statistischen Interpretation aufgegeben wurde, nach einer inhaltlichen Erklärung des Zufalls zu suchen. Einstein kritisierte dies zu Recht:[88] „Ich sage ja nicht, probabilitatem esse delendam, sondern esse deducendam."** Der Mathematiker John von Neumann ‚bewies' sogar, dass es in der Quantenmechanik keine sogenannten verborgenen Variablen geben könne, die das zufällige Verhalten erklären. Der Beweis war fraglos genial, ging aber von falschen Voraussetzungen aus, wie das Mathematiker eben manchmal so machen. Nichtsdestotrotz wurde er als Totschlagargument gegen alternative Gedanken jahrelang nachgeplappert.

Ende der 1920er Jahre erodierte das Verständnis der fundamentalen Physik, und bezeichnenderweise verloren dabei die Protagonisten der Quantentheorie ihre gemeinsame Sprache – alle Beteiligten waren uneins: Planck öffnete die Tür zur Revolution des Weltbildes unbeabsichtigt, Heisenberg wollte etwas großspurig alles mit der Kopenhagener Deutung für erledigt erklären und neue Visionen entwickeln, unterstützt von Borns Mathematik, Paulis scharfer Zunge und Bohrs wolkigen Begriffen von Dualismus und Komplementarität. Schrödinger giftete gegen die Vereinnahmung durch die Kopenhagener und wandte sich wieder seinen Affären zu, Einstein kaprizierte sich zu sehr gegen den Zufall, und Dirac sagte wohl wie üblich wenig.

> … deutet die Krise in den heutigen Grundwissenschaften auf die Notwendigkeit, ihre Grundlagen bis in sehr tiefe Schichten zu revidieren.[89] – Erwin Schrödinger

---

* Diese etwas arrogante Sichtweise „Die Philosophie ist tot" findet sich bis heute etwa in Büchern wie dem unter Stephen Hawkings Namen erschienenen *Der große Entwurf*.
** Der Zufall soll nicht abgeschafft, sondern hergeleitet werden – in Anlehnung an ein römisches Zitat.

Ehrenfest stellte kluge Fragen – bezeichnenderweise nahm er in einer Faust-Theateraufführung, die Physiker zum Spaß inszenierten, die Rolle des Mephisto ein –, fühlte sich aber den anderen Heroen nicht ebenbürtig, ganz

> Lange möge de Broglie die inspirieren, die vermuten, dass Unmöglichkeitsbeweise nur das Fehlen von Vorstellung beweisen.[91] –
> John Bell, britischer Physiker

zu Unrecht. Unscheinbar blieb auch Louis de Broglie, dessen rhetorisch schwacher Vortrag auf der Solvay-Konferenz wenig beeindruckte. Vielleicht hatte aber gerade er die beste Idee.

EINSTEIN GEGEN EINSTEIN

Im ersten Kapitel seiner Doktorarbeit stellt de Broglie zwei elementare Formeln der Physik gegenüber:[90] die Energie des von Einstein postulierten Lichtquants $E = hf$, die von der Frequenz abhängig ist, und den ebenfalls von Einstein gefundenen Zusammenhang $E = mc^2$. Darf man diese beiden Formeln verbinden zu $hf = mc^2$? Nein, urteilte ein Reviewer der Zeitschrift *Classical and Quantum Gravity* bei einem Artikel meines Bekannten Kris Krogh, die linke Seite gelte ja nur für Photonen. Das nur als Beispiel, um Ihnen einen Einblick von der gefühlten Kompetenz mancher Gutachter zu geben – man darf vielleicht doch, schließlich hatte dieser Gedanke zu de Broglies Nobelpreis geführt. Wenn man ein quantenmechanisches Teilchen als Welle auffasse, argumentierte de Broglie, dann müsse die Welle auch eine Frequenz haben – dafür kommt nur die linke Seite der Gleichung in Betracht. Bei näherem Hinsehen ergibt sich nun ein Problem: Eine Schwingung stellt ja so etwas wie eine natürliche Uhr dar, und nach der Speziellen Relativitätstheorie ticken bewegte Uhren langsamer, mithin müsste die Frequenz f bei Bewegung des Teilchens kleiner werden. Die gleiche Spezielle Relativitätstheorie verlangt aber, dass auf der rechten Seite der Gleichung die Masse m größer wird – die Gleichung kann also nicht ganz richtig sein. De Broglie versuchte, diesen Widerspruch zu begreifen, und entwickelte eine Reihe interessanter Gedankengänge, letztlich fand er jedoch nicht den richtigen Weg. Aber ich denke, dass man zu einer Lösung des Rätsels der Quantentheorie nur kommt, wenn man bis zu dieser Weggabelung zurückgeht, vor der de Broglie 1924 stand.

Eine in Folge der Quantentheorie entwickelte Fehlvorstellung lautet, dass die Bilder von Welle und Teilchen völlig unvereinbar sind. Das sind sie keineswegs. Inzwischen kennt man in der Festkörperphysik und Flüssigkeitsmechanik Situationen, in denen stationäre Schwingungszustände des

Mediums sich in vielen Aspekten wie Teilchen benehmen* – sinnigerweise werden sie *wavicles* genannt. Zum Beispiel zeigen Silikontröpfchen auf einer Flüssigkeitsoberfläche ein ganz erstaunliches Verhalten, das Wellen- und Teilcheneigenschaften vereint.[92] Natürlich ist das noch keine Lösung aller Probleme der Quantenmechanik, insbesondere wissen wir über das ‚Medium', in dem die Wellen schwingen sollen, die Raumzeit, recht wenig. Aber es ist gut möglich, dass eine Wellentheorie, in der einzelne Schwingungszustände wie zum Beispiel *wavicles* Teilchen repräsentieren, eines Tages das merkwürdige Benehmen der Natur in den Quantenexperimenten befriedigend erklärt.

> Ich bleibe dabei, daß alles Wellen sind. – Erwin Schrödinger

DAS LETZTE GEBOT: DU SOLLST NICHT NACHDENKEN

Stattdessen hat in der Physik die Denkblockade Einzug gehalten, man könne Quantenmechanik grundsätzlich nicht verstehen. Aus Resignation darüber entstand ein Pragmatismus, der sich mit Rechnungen begnügt und auf Reflexion verzichtet – eine Arbeitsweise, die inzwischen jedes vernünftige Maß überschritten hat. Die Physik spielt mit einer immer größeren Anzahl von Teilchen, die sich in einem wilden Tanz ineinander umwandeln können, wofür die Kopenhagener Interpretation oberflächlich Wahrscheinlichkeiten liefert. Was aber zum Beispiel bei der Paarvernichtung oder Paarerzeugung von Teilchen wirklich geschieht, davon hat man keine Ahnung, und deswegen wird in vorauseilender Beschränktheit die Frage für sinnlos erklärt. So verdrängt eine blinde Geschäftigkeit die fast hundert Jahre alten Probleme, über die man gründlich nachdenken müsste.

> Es ist einigermaßen hart, zu sehen, dass wir uns immer noch im Stadium der Wickelkinder befinden, und es ist nicht verwunderlich, daß sich die Kerle dagegen sträuben, es zuzugeben (auch ich selber). – Albert Einstein

---

* Besonders originell verhalten sich hier die im zweiten Abschnitt erwähnten Versetzungen. Einerseits können sie aus Festkörperschwingungen entstehen, andererseits üben sie Kräfte aufeinander aus wie geladene Teilchen (Literatur dazu in arXiv.org/abs/gr-qc/9612061).

DIE NATUR MAG KEINE KUGELN: DAS RÄTSEL DES SPINS UND DIE FEIN GESPONNENEN ATOMSPEKTREN

„Zu selbstverständlich, um erwähnt zu werden", schreibt Erwin Schrödinger in seinem Buch *Die Natur und die Griechen*, sei früher die Annahme gewesen, dass Teilchen identifizierbare Individuen sind. Sein philosophisches Interesse war keine Laune des Alters, es entsprang vielmehr der Einsicht, wie stark die Vorstellungen der Antike bis heute unser physikalisches Verständnis beeinflussen. Mit der Idee, es gäbe unteilbare Elemente der Natur, Demokrits Atome, nahm man automatisch an, man könne sie im Prinzip auch nummerieren oder mit Namen versehen. Leider ist dies falsch. Sind sich zwei Atome der gleichen Sorte erst mal nahegekommen, kann man nicht mehr herausfinden, welches welches ist – die Horrorvorstellung von Zwillingseltern wird hier Wirklichkeit. Schlimmer noch, Atome kann man sogar beliebig viele in ein Bett legen, ohne dass sie sich gegenseitig stören – als ob sie sich durchdringen. Für die Demonstration dieser sogenannten Bose-Einstein-Kondensation gab es 2001 den Nobelpreis, fast achtzig Jahre nachdem sie vorhergesagt worden war. Atome benehmen sich dabei in krassem Widerspruch zu unseren alltäglichen Vorstellungen; hier zeigt sich eine rätselhafte Eigenschaft, die mit der Natur des dreidimensionalen Raumes zu tun hat. Dazu müssen wir aber zunächst einen Blick auf die überraschenden Experimente der Atomphysik am Anfang des 20. Jahrhunderts werfen.

Um 1910 stellte man sich Atome wie kleine Sonnensysteme vor, in denen negativ geladene Elektronen um den positiven Kern kreisen. Eine kreisende Ladung ist aber auch ein elektrischer Strom, der ein Magnetfeld hervorruft. Atome können sich daher wie kleine Kompassnadeln in einem

Magnetfeld ausrichten. Mit dessen Hilfe können wir beobachten, wie es in Atomen zugeht, sobald wir die farbigen Spektrallinien analysieren, die sie aussenden. Dabei fand man bald feine Doppellinien, die sich in der Farbe und damit in der Wellenlänge nur wenig unterschieden. Dies zu erklären gelang 1925 dem holländischen Studenten Goudsmit mit seinem Betreuer Uhlenbeck. Sie erkannten, dass der Drehimpuls eines Elektrons um einen Atomkern nicht nur das Vielfache des Wirkungsquantums h annehmen kann, sondern auch Werte wie ½h. Diese ungewöhnliche, aber richtige Idee hatte schon viel früher Werner Heisenberg im ersten Studiensemester gehabt. Er wurde jedoch von dem stets boshaften Wolfgang Pauli abgehalten, sie weiter zu verfolgen:[93] „Wolfgang meinte, ich würde auch noch Viertel- oder Achtelzahlen einführen und die ganze Quantenmechanik würde sich unter meinen Händen verkrümeln."

TEILCHEN ZUM DURCHDREHEN: ELEKTRONEN

Kreist ein Elektron um den Atomkern,* so führt es zusätzlich eine Eigendrehung aus – ähnlich wie ein tanzendes Paar, bei dem die Dame eine Pirouette dreht. Diese Eigenrotation, Spin genannt, kann mit der oder gegen die Drehung des Paares erfolgen – und der Dame wird dabei mehr oder weniger schwindelig. Im Atom entspricht das Letztere einem Zustand niedrigerer Energie. Leider ist dieses Bild von der Eigendrehung des Elektrons falsch oder, um es genau zu sagen, die halbe Wahrheit. Denn das durch die Eigenrotation entstehende Magnetfeld wird dabei um die Hälfte unterschätzt. Schon 1915 hatte Einstein zusammen mit einem Experimentator nachgewiesen, dass der gewöhnliche mechanische Drehimpuls des Elektrons immer ein Magnetfeld erzeugt. Dieses stellte sich aber als doppelt so groß heraus wie ursprünglich von der Rotation der Ladung her erwartet; man spricht daher von einem ‚g-Faktor' 2. In der Natur des Elektrons muss es also etwas geben, was der anschaulichen Vorstellung einer Drehung im dreidimensionalen Raum zuwiderläuft. Aber es kommt noch schlimmer.

Jede echte Rotation hat eine Achse, die sich anscheinend zufällig im Raum ausrichten kann. Der Physiker Hans Gerlach erdachte mit seinem Kollegen Otto Stern, einem guten Bekannten von Einstein, einen genialen Versuch: Durch ein Magnetfeld wurden Elektronen nach der Richtung ihres

---

* Dieses nicht ganz richtige Bild dient nur der Veranschaulichung.

DAS RÄTSEL DES SPINS UND DIE FEIN GESPONNENEN ATOMSPEKTREN

Spins befragt. Das verwirrende Ergebnis: Sie orientierten sich entweder mit dem Feld oder genau gegen dieses, keine der unendlich vielen anderen Raumrichtungen mochten sie annehmen – offenbar sind Elektronen höchst kompromisslose Teilchen, die einem Magneten nur ‚ja' oder ‚nein' antworten, fast wie Paul Dirac, der sie so lange erforschte.*

Sich die Bahn des Elektrons um den Kern als Tanz mit Pirouette vorzustellen, ist noch in einem weiteren Punkt unrichtig. Denken wir an ein herumstehendes Paar, bei dem nur die Partnerin rotiert, und an ein anderes, das in gleicher Drehrichtung tanzt, aber mit einer gegensinnigen Pirouette der Partnerin: In der realen Welt sind das zwei ganz unterschiedliche Situationen – Atome jedoch benehmen sich dabei exakt gleich. Die Atomphysik hat dafür ein Rezept zum Rechnen, genannt Spin-Bahn-Kopplung, den Grund versteht man aber keineswegs.

In vielen Fällen suggeriert uns die Vorstellung von Teilchen unterschiedliche Szenarien, die jedoch von der Natur gleich behandelt werden. In Kenntnis der Atomphysik braucht man sich jedenfalls nicht zu wundern, dass Paare oft über die verschiedene Wahrnehmung der gleichen Situation diskutieren. Und überhaupt: Können Teilchen nicht einfach mal stillhalten? Offenbar nicht. Mit dem Spin besitzen alle Elementarteilchen diese eigentümliche Rotation und damit eine Achse,

> Es bleibt die Frage, warum die Natur dieses spezielle Modell für das Elektron gewählt haben soll, anstatt mit einer punktförmigen Ladung zufrieden zu sein.[94] – Paul Dirac

die jede Kugelsymmetrie zerstört. Das Ideal eines von allen Richtungen gleich aussehenden Elementarteilchens, wohl Inbegriff der Atomvorstellung Demokrits, existiert nicht. Die Natur mag keine Kugeln.

---

* Otto Stern gefiel es, die Theoretiker mit überraschenden Experimenten zu blamieren. So fragte er um 1950 in einem Seminar in Hamburg, wie groß der g-Faktor des Protons wohl sein müsse. Alle gaben gute Gründe an, dass nur ein Wert von 2 oder 4 in Frage komme, worauf Stern belustigt sein experimentelles Ergebnis präsentierte: 5,59 – übrigens auch eine Zahl, die man nicht wirklich versteht.

QUANTEN UND RELATIVITÄT GERATEN ERNEUT ANEINANDER

Viele Physiker behaupten, der Spin werde durch eine von Dirac gefundene Gleichung erklärt. Dieser betrachtete 1928 die Wellengleichung Schrödingers, ersetzte aber den darin vorkommenden Energieterm durch einen entsprechenden Ausdruck aus Einsteins Spezieller Relativitätstheorie. Diracs Vorgehen schien zunächst keinen Sinn zu ergeben, aus ähnlichem Grund, aus dem eine Quadratzahl nicht negativ sein kann. Dieses Problem haben die Mathematiker mit den komplexen Zahlen gelöst, für deren imaginäre Einheit $i^2 = -1$ gilt. Dirac hatte nun den Geistesblitz, dieses Zahlensystem zu verallgemeinern, sodass seine Gleichung lösbar wurde. Die dabei auftretenden Rechenregeln spiegeln in der Tat die merkwürdigen Dreh-Eigenschaften des Elektrons wider, und daher wird der Spin oft als das gemeinsame Kind von Relativitätstheorie und Quantenmechanik betrachtet. So weit, so gut. Diracs Gleichung leidet allerdings an einem erheblichen Konstruktionsfehler. In Schrödingers Ansatz war Energie gleichbedeutend mit der Bindungsenergie zwischen Elektron und Kern. Dirac verwendete dagegen die viel wichtigere Gesamtenergie $E = mc^2$ eines Teilchens, scheiterte aber dann bei dem Versuch, Eigenschaften des Elektrons wie die Masse abzuleiten. Es ist so, als hätte Dirac mit einem erfolgreichen Rezept für eine Soße versucht, etwas über die Natur des Bratens zu erfahren. Die Ironie des Schicksals liegt darin, dass seine Gleichung zwar in Teilen sehr erfolgreich war, Dirac selbst jedoch zeit seines Lebens die Natur der Elementarteilchen mit einem tiefer liegenden Ansatz ergründen wollte – er war sogar bereit, dafür alles aufzugeben, wofür er berühmt geworden war.[96] Von diesen Zielen Diracs ist in der heutigen Physik nichts mehr erhalten.

> All die virtuosen Abhandlungen über die Analogien zwischen den Maxwellgleichungen einerseits und speziell den Diracgleichungen andererseits haben, wenn ich richtig sehe, nichts ergeben.[95] – Paul Ehrenfest

REINE GEOMETRIE, DIE SCHWINDLIG MACHT

Anders als in dem etwas abstrakten Zahlensystem von Dirac tritt der Spin fast zwangsläufig auf, wenn man über Drehungen im dreidimensionalen Raum nachdenkt. Stellen Sie sich einen Kellner vor, der Ihnen gerade einen Teller servieren will und diesen vor sich auf der flachen rechten Hand hält.

DAS RÄTSEL DES SPINS UND DIE FEIN GESPONNENEN ATOMSPEKTREN

Wir wollen nun Drehungen dieses Tellers betrachten, der Einfachheit halber aber nur um eine vertikale Achse, andernfalls würde das Essen ja auch auf dem Boden landen. Lassen wir den Kellner den Teller zunächst um volle 360 Grad drehen, das heißt: Gegen den Uhrzeigersinn zieht er den Teller zunächst zu seiner Hüfte, um ihn dann mit einer Verrenkung nach hinten und außen wieder in die ursprüngliche Position zu drehen – ständig gegen den Uhrzeigersinn, wonach er sich freilich mit verdrehtem Arm in einer äußerst unbequemen Position wiederfindet, die bald einen Muskelkrampf hervorrufen wird. Auch gegen Trinkgeld wäre nun kaum jemand bereit, den Teller um *weitere* 360 Grad gegen den Uhrzeigersinn zu drehen – es scheint, dass man sich den Ellenbogen brechen müsste. Verblüffenderweise kann er die Anweisung aber ganz einfach ausführen, wenn er in der zunächst unbequemen Position seinen Oberkörper zurücklehnt, den Teller etwas hebt und die nachfolgende Drehung elegant *über* seinem Kopf vollendet, sodass er nun wie am Anfang vor Ihnen steht! Probieren Sie es aus, am besten beim Abservieren.*

Was hat das alles mit Physik zu tun? Nun, das Elektron benötigt ebenso wie das System Kellner – Teller eine Drehung um 720 Grad, um wieder seinen Ausgangszustand zu erreichen. Eine räumliche Volldrehung um 360 Grad dagegen vertauscht lediglich das Vorzeichen der Wellenfunktion. Das Ganze bedeutet, dass die Eigenschaften der elementarsten Teilchen eng verwoben sein müssen mit dieser Merkwürdigkeit des dreidimensionalen Raumes. Warum benehmen sich Elektronen so? Wir wissen es nicht, doch es ist sicher ein Grund mehr, sich mit fundamentalen Begriffen wie Raum, Zeit und Masse zu beschäftigen. In der Äthertheorie[97] des schottischen Physikers MacCullagh von 1839 wird das elektrische Feld übrigens als Drehung des Raumes aufgefasst, eine äußerst faszinierende Analogie,[98] die mich eine Zeit lang beschäftigte. Hier würde auch die Frage von Ernst Mach wieder aktuell, welches Bezugssystem man verwendet, um eine Drehung zu definieren.

Woraus besteht die Raumzeit überhaupt? Nach der Standardinterpretation der Quantenmechanik scheint es in jedem Punkt eine komplexe Zahl zu geben, mit der man die Aufenthaltswahrscheinlichkeit eines Teilchens berechnen kann. Das Problem ist nur, dass bei der Vielzahl der heutzutage postulierten Elementarteilchen jedes seine eigene komplexe Zahl bean-

---

* Bei YouTube unter „Air on the Dirac strings" zu finden. Der Fachbegriff lautet ‚doppelte Überdeckung'.

sprucht nebst weiteren willkürlichen Zahlen, die Auskunft geben, wie sich die Teilchen ineinander umzuwandeln gedenken – ein absurd aufgedunsenes Bild, bei dem Einstein speiübel geworden wäre. Er träumte davon, die Elementarteilchen allein aus den Eigenschaften der Raumzeit herzuleiten. Zugegeben, dieses Ziel war sehr hoch gesteckt. Erstaunlich ist aber einerseits, welcher Reichtum an Effekten sich bei so einfachen Dingen wie den dreidimensionalen Drehungen auftut, und andererseits, wie wenig sich die herrschende Mode um eine gründliche Untersuchung der Geometrie kümmert. Man hört kaum mehr Fragen, wie sie Ehrenfest in den 1930er Jahren aufgeworfen hatte: wie etwa die dominierende Rolle der komplexen Zahlen zu rechtfertigen sei. Stattdessen werden in immer kürzeren Abständen neue Konzepte wie Inflatons, Galileons und Higgs-Multipletts erfunden. Die Theoretische Physik dreht langsam durch.

> Ich denke, ich kann sicher sagen, dass niemand Quantenmechanik versteht. – Richard Feynman

(10) Einstein zu Besuch bei Ehrenfest

SUPERPHYSIK

Dass zum Beispiel sehr kalte Wasserstoffatome sich in einer gemeinsamen Welle vereinen, wie Bose und Einstein vorausgesagt hatten, ist schon sehr merkwürdig. Fast noch mehr verwundert aber, dass dies für die Bestandteile Elektron und Proton *nicht* gilt. Diese Teilchen haben nämlich einen Spin von ½ℏ, was ihnen nach einem von Wolfgang Pauli gefundenen Prinzip verbietet, zu eng aufeinander zu sitzen.* Die Bose-Einstein-Kondensation ist also wie ein Club, zu dem nur Pärchen Zutritt haben, deren Spins sich zu einem Wert wie ℏ addieren. Das Ganze benimmt sich auch hier vollkommen anders als die Summe seiner Teile. Dramatisch zeigt sich dies in speziellen Experimenten, bei denen man ein Paar von Elektronen mit entgegengesetztem Spin räumlich trennt. Obwohl ein einzelnes Teilchen seinen Spin zufällig orientiert, zeigen sie immer in entgegengesetzte Richtung, auch in großer Entfernung! Weil Einstein daran nicht glauben konnte, hatte er 1935 mit diesem Gedankenexperiment gegen die Quantenmechanik argumentiert. Inzwischen haben Versuche gezeigt, dass er sich täuschte. Warum, verstehen wir aber nicht.

> Phänomene dieser Art raubten den Physikern die Hoffnung, ein konsistentes Bild der Raumzeit dafür zu finden, was in der subatomaren Skala vorgeht. – John Bell

Sicher ist nur, dass der halb- oder ganzzahlige Spin eine grundsätzliche Beziehung zur Raumzeit hat und nicht nur so etwas wie ein Label ist, das man aufdruckt. Insofern ist die Idee der ‚Supersymmetrie', man könne halb- oder ganzzahligen Spin beliebig an die Teilchen kleben, in ihrer Abstraktheit von jeglichem physikalischen Sinn unbeleckt – abgesehen davon, dass auch noch die Teilchenzahl verdoppelt wird. Trotzdem arbeiten weltweit theoretische Physiker daran, übrigens ohne den geringsten experimentellen Hinweis. Am meisten ärgert mich dabei, dass man dabei Dirac als Kronzeugen missbraucht: Wohl kann man seine Gleichung als eine Vorhersage von

> Echte Hexenrechnerei, die durch ihre Kompliziertheit vor dem Beweis der Falschheit ausreichend geschützt ist.[99] – Albert Einstein

Antiteilchen lesen, was damals ebenfalls die Zahl der Teilchen verdoppelte. Positronen und andere wurden aber tatsächlich entdeckt, und faszinierenderweise haben sie genau die gleiche Masse wie ihre Partnerteilchen. Supersymmetrische Partner hingegen wurden noch nie gesehen, was man mit ihrer vorgeblich viel höheren Masse entschuldigt. Dafür sei eine ‚Symmetriebrechung' verantwortlich, was auch immer das ist. Eigentlich müsste man von Super-Symmetriebrechung sprechen. Diese schon in Worten sichtbare Absurdität wird wie üblich von kunstvollen Rechnungen überdeckt.

---

* Pauli erhielt dafür 1945 den Nobelpreis. Spaßeshalber wurde dieses Ausschlussprinzip auch mit der Tatsache in Verbindung gebracht, dass Experimente oft nicht mehr funktionierten, sobald Pauli den Raum betrat.

Dirac hatte in der Physik ein paar dicke Fische aus tiefem Grund gezogen, heutzutage trüben Tausende von Theoretikern nur mehr das Wasser an den seichten Gestaden banaler Symmetriegedanken. Die Frage nach Welle und Teilchen steht noch ungelöst im Raum, aber auch die weiteren Rätsel der Quantenmechanik wie die fehlende Individualität und der Spin der Teilchen haben nicht zu einem ernsthaften Nachdenken über das Wesen der Raumzeit geführt. Was uns die Natur hier orakelhaft mitteilt, bleibt im Dunkeln. Wir wissen nicht, was Elementarteilchen sind.

> Die Theoretiker schreiten durch diese Obskuritäten unbeirrt wie Schlafwandler. Soll man rufen „Wacht auf!"? Ich bin mir nicht sicher. Jedenfalls spreche ich von jetzt an leise. – John Bell

QUANTEN, WELLEN, TEILCHEN?
DER UNVERSTANDENE TANZ DER ELEKTRONEN MIT LICHT

Die Grundidee der Quantenelektrodynamik klingt auf den ersten Blick nicht schlecht: Die guten alten elektrischen und magnetischen Felder, die für Kräfte verantwortlich waren, gibt es nicht mehr, sondern nur noch Teilchen, die alle Wechselwirkungen erklären. Wie funktioniert das? Personen, die sich bei einem Geschicklichkeitsspiel mit Strohballen bewerfen, spüren deren Impuls: Sie werden bei einem Treffer aus dem Gleichgewicht gebracht, aber auch beim Abwurf setzt man sich einem Rückstoß aus. Analog kann man zwei elektrische Ladungen mit gleichem Vorzeichen betrachten: Anstatt ihre gegenseitige Abstoßung durch ein elektrisches Feld zu beschreiben, stellt man sich vor, dass sie sich permanent mit Lichtquanten bewerfen. Das bekannte elektrische Kraftgesetz lässt sich tatsächlich so formulieren. Erstaunlich, weil die wichtigste Lektion der Quantenmechanik ja war, dass man das anschauliche Bild des Teilchens nicht mehr ganz ernst nehmen darf. Der Zufall in der Quantentheorie kommt dabei über die sogenannte Feinstrukturkonstante $\alpha = \frac{e^2}{2hc\varepsilon_0} \approx \frac{1}{137}$ ins Spiel, die schon deswegen interessant ist, weil es sich um eine reine Zahl handelt, die aus Naturkonstanten gebildet wird. α spielt dabei die Rolle einer Wahrscheinlichkeit, mit der sich Elektronen bewerfen, und ist damit auch ein Maß für die Stärke der elektrischen Kraft.

In der ursprünglichen Quantenmechanik fanden die ‚Sprünge' der Elektronen zwischen den Atomschalen statt, was die Physiker nur widerstrebend hinnahmen. Weil bei so einem Übergang plötzlich ein Lichtquant erzeugt wird, spekulierte man, dass auch Elektronen außerhalb eines Atoms Lichtquanten aussenden können. Zudem muss man dem Lichtquant erlauben, aus seiner Energie Elektron-Positron-Paare zu erzeugen, die im nächsten Moment wieder zu Licht zerstrahlen – ein permanentes Spiel von Umwandlungen, das man am besten in schematischen Bildern beschreibt, die nach ihrem Urheber Feynman-Graphen genannt werden.* Die Quantenelektrodynamik ist damit eine Art rechnerische Fortentwicklung der Quantentheorie, die Fragen wie die nach der Natur von Wellen und Teilchen beiseite schiebt. Trotzdem setzte sie sich vollkommen durch. Warum?

PRÄZISION GEWINNT GEGEN LOGIK

Die beiden Physiker Lamb und Retherford fanden 1947 eine winzige Verschiebung in den Energiestufen des Wasserstoffatoms – es schien so, als ob die Ladung eines Atomkerns durch die Nähe eines herumschwirrenden Elektrons etwas abgeschirmt würde. Und tatsächlich gelang es, diese Abweichung mit den tanzenden Lichtteilchen der Quantenelektrodynamik zu berechnen, was 1965 mit dem Nobelpreis belohnt wurde. Inzwischen gibt es sogar einen noch genaueren Test: Im letzten Kapitel haben wir uns gewundert, dass der Spin des Elektrons ein doppelt so starkes Magnetfeld erzeugt wie erwartet. Eine beeindruckende Messung ergab einen sogar noch leicht höheren Faktor von 2,002319304... Auch dieser wurde mit Hilfe der Quantenelektrodynamik berechnet, und deshalb gilt sie als sehr gut geprüfte Theorie der Physik.

Kann man also diese wundersame Weiterentwicklung der Quantentheorie zur Elektrodynamik uneingeschränkt feiern? Wenn Präzision allein eine gute Theorie kennzeichnet, wäre die Quantenelektrodynamik spitze. Wenn man auch Logik als Maßstab nimmt, nicht. Denn wie Feynman selbst einräumt, ist die Elektrodynamik der starken Felder unverstanden, ein Mangel, den auch die Quantenversion nicht beseitigen konnte – noch immer tauchen in der Theorie unendlich große Werte für die Energie auf, was völlig unsinnig ist. Man redet sich heraus, die unendliche elektromagnetische Masse des Elektrons sei durch eine unendlich große negative (!) ‚nackte' Masse zum Teil kompensiert – dergestalt, dass die Differenz genau die beobachteten $9,1 \cdot 10^{-31}$ kg ergibt. Verstehe das, wer will. Genannt wird das Ganze Renormierung, ein schöner Name für eine weder physikalisch noch mathematisch zu begründende Spitzfindigkeit. Wenn man nun noch

---

* Sehr schön erklärt in seinem Buch *QED – Die seltsame Theorie von Licht und Materie*.

hört, dass dieses ‚nackte' Elektron nicht beobachtbar ist, bekommt man ähnliche Bauchschmerzen wie Paul Dirac: „Das ist unsinnige Mathematik. Man kann nicht unendliche Größen vernachlässigen, nur weil es einem nicht passt." Und Feynman selbst sagte in seiner Nobelpreisrede:[100] „Ich denke, dass die Renormierungstheorie einfach ein Weg ist, die Schwierigkeiten der Unendlichkeiten in der Elektrodynamik unter den Teppich zu kehren." Der Erfolg der Quantenelektrodynamik ist offenbar auf logische Widersprüche gebaut. Ein sandiges Fundament.

> Wenn Ideen scheitern, erfinden die Leute Worte. – Martin H. Fischer

WIE VIELE FORMELN BRAUCHT DIE NATUR?

Ungeachtet dessen steht die Quantenelektrodynamik im Ruf, die Eigenschaften der Teilchen sogar beliebig genau zu berechnen. Aber leider stimmt auch das nicht. Normalerweise kann man Berechnungen Schritt für Schritt mit einer Methode präzisieren, die am besten mit einer Geschichte über Mathematiker in einer Bar zu veranschaulichen ist: Auch unendlich viele von ihnen trinken zusammen nicht mehr als einen Liter Bier, wenn der erste einen halben Liter, der zweite einen Viertelliter, der dritte einen Achtelliter, also jeder nur die halbe Menge des jeweils vorherigen zu sich nimmt. Mathematisch betrachtet nähert sich die Summe $½ + (½)^2 + (½)^3 + \ldots$ dem nüchternen Wert 1 an. Ebenfalls endlich bleibt das Ergebnis, wenn man andere Brüche als ½ verwendet, etwa α, das die Stärke der Elektrizität angibt: Die Quantenelektrodynamik addiert hier eine ähnliche Reihe wie $\frac{1}{137} + \frac{1}{137^2} + \ldots$ wobei zu jedem Summanden einige Feynman-Graphen gehören, die die möglichen Umwandlungen von Elektronen, Positronen und Lichtquanten darstellen. Weil $\frac{1}{137}$ eine relativ kleine Zahl ist, kommt man sogar schneller zu einem präzisen Wert als bei den Mathematikern in der Bar, aber in beiden Fällen ist die Näherung umso besser, je mehr Summenglieder addiert werden.

Jeder Mathematiker, aber auch jeder Ingenieur kennt diese weithin angewandte Technik. Nur: In diesem speziellen Fall funktioniert sie nicht! Denn Freeman Dyson, der eng mit Feynman zusammengearbeitet hatte, zeigte,[101] dass die Reihe der Quantenelektrodynamik zu einer vertrackten Klasse von Fällen gehört, in denen die Näherung an den wahren Wert bei mehr Summanden wieder schlechter wird – wie mühselig geschliffenes Holz, das schlechter passt als das grob gehobelte. Dieser handwerkliche Mangel wirft aber eine philosophische Frage auf: Was ist, wenn unsere

Messgenauigkeit eines Tages besser sein sollte als die durch die Quantenelektrodynamik erreichbare Vorhersage? Können wir einer Theorie vertrauen, von der erwiesen ist, dass sie eine vollständige Berechnung prinzipiell gar nicht erlaubt? Der Quantenelektrodynamik liegt also in vielfacher Hinsicht eine Mathematik zu Grunde, die man als marode bezeichnen muss – obwohl die glatt polierte Oberfläche vor Präzision glänzt. Das Berechnen weiterer Summenglieder wie $\frac{1}{137^3}$, $\frac{1}{137^4}$ wird also wegen Dysons Beweis der schlechter werdenden Näherungen irgendwann sinnlos. Zudem ist es aber ein recht anspruchsvolles Geschäft, bei dem die Wissenschaftler gelegentlich stolpern. Zur konkreten Auswertung muss man nämlich die zahlreichen Umwandlungsprozesse zwischen Elektronen und Licht zusammenrechnen, was aufwendige Computerprogramme erfordert.[102] Nachdem sich die Theoretiker sowohl 1995 als auch 2002 verzählt hatten[103] – was im ersten Fall zwölf Jahre lang unbemerkt geblieben war –, passierte 2006 wieder ein Malheur bei der Berechnung, sodass über zwei Jahre lang von der CODATA-Kommission, den Wächtern der Naturkonstanten, ein falscher Wert für α publiziert wurde; die Diskussion über die korrekte Berechnung reißt indes nicht ab. Sogar in Feynmans eigenem Buch – nur als Beispiel – ist ein Graph irreführend.[104] Alle diese Berechnungen würde man sich auch für eine breite wissenschaftliche Öffentlichkeit nachvollziehbar aufbereitet wünschen – inklusive des Computercodes. Die beiden grundlegenden Paper des Nobelpreisträgers Julian Schwinger in *Physical Review* 1948 und 1949 enthalten insgesamt 469 Formeln,[105] viele davon erstrecken sich über mehrere Zeilen. Ich gebe zu, ich habe sie nicht nachgerechnet. Aber ich bezweifle, dass dies die einzig adäquate Beschreibung des einfachsten Teilchens im Universum ist – umso mehr, als Schwinger im ersten Absatz vorausschickt, es handle sich nur um eine Näherung. Jedenfalls bin ich gegenüber der Geschichte der fantastischen Übereinstimmung von Experiment und Theorie, obwohl ich sie selbst schon erzählt habe, inzwischen etwas skeptisch geworden.

Das Grundproblem, das auch Schwinger ausklammert, besteht in der erwähnten Widersprüchlichkeit der Elektrodynamik bei starken Feldern. Die moderne Theoriebildung übertüncht dies mit immer neuen Ausflüchten: Eine besonders dreiste besteht darin, den Wert der Feinstrukturkonstanten α ‚energieabhängig' zu machen, das heißt so lange zu verbiegen, bis er etwas besser mit den Beobachtungsdaten übereinstimmt – man

> Quantenelektrodynamik ist ein kompletter Abschied von der Logik. Sie ändert den ganzen Charakter der Theorie. – Paul Dirac

nennt dies *running constants*. Wenn Sie Physik wirklich verstehen wollen, rennen Sie, sobald Sie diesen Begriff hören.

DER PARADIGMENWECHSLER

Ich mag Richard Feynman. Seine autobiografischen Notizen sind ebenso spannend wie witzig, seine Lehrbücher voll tiefer Gedanken, und trotz seiner außergewöhnlichen Fähigkeiten schreibt er ohne Blendwerk und gesteht ein, was man noch nicht herausgefunden hat. Feynmans Kritik an der Stringtheorie ist brutal, und sein Beitrag zur Physik herausragend. Aber die Rolle, die er in der modernen Physik einnahm, war fast beängstigend groß, nicht nur wenn man an seine vielen Schüler und akademischen Enkel denkt.

Er wurde in eine Zeit geboren, in der sich die Physik von der Orientierungslosigkeit erholen musste, in die sie die Quantentheorie gestürzt hatte. Mit Genialität, Kraft und Optimismus ausgestattet, wollte er sich nicht mehr mit den verstaubten Betrachtungen der Kopenhagener Deutung oder ihrer Gegner auseinandersetzen, sondern ersann seinen ganz eigenen Zugang. Mit dieser jungen Quantenelektrodynamik errang er dann seine glänzenden Erfolge. Es ist typisch für Feynman, dass er aus den mathematischen Unzulänglichkeiten der Theorie kein Geheimnis machte, sich aber dennoch wie ein kleiner Junge für ihre Erfolge begeistern konnte. Er befand sich auf der Sonnenseite der Physik, anders als grübelnde Denker wie Einstein oder gar Ernst Mach. Heute, wo die sonnigen Tage dem schwülen Durcheinander einer ausufernden Komplizierung gewichen sind, rächt es sich vielleicht, dass Feynman manche Gedanken von Einstein, Schrödinger und Dirac nicht ernst genug

(11) Richard Feynman

Seitdem höre ich nie mehr auf die ‚Experten'. Ich rechne alles selbst. – Richard Feynman genommen hat, wie man seinen gelegentlich flapsigen Bemerkungen entnehmen kann. Es war für Feynman verlockend, sich vom Ballast unbeantworteter Fragen zu befreien, aber mit ihm ist die Physik zu leichtgewichtig geworden. Wenn die theoretische Entwicklung seit Jahrzehnten von einer Sackgasse in die nächste läuft, dann muss man sich an seine, Feynmans, Worte erinnern: „Jedes Mal, wenn wir in ein Wirrwarr allzu vieler Probleme und zu vieler Schwierigkeiten geraten, kommt das gerade daher, dass wir früher bewährte Methoden angewendet haben." Das gilt leider auch für die Methoden, die die ganze Welt von ihm übernommen hat – die der Quantenelektrodynamik.

DIE SCHÖNWETTERTHEORIE

Durch den scheinbaren Erfolg ihrer Vorhersagen werden die Konstruktionsfehler der Quantenelektrodynamik noch immer überblendet. Ein befreundeter Forscher erzählte mir kürzlich, Anträge bei der Deutschen Forschungsgemeinschaft, die experimentelle Tests dazu vorschlagen, gelten momentan als chancenlos. Man wisse ja schließlich, dass die Quantenelektrodynamik genau stimmt – so als wäre sie die letzte Instanz und nicht das Experiment. Solche Scheuklappen sind gefährlich, zumal gerade Laser-Experimente entwickelt werden, mit denen man die Richtigkeit der Quantenelektrodynamik überprüfen könnte: Die damit erzeugten Felder werden bald so stark sein, dass dort Elektron-Positron-Paare spontan entstehen – und Materie aus Licht produziert wird! Spätestens dann sollte man sich daran erinnern, dass die Elektrodynamik selbst nicht ganz richtig sein kann.

Obwohl die Quantenelektrodynamik diesen Mangel in sich trägt, wurde ihr Konzept, alles mit einem Teilchenaustausch anstatt mit Kraftfeldern zu beschreiben, das herrschende Paradigma in der Theoretischen Physik. Zur Beschreibung der Kernkraft wurde eine ganz ähnliche Theorie mit dem farbenfrohen Namen Quantenchromodynamik erfunden, und die allgemeine Kopiervorlage der theoretischen Beschreibungen heißt Quantenfeldtheorie. Über die oft zitierte Ähnlichkeit der Theorien machte sich kein anderer als Feynman lustig: Es liege wohl daran, dass den Physikern nichts anderes mehr eingefallen sei, als „über das verdammt gleiche Ding nachzudenken".[106] Im Übrigen ist die Übereinstimmung mit den Messdaten, die die geklonten Theorien erreichen können, äußerst mager.[107]

Weist man darauf hin, bekommt man regelmäßig zur Antwort, die Theorie sei ausgezeichnet, nur leider, leider seien die vielen Umwandlungsprozesse von schwereren Teilchen in den Feynman-Graphen so vielfältig, dass man auch mit den schnellsten Supercomputern noch nicht viel ausrichten könne. Und außerdem seien die Kernkraft-Konstante und die Konstanten der übrigen Wechselwirkungen größer als die elektrische Konstante $\frac{1}{137}$, was bedauerlicherweise zu einer großen Ungenauigkeit führe. Dafür könne man auch nichts. Obwohl das gemäß der internen Logik der Theorie noch nicht falsch ist, klingt es schon ein wenig wie ein Schuldner, der versichert, für Zinsen und Tilgung habe er zwar kein Geld, seine Bonität jedoch sei ausgezeichnet.

All das wäre noch nicht so schlimm, könnte man hoffen, dass zukünftige Rechenleistung die Vorhersagen weiter eingrenzt. Denken Sie aber an das Theorem von Freeman Dyson: Auch die schrittweise aufwendigeren Berechnungen nähern sich keineswegs dem richtigen Wert, sondern entfernen sich von diesem irgendwann wieder – wie ein Navi, das in der Nähe des Ziels die Orientierung verliert. In Kombination mit den viel größeren Konstanten der anderen Kräfte führt das zu der aberwitzigen Situation, dass eine physikalische Theorie sich selbst gestattet, mit ihren Vorhersagen von der Realität meilenweit abzuweichen.

Ab hier würde ich mich weigern, ihr auch nur für einen Cent Glauben zu schenken. Trotzdem ist die Meinung einhellig, dieser Ansatz sei der einzig Erfolg versprechende – was für ein Unsinn! Der gesamten Quantenfeldtheorie fehlt aus prinzipiellen Gründen die Vorhersagekraft – ein wissenschaftstheoretischer Papiertiger. Dass er so lange überlebt hat, liegt wahrscheinlich daran, dass eine ernsthafte Auseinandersetzung mit experimentellen Daten wegen der oben genannten Ausflüchte nie stattgefunden hat. Mir ist klar, dass ich mit meiner Kritik nicht nur bei den Autoren zigtausender Veröffentlichungen auf wenig Gegenliebe hoffen kann, sondern mir sogar bei den Quantenfeldtheoretikern, die mit mir die Stringtheorie für Unsinn halten, die letzten Sympathien verscherze. Aber ich habe weder Dysons Beweis entdeckt noch die Konstanten der Kernkraft erschaffen. In der Kombination ist dies für die Quantenfeldtheorie tödlich – man kann sie nicht als überprüfbare Wissenschaft bezeichnen. Auch wenn es schmerzt, muss man diese Idee zu Grabe tragen und neu nachdenken.

> Was aber wunderbar erscheinen muss, ist die Art und Weise, in der es diesen geistreichen theoretischen Entwicklungen gelungen ist, unser Verständnis sechs Jahrzehnte lang in den von der Quantenfeldtheorie gezogenen Grenzen gefangen zu halten.[108] – Anthony Leggett

BUSINESS AS USUAL

Gründlich nachgedacht über die Quantenelektrodynamik hat sicher Paul Dirac, aber auch er konnte sich mit Kochrezepten nicht anfreunden:[109] „Einige Physiker mögen sich mit einem Satz von Arbeitsregeln zufrieden geben, dessen Resultate mit der Beobachtung übereinstimmen. Sie meinen, das sei das Ziel der Physik. Aber das reicht nicht. Man will verstehen, wie die Natur funktioniert." Am Ende zog er das pessimistische Fazit: „Ich habe meine Arbeit darauf konzentriert, wie man Quantenelektrodynamik verbessert, und wenn ich spüre, dass eine Richtung nicht zum Ziel führt, verliere ich das Interesse daran." Hätten nur viele so eine Einstellung. Diracs Biograf Helge Kragh schreibt:[110]

„Bohr, Dirac, Pauli, Heisenberg, Born, Oppenheimer, Peierls und Fock, jeder auf seine Weise, waren zum dem Schluss gekommen, dass das Versagen der Quantenelektrodynamik bei hohen Energien einen revolutionären Bruch mit den bisherigen Vorstellungen erforderte."

Sicher trug der Misserfolg bei den Versuchen, die Quantentheorie gründlich zu verstehen, zu einer oberflächlich-technischen Sicht der Dinge bei. Nimmt man die Bedenken der erwähnten Physiker aber ernst, hätte sich die Physik seit vielen Jahrzehnten mit Flickwerk beschäftigt. Womöglich ist es auf die Dauer für die Psyche unerträglich, sich als junger Forscher permanent das Scheitern einzugestehen. Kragh schreibt weiter:

„Ganz anders dagegen die junge Generation in den 1930er Jahren: Mit den neuen Teilchen wurden die empirischen Widersprüche abgemildert... bis zum Ende des Jahrzehnts hatten die meisten jungen Theoretiker gelernt, mit der Theorie auszukommen, sie passten sich an, ohne sich zu sehr um die fehlende Konsistenz und konzeptionelle Klarheit zu kümmern... Als sich die neue Theorie der Renormierung nach dem Krieg etabliert hatte, stimmte die Mehrheit überein, dass alles bestens und die lang ersehnte Revolution unnötig sei."

Genau dies hat wohl in die Sackgasse geführt, in der die Physik seit mehr als einem halben Jahrhundert steckt. Hier ist auch wieder zu erkennen, dass eine Theorie, die sich „etabliert", selten etwas taugt.

Vertraut man auf die Berechnungen, drängt sich die Frage auf, wie eine Theorie mit so unsoliden Fundamenten wie die Quantenelektrodynamik dennoch Beobachtungen zu beschreiben vermag. Allerdings sind die beiden Größen, die gewöhnlich getestet werden,* keineswegs besonders

---

* g-Faktor des Elektrons und Lamb-Verschiebung der Spektrallinien.

bedeutende Eigenschaften der Natur – sondern in erster Linie durch die Quantenelektrodynamik bekannt. Andere, viel wichtigere Zahlenwerte wie die Feinstrukturkonstante oder das Problem mit der Selbstenergie des Elektrons bleiben im Dunkeln. Nach Dirac störte dies niemanden mehr, und in den modernen Theorien gerät es immer mehr in Vergessenheit, wird kollektiv verdrängt.

> Wenn wir Fortschritte machen wollen, müssen wir unser Unwissen eingestehen und Raum für Zweifel lassen. – Richard Feynman

Obwohl es vielleicht so scheint, als wolle ich an der Quantenelektrodynamik kein gutes Haar lassen, glaube ich doch, dass ein Aspekt die elementaren Wechselwirkungen erhellen kann. Warum verhalten sich Licht und Materie so ähnlich? Keine physikalische Theorie hat die enge Verwandtschaft von Licht mit den Quellen der elektrischen Ladung so deutlich erkannt. Allerdings kann der wilde Tanz der Umwandlungen von Elektronen, Positronen und Lichtquanten als Konzept nicht wirklich überzeugen, weil er zu sehr vom Teilchenbild dominiert ist. Man müsste Licht und Materie einheitlich als Wellenphänomene beschreiben. Dazu fehlt eine Theorie.

> Ich möchte das Licht so vollständig verstehen wie möglich, ohne Dinge einzuführen, die ich noch weniger verstehe. – Lord Kelvin, britischer Physiker, im Jahr 1884

TEIL 4:
IN DER GALAXIS

SCHWARZE LÖCHER: DER GLAUBE AN EIN LEBEN NACH DEM STERNTOD?

Der 11. Januar 1935 war für die *Royal Astronomical Society* ein ziemlich unrühmlicher Tag. Subramanyan Chandrasekhar, genannt Chandra, ein 25-jähriger Inder mit außergewöhnlichen Fähigkeiten, hatte in einem Vortrag ein schwerwiegendes Problem der Sternentwicklung aufgezeigt: Er rechnete vor, dass ausgebrannte Sterne, sogenannte Weiße Zwerge, eine bestimmte Masse nie überschreiten, weil sie sonst der eigenen erdrückenden Gravitation zu wenig Widerstand entgegensetzen können und in sich zusammenstürzen.

Leider hatte Chandra die Rechnung ohne den Wirt gemacht. Sir Arthur Eddington, der bekannteste Astrophysiker seiner Zeit und unumschränkter Herrscher der *Royal Society*, erklärte das zentrale Resultat für einen absurden Irrtum: Es gebe keine Obergrenze für die Masse. Mit bösem Witz verspottete Eddington die Idee des Inders, und ein willfähriger Präsident machte die Demütigung komplett, indem er Chandra ein Wort der Verteidigung verwehrte. Diese traumatische Szene und ihre Folgen werden von Arthur Miller sehr anschaulich in *Der Krieg der Astronomen* beschrieben. Sie zeigt, wie sehr Autoritätsgläubigkeit die Wissenschaft beschädigen kann: Die versammelte wissenschaftliche Elite ließ sich blenden, denn in der Sache waren Eddingtons Argumente erstaunlich dünn. Nicht einmal Chandras Freunde fanden den Mut, ihm beizuspringen, und auch Bohr, Heisenberg und Pauli, die Chandras Meinung teilten, scheuten sich später, Eddington, den ‚Papst' der Astrophysik, öffentlich zu kritisieren. Erst über dreißig Jahre später sollte Chandra endgültig recht bekommen, als mit den sogenannten

> Der Feigen waren mehr denn der Streitbaren. – Friedrich Schiller

Pulsaren die winzigen Überbleibsel des Sternkollapses entdeckt wurden, an die Eddington nicht glauben wollte. Dies führte dann auch dazu, dass eine Idee ernster genommen wurde, die Chandra ebenfalls gegen Eddingtons Widerstand verfocht: Schwarze Löcher. Aber der Reihe nach. Was soll ein Schwarzes Loch überhaupt sein?

LICHT IN DER FALLE?

Man muss sich dabei nur an zwei uralte Naturgesetze erinnern: die endliche Lichtgeschwindigkeit, entdeckt 1676 von dem Astronomen Ole Rømer, und Newtons Gravitationsgesetz, aus dem unter anderem folgt, dass ein Gegenstand etwa 11 Kilometer pro Sekunde schnell sein muss, um dem Gravitationsfeld der Erde zu entfliehen. Zahlreiche Forscher, zuerst der englische Naturphilosoph John Michell im Jahre 1784, haben bemerkt, dass bei einem besonders schweren oder komprimierten Himmelskörper diese Fluchtgeschwindigkeit über der des Lichtes liegen könnte und dieses dort gefangen wäre.

Solche Schwarzen Löcher, aus denen kein Licht mehr entweichen kann, ermöglicht also schon die Newtonschen Theorie. Warum sprach man dann erst dreihundert Jahre später von ihnen? Der Grund liegt darin, dass Schwarze Löcher mit der Masse von Sternen vergleichsweise winzig sein würden – die Sonne hätte beispielsweise einen Radius von nur drei Kilometern! Dieser nach Karl Schwarzschild benannte Radius taucht in einer von ihm 1916 gefundenen Lösung der Feldgleichungen der Allgemeinen Relativitätstheorie auf. Dennoch glaubten weder Schwarzschild noch Einstein daran, dass ein so kompaktes Objekt existieren konnte – sie waren überzeugt, es handle sich um eine rein mathematische Kuriosität, eine Extrapolation von Naturgesetzen in einen sinnlosen Bereich: Die Zeit verginge dort unendlich langsam, eine Masse m könnte der Gravitation auch dann nicht mehr entkommen, wenn sie sich nach Einsteins Formel $E = mc^2$ komplett in Lichtenergie umwandelt, nichts geht mehr.

Insofern ist es wirklich kurios, dass Schwarze Löcher heute als ‚Vorhersage' der Allgemeinen Relativitätstheorie bezeichnet werden. Wesentlichen Anteil daran hatte Chandra, der sich zeitlebens intensiv mit ihr befasste. Bald nach der misslichen Erfahrung bei der *Royal Society* war er nach Amerika ausgewandert, jedoch galt dort Einsteins Theorie noch als etwas Exotisches, das man kaum zur Kenntnis nahm. Der Fokus auf die Experimentalphysik mit ihren neuen Beschleunigern machte sie zu einem

Gebiet, auf dem nicht viel Fortschritt zu erwarten war. Das änderte sich, als in den 1950er und 1960er Jahren viele Arbeiten über die Allgemeine Relativitätstheorie erschienen und man zunehmend über experimentelle Tests nachdachte. Eine bis dahin unbekannte Konsequenz der Theorie, die Zeitverzögerung eines Signals beim Vorbeiflug an der Sonne, wurde 1964 entdeckt und anhand eines an der Venus reflektierten Radarechos nachgewiesen! Im Sog dieser neuen Messungen interessierte man sich auch verstärkt für Schwarze Löcher, eine Bezeichnung, die erst 1967 von John Wheeler geprägt wurde, der eine ganze Physikergeneration für die experimentelle Gravitationsforschung begeisterte.

ATOMKERN MIT SONNENMASSE

Und schließlich wurden 1967 die Pulsare entdeckt: Ihre Dichte von Milliarden Tonnen pro Kubikzentimeter macht sie zu geradezu beängstigenden Objekten, die aus einem Sternkollaps entstehen – Chandra hatte recht behalten. Jahrzehnte vorher, 1925, hatte er Werner Heisenberg getroffen und von ihm aus erster Hand über die damals neu entwickelte Quantenmechanik erfahren. Chandras Erkenntnis, dass Weiße Zwerge oberhalb einer bestimmten Größe – etwa 1,4 Sonnenmassen – nicht mehr stabil sein konnten, war wie viele große Entdeckungen ein Brückenschlag zwischen Theorien: Weil Teilchen in der Quantenmechanik Wellennatur haben, brauchen sie mindestens den Platz einer Wellenlänge, die für leichte Elektronen relativ groß ist. Der Gegendruck, den sie dadurch aufbauen können, stemmt sich aber vergeblich gegen die Gravitation, sodass die Elektronen zusammen mit Protonen zu Neutronen zerquetscht werden, die weniger Platz benötigen: Das Sterninnere zieht sich dabei zu einem gigantischen Atomkern von etwa zwanzig Kilometer Durchmesser zusammen, der nur aus den ungeladenen Neutronen besteht. Dieser so entstandene Neutronenstern wirkt dabei als Trampolin, von dem die restliche zusammenstürzende Materie in einem apokalyptischen Widerhall reflektiert wird – eine Supernova-Explosion.* Fast routinemäßig zeichnen wir diese Ereignisse heute für kosmologische Entfernungsmessungen auf – davon später mehr.

Zunächst verrieten sich Pulsare aber durch ihre schnelle Rotation. Denn wie ein Eiskunstläufer, der seine Arme anzieht, beschleunigt das kollabie-

---

* Diskutiert wird, ob manche Explosionen nicht einmal einen Neutronenstern übriglassen.

rende Sterninnere seine anfangs gemächliche Drehung zu schwindelerregender Schnelligkeit. Die unglaubliche Rotationsrate von Hunderten Umdrehungen pro Sekunde führt dann unter anderem zu einer pulsierenden Abstrahlung von Radiowellen, deren frappierende Regelmäßigkeit zu ihrer Entdeckung führte. Zwei weitblickende Astronomen, Fritz Zwicky und Walter Baade, hatten übrigens schon im Jahr 1933 Neutronensterne vorhergesagt, aber niemand hatte das damals ernst genommen.[111] Inzwischen ist auch ihre Entstehungsgeschichte erwiesen, denn im sogenannten Krebsnebel,* den man durch seine schnellen Gaswolken als Explosionsrest identifizierte, befindet sich ein Pulsar – und das Rückrechnen der Geschwindigkeiten zeigt, dass er bei einer von chinesischen Astronomen dokumentierten Supernova 1054 n. Chr. explodiert sein muss. Die sensationellen Entdeckungen rund um die Pulsare brachten nun eine gewisse Erwartungshaltung mit sich, dass man bald auch Schwarze Löcher beobachten könne.

> Alle Wahrheit verläuft in drei Stadien. Im ersten wird sie verlacht. Im zweiten wird sie vehement bekämpft. Im dritten wird sie als selbstverständlich anerkannt. – Arthur Schopenhauer

Chandras Rechnungen ließen sich so verallgemeinern, dass bei noch schwereren Sternen irgendwann sogar den Neutronen die Puste ausgeht und auch sie zusammenstürzen – nach der Theorie müsste dann ein Schwarzes Loch entstehen. Tolman, Oppenheimer und Volkoff berechneten dafür eine Grenzmasse, und Chandra zeigte sich in seinem Buch *Die mathematische Theorie der Schwarzen Löcher* ebenfalls überzeugt, dass Neutronensterne zu Schwarzen Löchern kollabieren müssen. Bei aller Ungerechtigkeit, die Chandra widerfahren ist, muss man doch im Auge behalten, dass diese weitergehende Annahme bis heute nicht klar beobachtet wurde. Fakt ist aber, dass ab Ende der 1960er Jahre immer intensiver nach Möglichkeiten gesucht wurde, Schwarze Löcher nachzuweisen.

IDENTIFIZIERUNG IM DUNKELN

Nur: Wie sieht man etwas, von dem aus prinzipiellen Gründen kein Licht entweichen kann? Naheliegenderweise untersuchte man die nächsten Verwandten der Schwarzen Löcher, die Pulsare. Bald fiel auf, dass sie auch erhebliche Mengen an Röntgenstrahlen freisetzen. Erstes Beispiel war die

---

* Spaßeshalber wird behauptet, die Hälfte aller Astronomen beschäftige sich mit diesem ihrem Lieblingsobjekt.

Quelle Cygnus X-1 im Sternbild Schwan, die man mit mehreren Röntgenteleskopen beobachtete – eines davon hieß *Chandra*. Man geht davon aus, dass in der Nähe eines Pulsars Materie in eine sogenannte Akkretionsscheibe gerät und schließlich auf dessen Oberfläche stürzt, was zu einem Ausbruch von Röntgenstrahlung führt – Hilfeschreie von Atomen, die in einer von der Gravitation aufgeheizten Umgebung ihre Elektronenhülle verlieren. Genau hinter diesen Zonen verzweifelter Röntgenemission vermutet man Schwarze Löcher, welche sich die Materie der Akkretionsscheibe nach und nach einverleiben: Man blickt in den Schlund, aber der Rachen lässt schon kein Licht mehr entweichen. Auf diese Weise versucht man, herkömmliche Neutronensterne von Schwarzen Löchern zu unterscheiden: Bei Ersteren prasselt die Materie auf die Oberfläche und verursacht ein kleines Signal, gleichsam Brösel der Sternmahlzeit, das Schwarze Loch verschlingt auch diese.

So weit, so gut. In der Praxis gestaltet sich diese Abgrenzung jedoch viel schwieriger. Wie kann man die Strahlung durch Aufprall

> Die Botschaft hör ich wohl, allein mir fehlt der Glaube. –
> Johann Wolfgang von Goethe

sauber trennen von den zahlreichen Vorgängen innerhalb der Akkretionsscheibe? Im zeitlichen Verlauf dieser Röntgenstrahlung beobachtet man eine Vielzahl von interessanten, aber auch verwirrenden Effekten. Zum Beispiel gönnen sich Pulsare manchmal eine Auszeit und schalten sich vorübergehend ab, die Strahlung ist dann eine Million Mal schwächer. Anderen Pulsaren kann man dabei zusehen, wie sie dieses Abschalten zuerst mit regelmäßigen Verdunklungen ausprobieren. Jeder Pulsar hat praktisch seine eigene Handschrift, und eine sinnvolle Einteilung in Gruppen ist im Grunde unmöglich. Ein eindeutiges Unterscheidungsmerkmal zwischen Neutronensternen und Schwarzen Löchern gibt es – trotz manch gegenteiliger Beteuerung – noch immer nicht.[112]

So basiert das Konzept der Schwarzen Löcher auch auf der Überzeugung, unsere Gravitationstheorien seien richtig. Sogar Wikipedia sagt interessanterweise, der ‚Beweis' für die Schwarzen Löcher beruhe nicht vollständig auf Beobachtung, sondern auch auf der Theorie. Ohne diese kleine logische Rolle rückwärts müsste man sagen: Einen wirklichen Nachweis gibt es nicht. Theoretische Wunschvorstellung und tatsächliche Beobachtung sind dabei derart getrennte Welten, dass in einem bekannten Lehrbuch zwei aufeinanderfolgende Kapitel mit „Schwarze Löcher" und „Astrophysikalische Schwarze Löcher" betitelt sind – der Autor ist sich der Komik dieser Aufteilung vermutlich gar nicht bewusst. Die Theorie sagt zurzeit eine maximale Masse eines Neutronensterns von etwa zwei Sonnenmassen voraus; ab und zu werden aber schwerere Exemplare entdeckt,[113] worauf die Modelle gewöhnlich etwas angepasst werden. Das Problem ist, dass niemand weiß, wie sich Materie unter so extremen Bedingungen verhält – Labormessungen dazu gibt es nicht. In Ermangelung einer brauchbaren Alternative geht man daher davon aus, dass sich ab *irgendeiner* Grenzmasse ein Schwarzes Loch bildet. Zumindest hat niemand etwas dagegen. Aber das Ganze bleibt eine Extrapolation der bekannten Gesetze, kurz: mehr Glauben als Wissen.

MEGASCHWARZ UND UNVERSTANDEN

Als noch besser gesichert als die aus Sternen entstandenen Schwarzen Löcher wie Cygnus X-1 gelten jene in Zentren von Galaxien. Gestützt wird diese Beobachtung auf eine Geduldsarbeit mit Radioteleskopen, mit denen man den Kernbereich der Milchstraße ins Visier nahm: In einem Zeitraum von nunmehr zwanzig Jahren konnte man dort viele Sterne ihre Bahnen ziehen sehen. Deren für astronomische Verhältnisse immense Geschwindigkeit beweist eine sehr starke Massenkonzentration: In einem Bereich, der so klein wie unser Sonnensystem ist, schließt man auf über vier Millionen Sonnenmassen, die eigentlich ordentlich leuchten sollten – in den Teleskopen sehen wir aber nichts. Daher vermutet man dort ein ‚supermassives' Schwarzes Loch.

Ein paar begleitende Beobachtungen passen allerdings nicht ganz in dieses Bild. So sind die identifizierten Sterne durchweg sehr jung, sodass sie in der Umgebung eines solchen Schwarzen Loches unmöglich entstanden sein können – dieses hätte die für die Sternbildung nötigen Gaswolken abgesaugt. Andererseits hätten die Sterne ein Vielfaches ihrer Lebenszeit benötigt, um von außen in diese Region zu gelangen.[114] Verwunderlich ist bei der Sache auch, dass hier nicht die Spur einer Akkretionsscheibe vorhanden ist; das riesige Schwarze Loch scheint schon satt. Während kein Zweifel an den Sternbahnen bestehen kann, ist die Existenz des Schwarzen Loches doch nicht quantitativ erwiesen – und Wissenschaft ist nun mal quantitativ. Denn auch der kleinste Abstand eines Sterns zu dem vermuteten schwarzen Monster war noch 1300-mal größer als der Schwarzschild-Radius, die ‚echte' Größe eines Schwarzen Loches. Gelegentlich wird in Vorträgen verspro-

> Aber wenn Sie es nicht in Zahlen ausdrücken können, ist Ihr Wissen von magerer und unbefriedigender Art. – Lord Kelvin, britischer Physiker des 19. Jahrhunderts

chen, die nächste Generation von Radioteleskopen werde diese relativ kleine Struktur sichtbar machen. Ich bin gespannt, merken Sie sich diese Vorhersage. Bis dahin liegt der Beweis für Schwarze Löcher letztlich darin, dass man nichts sieht - eine Betrachtungsweise, die dem Praktiker entgegenkommt, dem Wissenschaftstheoretiker eher weniger.

Ein weiterer Punkt, der mich bezüglich der Schwarzen Löcher skeptisch macht, ist das Rätsel um deren Entropie, Boltzmanns Maß für Unordnung. Nach dem Zweiten Hauptsatz der Thermodynamik kann sie nur anwachsen - gegen eine Zunahme der Unordnung im Universum ist also kein Kraut gewachsen. Stephen Hawking, einer der bekanntesten theoretischen Physiker, errechnete in den 1970er Jahren, dass die Entropie Schwarzer Löcher mit dem Quadrat ihrer Masse zunehmen sollte, was schon recht ungewöhnlich ist - und geradezu unglaubwürdig, wenn man bedenkt, dass bei der Entstehung der supermassiven Schwarzen Löcher in Galaxienzentren die Entropie des Universums sprunghaft hätte ansteigen müssen.

Hawkings Idee geht davon aus, dass Schwarze Löcher aufgrund quantenmechanischer Prozesse Energie abstrahlen können. In der Astrophysik wäre das Ganze aber ohnehin nicht beobachtbar. Lediglich sogenannte Schwarze Mini-Löcher und noch kleinere Exemplare, über deren Erzeugung durch das CERN fantasiert wurde, könnten sich durch Hawkings Strahlung zeigen.* Dabei ist gar nicht klar, ob seine Rechnung korrekt ist. So bemerkte zum Beispiel der Astrophysiker Wolfgang Kundt von der Universität Bonn, es sei ziemlich unlogisch anzunehmen, bei der hypothetischen Strahlung werde *keine* Entropie erzeugt.[115] Dennoch ranken sich um die Hawking-Entropie Hunderte von Artikeln der Theoretiker. Einer von ihnen versucht sogar, sich mit einem inszenierten Streit - *The black hole war* - wichtig zu machen, Untertitel: „Wie ich mit Stephen Hawking um die Rettung der Quantenmechanik rang". Ich glaube, die sehnt sich eher nach Leuten wie de Broglie, Bohr und Einstein. Die Entropie der Schwarzen Löcher wäre ihnen wahrscheinlich verdächtig vorgekommen.

---

* Freilich nicht auf die dramatische Art, in der auf YouTube das Verschlucken der Erde dargestellt wird. Aber ein schöner schwarzer Humor für das Sommerloch.

TEIL 4: IN DER GALAXIS

SCHWARZES LOCH AUS HEIßER LUFT?

Wenn man sich klar macht, dass es bis heute keine direkten Belege für Schwarze Löcher gibt, ist die Menge der theoretischen Arbeiten, die ihre Existenz als selbstverständlich voraussetzen, gelinde gesagt erstaunlich. Sie beruhen auf dem unerschütterlichen Vertrauen, die Einsteinsche Verbesserung der Newtonschen Gravitationstheorie sei die endgültig richtige Formulierung. Trotz vieler Präzisionstests bleibt daran verdächtig, dass sie die Natur der Gravitationskonstanten überhaupt nicht hinterfragt. Schon aus ihren physikalischen Einheiten folgt, dass die Masse eines Schwarzen Loches proportional zu seinem Radius ist* – bei allen ‚normalen' Materialien wächst die Masse dagegen mit der dritten Potenz des Radius. Dies ist mehr als merkwürdig, weil kleine Schwarze Löcher auf diese Weise eine beliebig große Dichte aufweisen könnten; es gibt jedoch kaum Kandidaten, die eine höhere Dichte als Neutronensterne haben.[116]

> Sich blind auf eine Theorie festzulegen ist keine intellektuelle Tugend, sondern ein intellektuelles Verbrechen. – Imre Lakatos, Wissenschaftstheoretiker

Völlig unverständlich ist vor allem, dass ausgedehnte Körper mit geringer Dichte zu Schwarzen Löchern werden können – unser Sonnensystem, füllte man es mit Wasser, wäre zum Beispiel ein Schwarzes Loch, und kleinere Galaxien könnte man zu einem solchen verwandeln, indem man sie auf die Dichte von Luft komprimiert. Und schließlich, vollends verrückt: Der sichtbare Horizont, also die Abmessung des Universums, entspricht etwa dem Schwarzschild-Radius der darin enthaltenen Masse. Mit anderen Worten, das Universum wäre ein Schwarzes Loch. Und *in* diesem soll es weitere geben?

Es ist verführerisch, hier in ein allgemeines Geplänkel der Art Was-gibt-es-doch-alles-für-tolle-Sachen abzuheben, das dann in ein Wer-kann-das-schon-alles-verstehen mündet, aber ich bitte Sie, gebrauchen Sie Ihren Verstand! Wenn uns die Theorie Schwarzer Löcher und die Unveränderlichkeit der Gravitationskonstanten zu so abstrusen Konsequenzen führen, sollten wir doch dringend nachdenken, ob daran nicht etwas falsch ist.

Ich weiß, dass ich mich mit meinen Zweifeln an der Existenz der Schwarzen Löcher weit von der Mehrheitsmeinung entferne, der ich selbst lange

---

* Dividiert man m³/s² kg durch das Quadrat der Lichtgeschwindigkeit wie beim Schwarzschild-Radius, ergibt sich m/kg.

anhing. Sehr dazu ermutigt hat mich Wolfgang Kundt, dessen Reichtum an unabhängigen Ideen ich bewundere. Er hatte viele Jahre lang die Eigenheiten der Röntgenemission der Pulsare studiert, die man oft als Tests für Schwarze Löcher bezeichnet, aber auch theoretisch ihre ‚Entstehungsgeschichte' seit der Zeit verfolgt, als Hawking noch als Student das Hamburger Seminar bei Pascual Jordan besuchte.

> Eine Feststellung ist der Ort, wo man des Denkens müde wurde. –
> Martin H. Fischer

Es fällt auf, dass Schwarze Löcher über Jahrzehnte hinweg ‚etabliert' wurden – ein klarer Zeitpunkt der Entdeckung wie etwa bei den Pulsaren lässt sich nicht angeben. Solche von der Theorie stark erwünschten Beobachtungen muss man stets mit Vorsicht genießen. Die Behauptung des Nachweises tut zwar niemandem weh, ist aber einfach nicht ehrlich, solange man Physik eine empirische Wissenschaft nennt.

Insbesondere denke ich aber, dass die Dichte der Atomkerne eine viel fundamentalere Bedeutung haben muss, als ihr gemeinhin zuerkannt wird. Denn die Standardphysik kann über die verwandte Frage der Natur der Masse generell nichts aussagen, und diese Schwäche lebt auch in der Allgemeinen Relativitätstheorie fort, die die Gravitationskonstante nicht hinterfragt. Sowohl die Gravitation als auch die Kernphysik sind in ihren Grundlagen noch viel zu wenig verstanden, als dass man behaupten könnte, man kenne den Bereich gut, wo sie sich kreuzen – bei Neutronensternen. Wir wissen sehr wenig über Schwarze Löcher. Wenigstens dieses Licht sollte uns aufgehen.

GRAVITATIONSWELLEN: WIRKLICH SCHON ENTDECKT?

„Ladies and Gentlemen, we have detected gravitational waves. We did it!" verkündete David Reitze, Direktor des LIGO-Laboratoriums am 11. Februar 2016 auf einer Pressekonferenz, die weltweit Schlagzeilen machte. Eine hundert Jahre währende Suche schien zu Ende. Trotzdem ist es hilfreich, wenn wir die Geschichte der Gravitationswellenforschung kurz betrachten.

Noch ein Jahr bevor seine Allgemeine Relativitätstheorie international anerkannt wurde, hatte Einstein 1918 eine Formel für die Abstrahlung von Gravitationswellen hergeleitet. Freilich sind diese Wellen ungleich schwerer nachzuweisen als elektromagnetische. Daher führte das Gebiet über vierzig Jahre lang ein Schattendasein, bis Joseph Weber, ein Nachrichtentechniker und Korvettenkapitän der US-Marine, sich dafür begeisterte. Er hatte bei John Wheeler Vorlesungen über Gravitation gehört und konstruierte bald einen Detektor aus einem großen Metallzylinder, der durch die Gravitationswellen zum Vibrieren angeregt werden sollte.

Bald berichtete Weber von einem sensationellen Ergebnis: Ein identisches Gravitationswellensignal sei fast gleichzeitig an getrennten Orten registriert worden. Noch heute ist diese Methode der Koinzidenz entscheidend, um aus dem durch zahlreiche Störungen erzeugten Rauschen die echten Signale herauszufiltern: Die Entfernung der beiden Detektoren sowie der Zeitunterschied müssen dabei der Lichtgeschwindigkeit entsprechen. Weber behauptete solche Koinzidenzen und publizierte 1969 einen Artikel Evidence for Discovery of Gravitational Radiation in Physical Review Letters, was ihm große Aufmerksamkeit einbrachte. Aber es führte auch dazu, dass bald andere seine Versuche wiederholten.

DAS BÖSE ERWACHEN

Es schien ungewöhnlich, dass Gravitationswellen mit Webers Metallzylinder detektierbar waren, indem sie diesen verformten. Die Stärke von Gravitationswellen gibt man als Verhältnis der Deformation eines Körpers zu seinen Abmessungen an, und die von astronomischen Ereignissen erwarteten Werte sind deprimierend gering – etwa 10^{-20}. Das heißt, die ganze Erde würde sich nur um den Bruchteil eines Atomdurchmessers verformen, würde sie von einer kräftigen Welle getroffen.

Bald wurde etwa ein Dutzend dieser Antennen gebaut, aber die Forscher konnten Webers Ergebnisse nicht reproduzieren. Auf Konferenzen Anfang der 1970er Jahre kam es zu heftigen Streitigkeiten.[117] Man nannte Weber einen Scharlatan, womit man ihm Unrecht tat, denn er war von seinen Beobachtungen ehrlich überzeugt und meinte, die anderen gäben sich einfach nicht genug Mühe, das Rauschen zu eliminieren. Endgültig das Genick brach ihm wohl, dass er bei einer Auswertung vergessen hatte, die unterschiedlichen Zeitzonen zu berücksichtigen, aber trotzdem seine Koinzidenzen präsentierte, die damit als statistisches Artefakt entlarvt waren. Mehr und mehr entwickelte Weber sich zu einer tragischen Figur. Ein Physiker beschrieb ihn so:[118]

Joe kam ins Labor und drehte so lange an allen Knöpfen, bis er ein Signal hatte, und dann nahm er Daten auf ... Erst danach definierte er, was als Schwelle des Rauschens zu gelten hatte, und probierte auf zwanzig verschiedene Arten, die Daten zu analysieren, bis endlich etwas sichtbar wurde und er sagte: „Aha, da haben wir es." Wenn dann jemand kam, der etwas von Statistik verstand und seine Methode zerpflückte, antwortete er: „Was meinst Du? Als wir im Krieg nach Radarsignalen Ausschau hielten, probierten wir auch so lange herum, bis wir es hatten." – „Ja, Joe, aber da sendete auch jemand ein Signal." Und Joe verstand dies nie.

Weber wird heute oft als schlechter Wissenschaftler dargestellt, was zum Teil stimmt. Doch die Gefahr, ein erwünschtes Ergebnis zu bevorzugen und experimentelle Methoden daraufhin anzupassen, besteht auf vielen Gebieten der Physik. Seine Ergebnisse waren anfangs keineswegs offensichtlich falsch, und weitere Experimente wurden mit Spannung erwartet. In Webers Zylinder war Umgebungswärme die dominierende Störungsquelle, und so baute man Tieftemperaturdetektoren, ohne jedoch die Wellen zu finden.

Das Thema erhielt in den 1970er Jahren weiteren Auftrieb, als man einen Pulsar in einem Doppelsternsystem näher untersuchte: Die beiden Sterne umkreisen sich immer langsamer, so als würden sie Energie verlieren – sie schienen Gravitationswellen abzustrahlen! Dieses Pulsarsystem und andere wurden seitdem als indirekter Beweis für die Existenz der Wellen gesehen.

Weitere Ereignisse, die Gravitationswellen abstrahlen müssten, sind Supernova-Explosionen. Anfang 1987 wurden die Astronomen von einer Supernova in der großen Magellanschen Wolke überrascht (einer Begleitgalaxie der Milchstraße), und man blickte natürlich auf die Tieftemperatur-Detektoren, die ein Signal wohl hätten nachweisen können. Dummerweise waren sie gerade ausgeschaltet, während der unermüdliche Weber behauptete, ein Signal gemessen zu haben. Aber niemand hörte mehr auf ihn, das Gebiet der Gravitationswellenphysik hatte durch die Kontroverse an Reputation verloren.

GIGANTISCHE GENAUIGKEIT

Dieser zweifelhafte Ruf spielte sogar noch eine Rolle, als über den Bau des gigantischen Interferometers LIGO, den Vorläufer des heutigen Labors, entschieden wurde: Die Investition von mehreren hundert Millionen Dollar, das bis dato größte Einzelprojekt der National Science Foundation, stand auf der Kippe, und die Astronomen, denen dieses Geld dann auch fehlen sollte, waren rundweg dagegen. Solche Interferometer messen heute mit Lasern winzigste Längenveränderungen, die von Gravitationswellen ausgelöst werden können. Man stellt sie an verschiedenen Orten auf, um die Fehler mit der Methode der koinzidenten Signale zu reduzieren: Die beiden LIGO-Gravitationswellendetektoren bestehen aus 3000 km voneinander entfernten Anlagen in Livingston und Hanford (USA), die jeweils 4 Kilometer lange, zueinander senkrecht orientierte ‚Arme' haben. Ihre Längenveränderung soll auf ein Hundertmillionstel eines Atomdurchmessers gemessen werden können – eine erstaunliche Genauigkeit, die die Hoffnung weckte, die Wellen zu entdecken.

Am meisten versprach man sich dabei zunächst von jungen Pulsaren, deren Abbremsung auf die Aussendung von Gravitationswellen hindeutet, aber bis Ende 2007 fand man nichts.[119] Die Frustration war damals zu spüren, als die Forscher statt des ersehnten Nachweises nur von Messgrenze berichten konnten. Konkret: Bei dem berühmten Pulsar im Krebsnebel, jenem Überrest der schon im alten China beobachteten Supernova, hätte man Gravitationswellen sehen sollen, selbst wenn sie nur für zwei Prozent der beobachteten Abstrahlungsleistung verantwortlich wären. Das war etwas irritierend. Gab es einen bisher unterschätzten Mechanismus, der für die Abbremsung sorgte? Gar ohne Gravitationswellen, die sich nicht zeigen wollten? In Ermangelung positiver Signale beschäftigen sich die Wissenschaftler in der Folge auch mit sogenannten blind injections, künstlich generierten Signalen, welche die Auswerter auf die Probe stellen sollten, ob sie eine echte Welle auch erkennen würden. Drei Softwareexperten hatten dabei die Möglichkeit, solche Signale verborgen in die Daten einzuspeisen, ohne dass die Kollaboration dies feststellen konnte. Ein derartiger Test wurde 2010 durchgeführt.

UNVERSTANDENE LEUCHTFEUER

Theoretisch versteht man im Übrigen die Vorgänge nicht besonders gut, die Pulsare langsamer machen. So ist beispielsweise unklar, warum es zwei so unterschiedlich schnell rotierende Populationen von Pulsaren gibt – normale, die sich etwa im Sekundentakt drehen, und die etwa hundertfach schnelleren Millisekunden-Pulsare. Damit nicht genug, man fand eine Klasse von Pulsaren, deren Magnetfeld noch tausendmal stärker ist als das ohnehin schon riesengroße der normalen Sorte. Ein solcher ‚Magnetar' würde Flugzeugträger herumwirbeln wie Kompassnadeln und noch in hunderttausend Kilometern Entfernung Kreditkarten demolieren. Allerdings erschließt man das unglaubliche Magnetfeld der Magnetare nur aus der Abnahme ihrer Rotationsgeschwindigkeit.

Solche indirekten Evidenzen, die plausibel, aber auch nicht zwingend sind, nehmen generell in der Astronomie etwas überhand. Man erfindet hier letztlich neue Objekte, weil man etwas nicht versteht, und die Kriterien der Einteilung leuchten nicht immer ein. Wird ein Pulsar zu stark abgebremst? Ist also ein Magnetar. Ist eine Supernova zu hell? Ist also eine Hypernova. Meist erklärt der neue Name aber nicht quantitativ die Eigenschaften, sondern beschreibt nur einen Mechanismus, wie es funktionieren könnte – oft genug mit merkwürdigen Begleiterscheinungen. So würden angeblich Atome in einem Magnetar auf ein Zweihundertstel ihrer Dicke gequetscht. Wer kann ernsthaft behaupten, dass wir so extreme Bedingungen berechnen können?

Immer mehr gerät in Vergessenheit, dass auch die ganz grundlegenden Theorien der Physik – Quantenmechanik, Elektrodynamik und Allgemeine Relativitätstheorie – keineswegs vollkommen gesichert sind. In der Elektrodynamik sind die Abstrahlungsgesetze nicht genau bekannt, können wir also bei Gravitationswellen so sicher sein?

Trotzdem waren die Physiker kaum bereit, die Theorie zu hinterfragen, die ihre Existenz voraussagt – zu sehr gilt Einstein dabei als Autorität, obwohl die Allgemeine Relativitätstheorie die Wellen keineswegs zwingend benötigt.

> Gewissheit ist einer der billigen Gebrauchsartikel, und sie kann augenblicklich erlangt werden, sobald das Problem in der richtigen Weise angepackt worden ist. –
> Paul Feyerabend, Wissenschaftsphilosoph

Es ist nicht einmal klar, ob sich Gravitationswellen unbedingt mit Lichtgeschwindigkeit ausbreiten müssen. Wie im zweiten Abschnitt schon erwähnt, verdienen die Äthertheorien des 19. Jahrhunderts eigentlich mehr Beachtung. In so einem elastischen Kontinuum würde die transversale Schallgeschwindigkeit der Lichtgeschwindigkeit entsprechen, aber in jedem realen Körper gibt es auch eine longitudinale Schallgeschwindigkeit, die größer als die transversale ist. Theoretisch ist also die Existenz von Gravitationswellen keineswegs so klar, wie dies dargestellt wird, auch der gerne zitierte Albert Einstein ist hier nicht wirklich Kronzeuge. Versucht man zum Beispiel, die Gravitation über eine räumlich veränderliche Lichtgeschwindigkeit zu beschreiben, ähnlich wie es Einstein 1911 versucht hat, wäre das Konzept der Gravitationswellen eigentlich unnötig: Gravitation könnte auch eine sofortige Fernwirkung haben, und von einer Ausbreitung kann keine Rede sein – denkt man an eine Vereinigung der Kräfte, wäre es sogar logischer, wenn es neben Licht gar keine anderen Wellen gäbe. Viel zu oft verschwinden solche Möglichkeiten unter dem Dogma der herrschenden Theorie. Die Forschung fokussierte sich jedenfalls ausschließlich auf die Bestätigung der Wellen.

BLAMAGEN UND SENSATIONEN

Entsprechend groß war der Anreiz, bei der Entdeckung der erste zu sein. Im Jahr 2014 machte eine Forschergruppe des BICEP2-Teleskops Furore mit der Behauptung, eine Gravitationswellensignal in einer Analyse des kosmischen Mikrowellenhintergrundes gefunden zu haben. Schon die der Analyse zugrunde liegende Annahme einer „kosmischen Inflation" war vollkommen bizarr, wie wir später noch diskutieren werden. Bald stellte sich jedoch auch noch heraus, dass der Gruppe bei der Auswertung elementare handwerkliche Fehler unterlaufen waren. Das vermeintliche Signal kurz nach dem Urknall entpuppte sich als Staub in der Milchstraße. Nachdem LIGO entgegen der Vorhersagen 2007 immer noch keine Gravitationswellen gefunden hatte, wurden wohl letztmals Gelder zur Verfügung gestellt, um die Anlage zu Advanced LIGO aufzurüsten, was weitere acht Jahre in Anspruch nahm. Die Stunde der Wahrheit sollte nahen.

> Zum Teil wegen der gewaltigen Kosten, die im Spiel sind, ersetzt heute die Förderung durch die Regierung intellektuelle Neugier. – Dwight D. Eisenhower, US-Präsident

Nachdem es monatelang Gerüchte gab, berichtete die Kollaboration im Februar 2016 von der sensationellen Entdeckung einer Gravitationswelle am 14.09.2015 - pünktlich zum 100-jährigen Jubiläum der allgemeinen Relativitätstheorie. Die Weltöffentlichkeit reagierte enthusiastisch, nachdem die Forscher die wahrscheinliche Ursache zu analysiert hatten – die Verschmelzung zweier ungewöhnlich schwerer schwarzer Löcher in einer Entfernung von mehr als einer Milliarde Lichtjahren.

Wie Harry Collins in seinem Buch Gravity's Kiss bemerkte, genügten wenige Tage, um die wissenschaftliche Gemeinde von der Existenz der Wellen zu überzeugen – bis auf wenige Skeptiker. Erstaunlicherweise gab es nur eine einzige Forschergruppe, welche die LIGO-Daten unabhängig analysierte – und dabei auf Ungereimtheiten stieß.

RÄTSEL, FRAGEN UND HEIMLICHKEITEN

Wissenschaftler um Prof. Andrew D. Jackson vom renommierten Niels-Bohr-Institut an der Universität Kopenhagen fanden 2017 heraus, dass durch zufällige Erschütterungen verursachten statistischen Störsignale der 3000 km voneinander entfernten Laboratorien unerklärliche Korrelationen aufwiesen. Dabei sollte einzig und allein die Gravitationswelle selbst in beiden Laboratorien sichtbar sein – mit entsprechender Verzögerung durch die Lichtlaufzeit. Zudem mussten die Forscher eingestehen, dass die zentrale Abbildung in der Zeitschrift Physical Review Letters nicht mit den Originaldaten erstellt, sondern für „pädagogische Zwecke" aufbereitet wurde – peinlich für einen Artikel, der Grundlage des Nobelpreises 2017 war.[*]

---

[*] New Scientist, 1.11.2018 "Grave doubts over LIGO's discovery of gravitational waves".

GRAVITATIONSWELLEN: WIRKLICH SCHON ENTDECKT?

Noch schwerer wiegt aber, dass die Gravitationswellenforscher nach theoretisch berechneten Wellenformen, sogenannten templates suchten, anstatt nüchtern Korrelationen zu analysieren. Dies erhöht dramatisch die Gefahr, Artefakte als Wellen zu interpretieren. Wirklich inakzeptabel ist, dass die von LIGO verwendeten templates bisher nicht publiziert und teilweise nachträglich ausgetauscht wurden.[120]

Auch bei der 2017 verbreiteten Meldung, ein Gravitationswellensignal sei mit einer unabhängigen Beobachtung der Verschmelzung von zwei Neutronensternen durch ein anderes Teleskop bestätigt worden, verbleiben Fragen. Eine italienische Forschergruppe hält es für unwahrscheinlich, dass die Signale zusammengehören.[121]

Wenig in der Öffentlichkeit wurde bisher thematisiert, dass das Labor zum Zeitpunkt des ersten, bisher stärksten Signals im September 2015 sich noch in einem Testmodus ohne jegliche Sicherheitsvorkehrungen befand. Theoretisch war zu diesem Zeitpunkt sowohl eine blind injection, also die Einspeisung eines künstlichen generierten Signals denkbar als auch eine Manipulation durch Unbefugte. Der langjährige LIGO-Direktor und Nobelpreisträger Barry Barish äußerte jedenfalls in einem Interview, er habe aus diesem Grund beim zweiten Signal im Dezember 2015 einen „Seufzer der Erleichterung" getan.[122] Die Namen jener Personen, die zu blind injections Zugang hatten, wurden übrigens bis heute nicht öffentlich gemacht (Es handelt sich um Jeffrey Kissel, Michael Bejger und Christian Ott). Über die Gründe kann man nur spekulieren.

Obwohl die große Mehrheit der Physiker seit dem 11.02.2016 an die Existenz von Gravitationswellen glaubt, ist es doch für eine historische Einordnung zu früh, jedenfalls solange berechtigte Sachfragen wie jene der Gruppe des Niels-Bohr-Instituts nicht beantwortet sind. In der Datenauswertung hat sich die LIGO-Kollaboration jedenfalls nicht mit Ruhm bekleckert, mindestens was die Transparenz betrifft.

> Man hüte sich vor falschem Wissen; es ist gefährlicher als Unwissen. –
> George Bernard Shaw

Insofern darf man durchaus noch gespannt sein, ob die Laboratorien demnächst wirklich so viele Ereignisse finden, wie prognostiziert wurden. Die Gefahr besteht, dass der klare Wunsch nach Bestätigung der Wellen eine unvoreingenommene Analyse der Daten behindert. Wissenschaftsmethodisch wäre es jedenfalls eine Katastrophe, wenn ein nicht existierender Effekt fälschlicherweise als entdeckt gilt.

ACHTZIG JAHRE UND KEIN BISSCHEN SICHTBAR: DIE SPURENSUCHE NACH DER DUNKLEN MATERIE

Schon 1932 fiel dem niederländischen Astronomen Jan van Oort auf, dass sich am Rande der Milchstraße mehr Masse befinden muss, als durch Sternzählungen zu erwarten war. Zu einem ähnlichen Schluss kam ein Jahr später Fritz Zwicky in Pasadena, sagte dies aber noch deutlicher: Er hatte die Geschwindigkeiten im Coma-Galaxienhaufen gemessen und war verwundert, dass sich diese Ansammlung noch nicht aufgelöst hatte: Die Gravitationsanziehung der sichtbaren Galaxien war fast hundertfach zu klein, um sie zusammenzuhalten. Daher vermutet man heute dort weitere Masse, die nicht leuchtet, sogenannte Dunkle Materie. Das Problem zu dieser Zeit überhaupt zu erkennen, erforderte eine Kombination aus sorgfältiger Beobachtung und kreativer Überlegung. Dennoch wurde Zwicky damit nicht besonders ernst genommen – er versprühte eine Menge Ideen, von denen sich einige nicht bewahrheiteten, und galt nicht gerade als umgänglich. So bezeichnete er Kollegen am Mount-Wilson-Observatorium als „sphärische Bastarde" und erläuterte auf Nachfrage gerne jedem,

(12) Fritz Zwicky

TEIL 4: IN DER GALAXIS

der die Beleidigung nicht ganz verstanden hatte: „Sphärisch, weil sie Bastarde sind, egal von welcher Seite man hinschaut." Seinen Chef Robert Millikan, immerhin Nobelpreisträger, ärgerte Zwicky angeblich mit dem Vorwurf, er hätte „noch nie eine gute Idee gehabt".[123] Zwicky war jedoch seiner Zeit weit voraus, denn erst 1957 stolperten niederländische Radioastronomen wieder über das Problem der ‚fehlenden Masse'. Einer von ihnen, Hendrik van Hulst, beobachtete die sogenannte 21-Zentimeter-Line, eine Mikrowellenstrahlung, mit der sich Wasserstoffwolken zu erkennen geben. Dabei fiel ihm bei der Vermessung unserer Nachbargalaxie Andromeda auf, dass sie in den äußeren Teilen viel Masse, aber wenig Leuchtkraft zu besitzen schien.

Allerdings galten damals die Radioastronomen in ihrer Zunft als Exoten, deren neuartigen Instrumenten die konservativen Astronomen des sichtbaren Lichts noch nicht recht trauten. So wurde Anfang der 1960er Jahre das Problem der ‚fehlenden Masse' gelegentlich erwähnt, aber nicht als Krise angesehen. Interessanterweise erkannten aber schon damals einige Forscher, dass die Bestimmung der Masse nur indirekt erfolgt, wobei man die Gültigkeit des Gravitationsgesetzes voraussetzt. So kann man auch auf die Idee kommen, dass dieses nicht ganz richtig sein könnte.

TELESKOPE IN DECKUNG, DIE THEORETIKER KOMMEN

Das Bewusstsein für die ‚fehlende Masse' nahm zu, als die ersten Computermodelle die Bewegungen in einer Scheibengalaxie grob simulieren konnten. Die meisten Galaxien im Universum, wie übrigens die Milchstraße auch, haben eine erstaunlich platte Form,* bei der der Durchmesser bis zu fünfzig Mal so groß ist wie die Dicke, sieht man von einer Beule im Zentrum ab, dem ‚Bulge'. Die Programme, die man mit so einer Massenverteilung und dem Gravitationsgesetz fütterte, ließen die scheibenförmigen Galaxien sofort in sich zusammenstürzen. Es musste etwas geben, das die ungewöhnliche Form aufrechterhielt – die Dunkle Materie bekam plötzlich theoretische Unterstützung.

Die wirkliche Gefahr ist nicht, dass Computer beginnen wie Menschen zu denken, sondern umgekehrt.[124] – Sydney J. Harris, amerikanischer Journalist

---

* Suchen Sie im Internet das schöne Beispiel NGC 891 (von der Seite) oder M 101 (von oben).

1972 bemerkten[125] schließlich David Rogstadt und Seth Shostak, dass in den äußeren Bereichen der Galaxien mit der Geschwindigkeit etwas nicht stimmen konnte. Shostak berechnete sogar die Dichte der Dunklen Materie in der Galaxie NGC 2403 und widmete seine Arbeit deren Einwohnern – was offenbar nicht nur scherzhaft gemeint war, denn Shostak wurde später Leiter des SETI-Projektes der Suche nach außerirdischer Intelligenz.

Noch immer blieb aber die große Anerkennung aus. Sein Kollege Albert Bosma kommentierte später: „Manchmal hat jemand ein letzten Endes richtiges Resultat, aber ist einfach zu weit der Meute voraus, die noch nicht bereit ist, es zu verdauen." Damit konnten nur die optischen Astronomen gemeint sein, die schließlich auch erkannten, dass die äußeren Teile von Galaxien viel zu schnell rotierten, als es durch die Gravitationsanziehung der weiter innen liegenden Teile erklärlich war. Nun war Dunkle Materie plötzlich das große Thema. In einer Art von Rückzugsgefecht postulierten Forscher, die ganze Anomalie sei nicht so tragisch, wenn man jeder Galaxie ihr eigenes Verhältnis von Masse zu Leuchtkraft gestatte. Dies war zwar so, als würde jemand seine dreißig Kilo Übergewicht mit Schwerknochigkeit rechtfertigen, und darüber hinaus methodisch fragwürdig, weil man einfach einen willkürlichen Parameter einführte, aber die ungewöhnlichen Geschwindigkeiten wurden leidlich beschrieben. Jetzt erst widerfuhr den Radioastronomen Anerkennung: Ihre Beobachtungen, die viel weiter in den Außenbereich der Galaxien reichten als die sichtbaren Sterne, sprachen gegen diese Reparatur. Ganz klar, etwas stimmte nicht.

Wir sehen also ein Ergebnis, das den meisten Physikern inzwischen ganz gut bekannt ist: Trägt man die Geschwindigkeit der um das Galaxienzentrum rotierenden Sterne in einem Diagramm gegen den Abstand vom Zentrum auf, so sind diese ‚Rotationskurven' von Galaxien ‚flach' – ab einer bestimmten Entfernung vom Galaxienzentrum haben alle Objekte näherungsweise die gleiche Umlaufgeschwindigkeit! Dies deutet auf Dunkle Materie hin, denn andernfalls müsste die Rotationsgeschwindigkeit weiter außen abnehmen, ähnlich wie im Sonnensystem die äußeren Planeten sich viel langsamer um die Sonne bewegen als wir – das dritte Keplersche Gesetz. Obwohl diese ‚flachen' Rotationskurven in aller Munde sind, sind sie höchstens die halbe Wahrheit.

> In Bezug auf das Problem der Dunklen Materie gab es eine Gruppendynamik, die sich zuerst weigerte, die offensichtlichen Belege für eine signifikante Unregelmäßigkeit in den Galaxien anzuerkennen, und dann, in einer 180°-Wende, plötzlich überall Dunkle Materie sah.[126] – Robert Sanders, niederländischer Radioastronom

GEHEIME ABSPRACHE ÜBER HUNDERTTAUSEND LICHTJAHRE?

Betrachtet man die inzwischen hervorragenden Daten der scheibenförmigen Spiralgalaxien etwas näher, zeigt sich eine Reihe von Auffälligkeiten. Zum Beispiel scheint die Helligkeit *pro Fläche* bei fast allen Galaxien gleich zu sein, obwohl es bei den Spiralen dramatische Größenunterschiede gibt, die Scheiben wären also immer gleich dick! Eine ordentliche Begründung für diese Formanomalie gibt es nicht.

Wenn man sich mit Dunkler Materie behilft, erklärt dies zwar, warum die Geschwindigkeiten der umlaufenden Gaswolken *größer* sind als nach dem Keplergesetz erwartet, aber nicht, warum die Geschwindigkeiten in den äußeren Bereichen der Galaxien so *gleich* sind. Allein die sichtbare Materie ist ja schon für eine bestimmte Form der Kurve verantwortlich, und man muss sich fragen, warum die Dunkle Materie sich gerade so aufgestellt hat, dass sie zusammen mit der sichtbaren eine konstante Geschwindigkeit hervorruft. Es ist so, als würden Tankstellen mit unterschiedlichsten Kalkulationen trotzdem überall den gleichen Benzinpreis verlangen – verdächtig, nicht? Daher wird diese scheinbare ‚Absprache' zwischen Dunkler und sichtbarer Materie auch scherzhaft Scheibe-Halo-Verschwörung genannt, weil man sich – anders als beim Benzinpreis – nicht vorstellen kann, wie die Information ihren Weg findet.

Ein damit verwandtes Problem ist, dass die maximale Grenzgeschwindigkeit am Rand der Galaxie offenbar mit ihrer Leuchtkraft zu tun hat (die Thully-Fischer-Relation). Hier muss man sich ebenso fragen, ob denn die normale Materie, die für das Leuchten zuständig ist, irgendwie mit der Dunklen Materie telefoniert hat, die den Hauptteil der Masse ausmacht und damit bestimmt, wie schnell sich alles um die Galaxie drehen muss. Aus solchen Gründen muss jeder Galaxienforscher die allgemeine Erwartung, irgendein Teilchen werde demnächst das Rätsel der Dunklen Materie lösen, ziemlich naiv finden. Denn die mysteriöse Verteilung wäre damit überhaupt noch nicht erklärt. Wir verstehen hier etwas grundsätzlich nicht.

DER UNIVERSALVERBRECHER

Neben den spiralförmigen gibt es auch sogenannte elliptische Galaxien, die keine bevorzugte Drehrichtung haben und in denen die Sterne irgendwie herumfliegen – ein besonders dickes Exemplar in unserer Nähe ist zum Beispiel M 87. Über die dort gemessenen Geschwindigkeiten von Sternen kann man lediglich statistische Aussagen machen, beispielsweise über die Streuung der Geschwindigkeiten um einen Mittelwert. Diese Streuung ist umso größer, je leuchtkräftiger die Galaxie ist – das ist noch relativ logisch –, gleichzeitig hängt sie aber auch mit der Masse des Schwarzen Loches im Zentrum zusammen, wofür man schwerlich eine Ursache finden kann. Solche merkwürdigen Relationen machen es schwer, alles dem Hauptverantwortlichen Dunkle Materie in die Schuhe zu schieben – so als hätte ein einziger Gauner Diebstahl, Körperverletzung, Unfallflucht, Bestechung und Hochverrat gleichzeitig begangen. Keinesfalls will ich damit der Erfindung mehrerer Sorten Dunkler Materie das Wort reden, wie es sich manche Datenermittler wünschen. Denn eine weitere Komplizierung des Modells mag zwar bequem sein, erklärt aber rein gar nichts.

Letztlich steckt hinter den ganzen Problemen der Glaube an das Gravitationsgesetz. Auf der Skala von Galaxien funktioniert es nur mit vielen zusätzlichen Annahmen – Mike Disney von der Universität Cardiff, der Entdecker des Pulsars im Krebsnebel, nennt dies einen „Skandal".[127] Disney gehört zu den erfrischenden Kritikern überzogener Behauptungen in der Kosmologie; in einer Arbeit in *Nature* zeigte er kürzlich,[128] dass Galaxien rätselhafte Gemeinsamkeiten aufweisen, die klar darauf hindeuten, dass ein grundlegendes Gesetz noch nicht gefunden ist. Die Bewegungen von Sternen und Gaswolken in Galaxien sind so widersprüchlich, dass man als Alternative zur Dunklen Materie schon auf verschiedenste Weise versucht hat, das Gravitationsgesetz abzuändern, zum Beispiel indem man zu dem einfachen Newtonschen Gesetz noch einen Term hinzufügte – was theoretisch unglaubwürdig war *und* erfolglos in der Praxis. Galaxien sind so unterschiedlich groß, dass die Anomalie an den Galaxienrändern nur sehr schwer zu fassen ist.

> Die Physiker wissen, dass die Rotationskurven flach sind. Sie wissen dagegen nichts über die Regelmäßigkeiten der Rotationskurven oder globalen Skalenrelationen und sind auch nicht sehr daran interessiert, etwas darüber zu erfahren.[129] – Robert Sanders

EINE VERDÄCHTIGE SPUR

Unter diesen Versuchen sticht daher einer, genannt *Modified Newtonian Dynamics* oder MOND, besonders heraus. Der Vorschlag lautet, dass die Gravitationskraft bei großen Abständen nicht mehr im Quadrat, sondern nur noch proportional zum Abstand schwächer wird. Die konstanten Umlaufgeschwindigkeiten der Gaswolken würden dann einfach aus der modifizierten Gravitationskraft folgen – ganz ohne Dunkle Materie. Die von MOND angegebene Formel passt bei den meisten Galaxien hervorragend, was sogar von den Kritikern der Theorie anerkannt wird, und auch einige der genannten Zusammenhänge werden einleuchtend. Die neue Idee besteht darin, das Gravitationsgesetz nicht ab einem bestimmten Abstand zu ändern, sondern die Beschleunigung zu betrachten. Die an den Galaxienrändern herrschenden Kreisbeschleunigungen sind so winzig wie die einer Weinbergschnecke in einer Autobahnkurve – in diesem bisher nie überprüften Bereich könnte durchaus neue Physik gelten. MOND stellt eine erstaunlich einfache Formel auf, in der eine ‚universelle' Beschleunigung mit dem winzigen Wert $a_0 = 1{,}1 \cdot 10^{-10}$ m/s² vorkommt. Ließe man diese Beschleunigung seit dem Urknall vor 14 Milliarden Jahren auf einen Gegenstand wirken, käme dieser etwa auf die Lichtgeschwindigkeit. Wegen dieses spannenden Zusammenhangs mit den Naturkonstanten wurde man auf MOND neugierig, obwohl die Theorie ihn nicht begründen konnte. Aber an einen Zufall der Übereinstimmung mag man auch kaum glauben.

Vielleicht eine allgemeine Betrachtung dazu anhand eines Beispiels: Natürlich beweisen solche Koinzidenzen nicht immer einen ursächlichen Zusammenhang. Prominent geworden ist etwa eine ähnlich große, unerklärte (negative) Beschleunigung der beiden Raumsonden Pioneer 10 und 11, was zu vielen Spekulationen über die Gültigkeit des Gravitationsgesetzes geführt hat. Nun scheint das Rätsel durch eine aufwendige Analyse gelöst:* Die Wärmeabstrahlung der Sonden geschah leicht bevorzugt in Flugrichtung und führte so zu einer winzigen Abbremsung wie bei einem Auto, das Fernlicht in Fahrtrichtung aussendet.

Die Ernüchterung nach solchen Erfahrungen führt manchmal zu dem wenig durchdachten Totschlagargument, numerische Koinzidenzen seien immer Zufall. Das erstaunliche Auftreten der Beschleunigung a_0 bei MOND kann man kaum mit der Pioneer-Anomalie vergleichen. Dort handelte es sich um komplexe Technik mit einer Reihe von Fehlerquellen, von denen

---

* Die sorgfältige Studie dazu (B. Rievers und C. Lämmerzahl, Annalen der Physik, 523 (2011), S. 439) halten die Entdecker der Anomalie für nicht erwähnenswert (arxiv.org/abs/1204.2507), was zumindest schlechter Stil ist. Natürlich sollte man solche Diskussionen am besten durch offen zugängliche Auswertungen austragen.

eine besonders subtile in einer verdächtigen Größenordnung lag. Bei den über tausend Spiralgalaxien hingegen, die durch MOND so sonderbar gut beschrieben werden, ist ein entsprechender systematischer Auswertungsfehler kaum denkbar. Jedenfalls würde er sich nicht auf die Größe von a_0 auswirken.

Um keinen falschen Eindruck zu erwecken, muss ich hier klarstellen: Ich bin kein Fan von MOND! Zwar wurde die anfangs hemdsärmelige Formulierung der Theorie inzwischen unter dem Namen TeVeS (für Tensor-Vektor-Skalar) repariert. Es gibt aber eine Reihe von Beobachtungen, bei denen MOND schlecht aussieht, was von den Gegnern auch genüsslich hervorgehoben wird. Dazu zählen die von Fritz Zwicky schon bemerkte ‚fehlende Masse' in Galaxienhaufen, auf die die Röntgenstrahlung des dort befindlichen heißen Gases hindeutet, oder auch die angeblichen Hinweise auf Dunkle Materie im frühen Universum. Nur: Dafür war MOND nicht gedacht – es ist so, als ob man einem Mountainbike vorwerfen würde, es tauge nicht zum Windsurfen. Und natürlich verzerrt die unausgewogene Verteilung von Forschungsmitteln die Meinungsbildung, am Standardmodell arbeiten bestimmt hundertmal mehr Leute als an MOND.

Trotz allem denke ich, dass die Theorie bekannt genug ist, um sich durchsetzen zu können, wenn sie denn richtig ist. Das ist wohl nicht der Fall, und ironischerweise werden ihre Unzulänglichkeiten schon wieder zur Rechtfertigung des Standardmodells benutzt – so als ob dieses umso glaubwürdiger wäre, je mehr böse Taten man MOND nachweist. Teufelsaustreibung geschieht meist im Dienst einer Religion.

WARUM GRAVITATION ES DEN ALTERNATIVEN SCHWER MACHT

Gefährlicher als die stiefmütterliche Behandlung von MOND ist, dass neue Ideen kaum Chancen haben, Gehör zu finden. Denn wer sich ernsthaft gegen das kosmologische Standardmodell stellt, gilt schnell als Außenseiter. Warum dieses mit dem Postulat der Dunklen Materie und vielen weiteren Komplizierungen eine so dominierende Stellung einnimmt, hat soziologische Gründe, aber vor allem den, dass es aus Einsteins Allgemeiner Relativitätstheorie entstanden ist, die allgemein als Evangelium gilt. Dass das heutige Standardmodell das schlanke Werk Einsteins mit den verschiedensten Anbauten verunstaltet hat, hätte dem Architekten kaum Freude bereitet – aber Einsteins Ansichten zur Einfachheit der Natur werden in dem Zusammenhang nicht gern erinnert.

Zudem gibt es eine Reihe von Präzisionstests bei starken Gravitationsfeldern,* mit denen die Allgemeine Relativitätstheorie sich gegen Newton durchgesetzt hat. Zu behaupten, diese beeindruckend genauen Beobachtungen seien ein Beweis der Allgemeinen Relativitätstheorie, ist aber insofern nicht logisch, als die Dunkle-Materie-Effekte bei schwachen Gravitationsfeldern auftreten, bei denen die Theorien von Einstein und Newton identisch sind. Will man die Anomalien durch eine neue Gravitationstheorie erklären, muss man daher beide über den Haufen werfen, was bei vielen Wissenschaftlern einfach Ängste auslöst. Es hilft aber nichts: Unsere besten physikalischen Theorien widersprechen sich nun mal, und daher wird sich kaum ein substanzieller Fortschritt ergeben, wenn man sie als unantastbar erklärt.

> Nicht weil es schwer ist, wagen wir es nicht, sondern weil wir es nicht wagen, ist es schwer. – Seneca

Vielleicht sind es gerade die selbstverständlichen Annahmen, die unser Denken blockieren: Beim Betrachten der internen Bewegungen in Galaxien glaubt man fest daran, sie verhielten sich wie kleine Sonnensysteme unveränderlicher Größe. Und doch können wir nur Geschwindigkeiten in unserer Blickrichtung messen, aber nicht senkrecht dazu. Womöglich sind die merkwürdigen Scheiben auch Momentaufnahmen eines dynamischen Prozesses. Wir wissen es nicht, denn es existiert nicht einmal eine annähernd konsistente Vorstellung davon, wie Galaxien zu ihrer Form gekommen sind. Damit verbinden sich weitere kosmologische Rätsel, bei denen sich die Dunkle Materie ebenfalls als Scheinerklärung herausstellt.

> Die Kosmologen versuchen aus einem einzigen Bild den Ablauf und die Akteure des ganzen Films zu erfahren. – David Lindley, Wissenschaftshistoriker

Eines scheint mir daher an MOND wertvoll zu sein: Es hatte schon Galileo und Newton zum Erfolg geführt, die *Beschleunigung* zu betrachten. Dass der besondere Wert a_0 mit dem Alter des Universums zu tun hat, ist ein Hinweis darauf, dass das Gravitationsgesetz einer kosmischen Evolution unterliegt, deren extrem langsame Dynamik uns vielleicht bis-

> Und sie bewegt sich doch. – Galilei zugeschrieben

---

* Die vier klassischen Tests heißen Lichtablenkung, Gravitationsrotverschiebung, Perihelverschiebung und Shapiro-Effekt.

her entgangen ist. Wissenschaftsphilosophisch betrachtet liegt es nahe, dass die enorme Veränderung des Universums seit dem Urknall sich auch in Naturgesetzen und Naturkonstanten niederschlägt, die bisher als unveränderlich gelten.

DER DUNKLE HEILIGENSCHEIN:
WIE GALAXIEN DIE COMPUTER ÄRGERN

Spiralgalaxien behalten ihre ästhetische Scheibenform nur dann, wenn sich die Dunkle Materie kugelförmig um das Galaxienzentrum verteilt – das ist das Resultat von Computermodellen, die das konventionelle Gravitationsgesetz zu Grunde legen. So geht man davon aus, dass alle Galaxien mit so einem dunklen ‚Halo' umgeben sind. Eigentlich ist das schon wenig glaubwürdig, denn es gibt für wie auch immer geartete Elementarteilchen keinen Grund, sich in der Galaxie so eigentümlich zu sortieren: Warum ordnet sich die sichtbare Materie in der Scheibe an, wenn die Dunkle es nicht tut? Jene Computersimulationen waren der Anfang einer Entwicklung, bei der unerklärte Beobachtungen und theoretische Wunschvorstellungen Hand in Hand zu einer immer größeren Komplizierung führten. Um die Daten zu beschreiben, muss die kugelförmige Haloumgebung etwa zehnmal so groß wie die leuchtende Galaxie sein. Die Geschwindigkeit der Gaswolken sollte außerhalb des Halos dann wieder abnehmen. Auch in den Fällen, in denen man so weit sehen kann, tut sie dies aber nicht[130] – eine von vielen Ungereimtheiten.

Daneben gibt es auch Computersimulationen zur Galaxienentstehung. Diese kämpfen seit Langem mit einem Ergebnis, das nicht mit den Beobachtungen übereinstimmen will: Spiralgalaxien wie die unsere müssten in Hunderte von kleinen Begleitgalaxien eingebettet sein, die sich gleichmäßig im Halo verteilen. Leider gibt es im Falle der Milchstraße nur etwa dreißig Stück davon. Dieser Misserfolg wird kaschiert, indem man neue Parameter ins Computerprogramm einbaut, zum Beispiel einen, der angeblich Auswirkungen von Supernova-Explosionen beschreibt. Da man nicht die geringste Ahnung hat, wie stark dieser Effekt im frühen Universum war, probiert der Computer so lange an diesen Zahlen herum, bis das Ergebnis passt.

An Transparenz fehlt es solchem Vorgehen ohnehin. Ergebnisse wie dieses[131] erscheinen dann in der Zeitschrift *Nature*, und das Forscherteam kommentiert, die Probleme der Dunklen Materie seien nun endlich durch eine Erklärung beseitigt. Man weiß nicht recht, wodurch sich die Gruppe mehr disqualifiziert, durch die fragwürdige Methodik oder durch die vollmundige Behauptung, das Standardmodell sei damit ‚endgültig' bestätigt. Von den etlichen weiteren Widersprüchlichkeiten der Dunklen Materie hat man offenbar noch nicht viel gehört. Andere Baustelle.

> Künstliche Intelligenz hat noch einen langen Weg vor sich, aber künstliche Torheit ist schon ziemlich fortgeschritten. – Unbekannt

WEITERE SOFTWARELÖSUNGEN FÜR DEN KOSMOS

Wohl nicht zufällig haben solche Simulationen den größten Erfolg in jenen Epochen, in denen die Kosmologie von Beobachtungen ungestört ist. Leider ist diese Art von Wissenschaft in der neueren Astrophysik verbreitet. Offenbar sehen manche keinen anderen Ausweg mehr, als das Nachdenken über die Naturgesetze den immer schnelleren Rechenmonstern aufzutragen. Der Astronom Robert Sanders schreibt dazu in seinem Buch *The Dark Matter Problem* sarkastisch:[132]

„Sind die zu wenigen Begleitgalaxien schon eine Falsifizierung? Aber nein... Die Sterne könnten ja erloschen sein oder Supernovae das Gas weggeblasen haben... Das Vertrauen, die Erwartungen des Dunkle-Materie-Modells mit normaler Physik in Einklang zu bringen, hat zu der Industrie der ‚semianalytischen' Modellbildung geführt. Hier werden kaum verstandene Aspekte der dissipativen* Effekte in Galaxien wie zum Beispiel Gaskühlung, Sternbildung oder Supernova-Turbulenzen mit einfachen Gleichungen beschrieben, in denen ein paar frei wählbare Parameter stecken... Ich zähle acht davon, und wenn man sie angepasst hat, gilt das Modell als erfolgreich."

Wie Sanders weiter bemerkt, wird das Standardmodell der Kosmologie auf diese Weise immun gegen Widerlegung: Letztlich gibt es keine Beobachtung, die man nicht mit freien Parametern, also willkürlichen Zahlen, irgendwann an das Modell anpassen könnte. Eine besondere logische Rolle

---

* Faktoren, die Bewegungsenergie in Wärme umwandeln.

rückwärts findet sich in der Behauptung, alternative Gravitationstheorien seien durch diese oder jene Beobachtung ausgeschlossen. Wissenschaftstheoretisch blanker Unsinn, wurde diese These beispielsweise verbreitet, als man Daten aus dem Galaxienhaufen *Bullet Cluster* als „direkte Beobachtung von Dunkler Materie" vermarktete. In der Tat ging die computergenerierte farbige Darstellung von normaler und Dunkler Materie um die Welt, und viele Gläubige des Standardmodells haben das Bild immer unter ihren Power-Point-Folien, um damit reflexartig auf Zweifler an ihrem Weltbild zu feuern. *Bullet* heißt übrigens Gewehrkugel.

> Eine törichte Übereinstimmung ist der Kobold kleiner Geister. –
> Ralph Waldo Emerson, amerikanischer Philosoph

Aber zur Sache: Zunächst handelt es sich um den Ausnahmefall einer Galaxienkollision, die in ihren Komplikationen keineswegs voll verstanden ist.* Das Bild zeigt einerseits Gaswolken, die sich durch ihre Röntgenstrahlung bemerkbar machen und sichtbare Zeichen eines Zusammenstoßes aufweisen, und andererseits davon abgesondert die Verteilung der Dunklen Materie, die man aus der Ablenkung des Lichtes von Hintergrundgalaxien berechnet hat. Die räumliche Trennung ist durchaus bemerkenswert, aber ‚direkte Beobachtung' ist doch etwas anderes. Im Übrigen suggeriert das Bild, dass sich die Dunkle Materie für die Kollision herzlich wenig interessiert hat: Angeblich stoßen ihre Teilchen nicht gegeneinander. Daran, dass dies oft als Ausrede für Fälle dient, in denen man nichts sieht, stößt sich auch niemand. Zudem gehen in die Interpretation eine Reihe von Annahmen ein: eine stabile Verteilung des heißen Gases und eine gleichmäßige Dichte, die nicht unabhängig überprüfbar sind, obwohl von ihnen die Abstrahlung stark abhängt. Tom Shanks, ein erfahrener Kosmologe an der Universität Durham, schrieb dazu:[133]

„Das ist ein hübsches farbiges Bild, aber wissenschaftliche Resultate erscheinen, wie immer, eher in Graustufen! Das Grundproblem ist, dass der Haufen nicht so klar die Galaxien vom Gas trennt, wie das die blau und rot gefärbten Bereiche des Bildes glauben machen. (...) Also ist die Schlussfolgerung, dass Dunkle Materie dominiert, rein piktographisch und das eigentliche Resultat heißt, dass das Gas und die Masse überall im gleichen Verhältnis zueinander stehen!"

Man kann sich des Eindrucks nicht erwehren, dass diese gewiss interessante Galaxienkollision in Szene gesetzt wurde, um Zweifler an der Dunk-

---

* Das sieht man zum Beispiel an dem ähnlichen Fall des Galaxienhaufens Abell 520.

len Materie auf Kurs zu halten und ein universell verwendbares Argument gegen alternative Ansätze zu schaffen.

NAHE WIDERSPRÜCHE UND WEITSICHTIGE KOSMOLOGEN

Abgesehen davon, dass die Milchstraße viel zu wenig Begleitgalaxien hat, widersprechen die vorhandenen noch in anderen Punkten dem Konzept der Dunklen Materie, worauf jüngst Pavel Kroupa von der Universität Bonn hingewiesen hat.[134] Nach den Modellen sollte die Leuchtkraft dieser Zwerggalaxien stark von ihrer Masse abhängen – tut sie aber nicht. Weil das Standardmodell davon ausgeht, dass sich größere Galaxien durch fortwährende Verschmelzung kleinerer gebildet haben, sollten die verbliebenen kleinen auch hauptsächlich aus älteren Sternen bestehen – darauf gibt es ebenfalls keinen Hinweis.

Schließlich steht und fällt die Standardkosmologie mit dem Konzept der Dunklen Halos, in die im Laufe der Zeit angeblich leuchtende Materie eingewandert ist. Jedoch müssten sich dann die Mini-Halos der Zwerggalaxien trotzdem gleichmäßig um das Zentrum der Milchstraße verteilen. Die Beobachtung widerspricht auch dem: Die Satellitengalaxien ordnen sich ihrerseits bevorzugt in einer Scheibe an, die mit der Scheibe der Milchstraße selbst nichts zu tun hat. Es handelt sich also nicht um Peanuts von Ungenauigkeiten, die sich nicht perfekt beschreiben lassen, sondern um Widersprüche, die das ganze Konzept aushebeln. Denn es gibt nicht einen einzigen positiven Hinweis darauf, dass die Halos aus Dunkler Materie überhaupt existieren – außer dem, dass eine Scheibengalaxie allein mit dem herkömmlichen Gravitationsgesetz ihre Form nicht aufrechterhalten kann. Der italienische Galaxienforscher Luciano Pietronero drückte es pointiert so aus:[135] „Dunkle Materie wird definiert als der Unterschied zwischen Theorie und Beobachtung."

Vor allem psychologisch aufschlussreich sind manche Kommentare, die der Fachwelt zu den widersprüchlichen Befunden einfallen. Diese seien natürlich wertvoll für die Forschung (in anonymen Begutachtungen liest es sich meist anders), nur leider seien diese paar Sternansammlungen vor unserer Haustür eben sehr unübersichtlich und die verschiedensten Effekte denkbar, weswegen man das schöne Modell der Dunklen Materie nicht in Zweifel ziehen dürfe. Soviel Kopf-in-den-Sand-stecken kann schon nerven, und ich konnte Pavel Kroupa verstehen, als er am Ende eines Vortrags bei einer Kosmologiekonferenz in Leiden 2010 diese Widersprüche nicht nur ausdrücklich eine Widerlegung des Standardmodells nannte, sondern noch eins draufsetzte: „Und deshalb ist es irrelevant zu fragen, wie gut die Dunkle Materie zu anderen Beobachtungen passt, weil das gesamte Konstrukt bereits durch diese Ergebnisse ausgeschlossen ist." Prompt verfinsterte sich die Miene von Ruth Durrer, Autorin eines Buches über den kosmischen Mikrowellenhintergrund, und sie brachte als Retourkutsche das obige Argument vor, leider sei eben alles fürchterlich kompliziert. Kroupas Kritik tut natürlich denen weh, deren Modelle der kosmischen Strukturbildung am Tropf der Dunklen Materie hängen, und so macht er sich nicht überall beliebt. Jedoch ist es sein Verdienst, endlich eine breitere Debatte über die Dunkle Materie angestoßen zu haben. Forscher, die das angeblich nur zu vier Prozent sichtbare Universum sorgfältig beobachten, werden zunehmend gegängelt von der Mehrheit, die mit dem unsichtbaren Rest in Ruhe jonglieren will.

> Es ist fast unmöglich, die Fackel der Wahrheit durch ein Gedränge zu tragen, ohne jemandem den Bart zu sengen. –
> Georg Christoph Lichtenberg

STÖRFAKTOR BEOBACHTUNG

Die Argumentation der Standardkosmologie wird allmählich schon etwas eigenartig: Computermodelle der Strukturbildung simulieren fast nur noch Dunkle Materie, und wenn dann die Konsequenzen widersprüchlich sind, seien dafür eben ein paar Schmutzeffekte der normalen Materie verantwortlich – Entschuldigung, die Realität hat gestört. Buchstäblich oberflächlich ist die Behauptung, die großskaligen Beobachtungen im Universum, wie die Hintergrundstrahlung oder die Galaxienverteilung, seien aussagekräftiger als diese lokalen ‚Schmutzeffekte' um die Milchstraße – so als wenn man sich von der Gepflegtheit einer Stadt überzeugt, indem man als Tourist die Slums aus gehöriger Distanz betrachtet. Leider sehen wir bei unseren Nachbargalaxien die Realität aber am besten. Schließlich fehlt es dem Argument auch an Logik: Es ist ja nicht so, dass die Dunkle Materie ein im Wesentlichen korrektes Bild liefert und die Abweichungen nur aus ein paar vielleicht verständlichen Unregelmäßigkeiten bestehen – vielmehr sind es die Regelmäßigkeiten, die einfach nicht ins Bild passen. Aber es scheint immer mehr, als ob die kritischen Astronomen Beweise liefern müssten, dass die Dunkle Materie nicht existiert, und dem Mainstream ein Vetorecht vorbehalten bleibt, diese nicht zur Kenntnis zu nehmen. Verkehrte Welt.

> Man nimmt die unerklärte dunkle Sache wichtiger als die erklärte helle. – Friedrich Nietzsche

Inzwischen gibt es in der Teilchenphysik, in der sich selbst genug Unverstandenes angesammelt hat, eine Erwartungshaltung, der die ‚Erklärung' Dunkle Materie in Form von unsichtbaren Teilchen höchst willkommen ist. So hört man sogar gelegentlich, Theorien würden entsprechende Teilchen ‚vorhersagen'. Das Rätsel der Dunklen Materie, besser gesagt der entsprechenden Anomalien, haben allerdings die Astronomen schon alleine losgetreten. Robert Sanders verwahrt sich deswegen gegen die Vereinnahmung: „Kein Physiker hat jemals die Astronomen gebeten, nach den gravitativen Signaturen von Dunkler Materie Ausschau zu halten", und er formuliert weiter poetisch:[136]

„Die Kosmologen und theoretischen Physiker waren Fremde in der Nacht, die sich fanden, ihr wechselseitiges Bedürfnis nach einer wichtigen neuen Komponente des Universums entdeckten und so ein neues Forschungsgebiet ausbrüteten: Astroteilchenphysik."

Kurz, es haben sich hier nicht ähnliche Konzepte getroffen, wie man allenthalben hört, sondern synchrone Unwissenheit. Dagegen ist die beobachtende Seite der Astroteilchenphysik hochinteressant: In den nächsten Jahrzehnten wird der Himmel auf allen Wellenlängen von Gammastrahlen bis zu Radiowellen noch genauer vermessen, und dazu werden Teilchen aus dem Kosmos detektiert – wir können gespannt sein. Eine ganze Serie von Experimenten sucht zudem nach *dem* Dunkle-Materie-Teilchen. Dass für die Astrophysik so eine wohlfeile Lösung unzureichend ist, hindert die Geschäftigkeit freilich wenig.

UNTERIRDISCHE GENAUIGKEIT

In Untergrundlaboren wie im Gran Sasso in den Abruzzen suchen die Experimente CRESST und CDMS mit hochempfindlichen Thermometern in einer ultrakalten Umgebung nach neuartigen Teilchen. Das DAMA/LIBRA-Experiment behauptet schon seit geraumer Zeit, Hinweise auf Dunkle Materie gefunden zu haben, allerdings in einem Energiebereich, in dem andere nichts feststellten. Die meisten Experimente versuchen, Teilchen der Dunklen Materie durch ihren Rückstoß zu identifizieren, denn nach

> Besonders aber laßt genug geschehen! Man kommt zu schaun, man will am liebsten sehn! – Johann Wolfgang von Goethe, Faust, Vorspiel auf dem Theater

der gängigen Vorstellung rast unser Sonnensystem ja mit 220 Kilometern pro Sekunde durch einen ‚Halo' von dunklen Teilchen um das Milchstraßenzentrum.

Die Rückstoßtechnik leidet allerdings unter einem grundlegenden Problem: Man kann nicht eindeutig entscheiden, welche Stöße von normalen irdischen Neutronen verursacht werden, die unvermeidlich durch die kosmische Höhenstrahlung entstehen. Also versucht man, mit theoretischen Modellen das störende Hintergrundsignal herauszurechnen, eine sogenannte Kalibration, die oft unter naiven Annahmen geschieht. Der Kernphysiker John P. Ralston von der Universität Kansas hat diese Methoden jüngst in einem Artikel[137] detailliert zerpflückt: So wird schon in dem einfachen Fall der elastischen Stöße zwischen Neutronen mit einer viel zu simplen Formel gerechnet, so als handelte es sich um kleine Billardkugeln. Noch bedenklicher ist die Annahme, nur schnelle Neutronen könnten Reaktionen mit anderen Kernen hervorrufen. Das ist nicht nur unzutreffend, sondern Vergleichsmessungen mit langsamen Neutronen existieren überhaupt nicht.* Nicht einmal die Daten der verwendeten Detektormaterialien gehen in die Simulationen ein. Es ist ungefähr so, als würde der TÜV bei allen seinen Bremstests die Daten von Gokarts zu Grunde legen. Da kann eigentlich nichts passieren.

> Der saubern Herren Pfuscherei / Ist, merk ich, schon bei Euch Maxime. –
> Johann Wolfgang von Goethe, Faust, Vorspiel auf dem Theater

Durch einen Vortrag an der Universitätssternwarte in München bin ich auf die Resultate der CRESST-Kollaboration aufmerksam geworden, die behauptet, ein paar Dutzend Ereignisse gefunden zu haben, die auf Dunkle-Materie-Teilchen hindeuten.[138] Das wäre sicher ein bemerkenswertes Ergebnis, und während der Präsentation strahlte der Sprecher auch über das ganze Gesicht. Später unterhielt ich mich mit ihm über den Neutronenhintergrund. Er war sehr nett und ehrlich überzeugt von seinen Ergebnissen; dass Ralston die methodischen Mängel in Generationen von Doktorarbeiten seziert, ärgert ihn aber so, dass er dessen Artikel gar nicht richtig liest. Die Argumente, ob nun niederenergetische Neutronen da sein können oder nicht, drehen sich also im Kreis, ohne dass CRESST die Sache mit einer Kalibration konkret überprüfen will, so wie Ralston es vorschlägt.

---

* Wie Neutronen Energie verlieren, ist auch ein Thema der Kernwaffenforschung. Auch das trägt nicht zur Transparenz bei.

Solches Ausblenden ist leider kein Einzelfall, sondern passiert immer dann, wenn Gruppendenken bezüglich der Methodik dominiert. Nachdenkliche Stimmen werden dann nur als Störung empfunden, vor allem wenn man endlich eine Entdeckung verkünden will. Aber man kann nicht eine Grundfrage der Physik mit ein paar Handvoll Signalen beantworten, wenn ein tausendfach größerer Hintergrund mit teils fragwürdigen Methoden als Störung herausgefiltert wurde. Der Wunsch, die Ersten im Wettrennen zu sein, konkurriert mit der Notwendigkeit sorgfältiger Prüfung, und viele Mängel der Methodik sind nicht auf die Schnelle zu beheben, selbst wenn man wollte. Wie in anderen Gebieten auch kann es wirkliche Gesundung nur dann geben, wenn die Bearbeitung der Rohdaten komplett offengelegt wird und die Auswertung von einer beliebigen Anzahl von Wissenschaftlern nachgeprüft werden kann. Auch wenn der Einzelne noch so gewissenhaft arbeitet – undokumentierte Methoden sind eine Einladung zur Schlamperei.

DUNKLE AUSSICHTEN

In einer TV-Debatte mit dem bekannten Astrophysiker Simon White[139] stellte Pavel Kroupa die etwas provokative These auf, in den nächsten fünf Jahren werde ein Teilchen gefunden, das man als Dunkle Materie *erklärt*. Diese Gefahr ist durchaus real, denn wenn bei den Detektoren die Methodik so im Argen liegt und nicht sauber definiert wird, was noch als Nichtentdeckung gilt, wird irgendwann fast zwangsläufig ein falsch korrigierter Hintergrundeffekt für ein Teilchen gehalten werden. Die Erwartungen sind hier alles andere als neutral: Wer wünscht sich schon den Misserfolg, dass immer bessere Technologie in immer genauere Bereiche vordringt und *nichts* dabei entdeckt? Ebenso wenig ist ausgeschlossen, dass einer der Detektoren oder der *Large Hadron Collider* in Genf *irgendetwas* findet. Der innige Wunsch der Physiker, das Rätsel der Dunklen Materie zu lösen, wird den nötigen Druck ausüben, die astrophysikalischen Anomalien zu erklären – egal wie widersprüchlich die Daten dort bleiben. Eines ist jedenfalls sicher: Sind erst einmal zwei bis drei Kandidaten für die Dunkle Materie *etabliert*, kann man sicher alle Beobachtungen mit diesen zusätzlichen Freiheiten interpretieren.

Sollte sich diese dunkle Wunschvorstellung nicht erfüllen, haben die Theoretiker aber schon eine Generalausrede in der Hinterhand: den soge-

> Niemand hat je einen Nobelpreis für den Nachweis gewonnen, dass etwas nicht existiert, oder weil er gezeigt hat, dass etwas anderes falsch war. – Gary Taubes, Wissenschaftsautor

nannten *dark sector*, der es auch schon zu einem Wikipedia-Eintrag geschafft hat. Er besteht aus Teilchen, die sich nur gravitativ bemerkbar machen und ansonsten per Konstruktion unsichtbar sind. Ach ja: Die meisten Stringtheorien sagen in diesem *dark sector* irgendetwas vorher. Eine bessere Steilvorlage hätte man Robert Sanders nicht liefern können, der die endlose Suche einer Fundamentalkritik unterzieht:[140]

„*Das wirkliche Problem ist: Dunkle Materie ist nicht falsifizierbar. Der Einfallsreichtum und die Einbildungskraft der theoretischen Physiker kann jeder astronomischen Nicht-Detektion mit der Erfindung neuer Kandidaten begegnen.*"

Karl Popper, mit seiner Falsifizierungsforderung der Hüter der wissenschaftlichen Methode, hätte sich über Sanders' Scharfblick gefreut. Auch in der Astrophysik ist dringend eine Reflexion nötig, ob uns die gängige Praxis noch zu grundlegenden Entdeckungen führen kann.

TEIL 5:
IM INNERSTEN DER KERNE

RADIOAKTIVITÄT UNTERSCHLÄGT ENERGIE: DIE GESCHICHTE EINER LANGEN FAHNDUNG

„Liebe radioaktive Damen und Herren", schrieb Wolfgang Pauli am 4. Dezember 1930 in einem Brief an die Teilnehmer der Naturforschertagung in Tübingen, in dem er einen „verzweifelten Ausweg" für das Rätsel der zu langsamen Elektronen bei der Beta-Radioaktivität vorschlug: Neben dem Elektron könne dabei auch ein bis dato unbekanntes neutrales Teilchen entstanden sein. Man bezeichnet es heute als Neutrino. Die ungewöhnliche Art der Veröffentlichung rechtfertigte Pauli damit, dass „ein in der Nacht vom 6. auf den 7. Dezember in Zürich stattfindender Ball" seine Anwesenheit dort notwendig mache. In Wahrheit war ihm wohl wenig zum Feiern zumute, denn in der gleichen Woche war er geschieden worden, und wenig später begann er zu trinken.

Unter Kollegen war Paulis Intellekt gefürchtet, aber seine scharfe Zunge setzte er auch selbstkritisch ein, etwa als er unmittelbar nach dem Brief schrieb: „Heute habe ich etwas getan, was ein Theoretiker nie tun sollte. Ich habe nämlich etwas, was man nicht verstehen kann, durch etwas zu erklären versucht, was man nicht beobachten kann." Nach heutiger Vorstellung können Neutrinos Lichtjahre von Materie durchdringen, ehe sie sich in einem Detektor zeigen, und es ist daher ein enormer Aufwand nötig, diese extrem seltenen Zusammenstöße von anderen Effekten zu unterscheiden. Zu Paulis Zeit mussten solche Experimente als unmöglich gelten, und tatsächlich wurde sein Vorschlag eines neuen Teilchens nur mit großer Skepsis aufgenommen. Nach damaliger Sicht bestand die Materie überhaupt nur aus Elektronen und Protonen – eine Erweiterung bedeutete einen ungeheuren Schritt weg vom Ideal einer einfachen Naturbeschreibung. Vor allem betrachtete man es als zu bequem, einen noch unverstandenen Effekt auf diese Weise aus der Welt zu schaffen, als ein zu billiges Manöver, „die Waage wieder hinzukriegen", wie sich Paul Dirac ausdrückte.[141] Kurz, ein neues Teilchen galt allenthalben als faule Ausrede.

Fast sieben Jahrzehnte später markieren Neutrinos einen anderen Meilenstein der Physik, aber die Situation hat sich gründlich geändert. Ein Experiment[142] berichtet davon, dass sich die inzwischen drei Sorten von Neutrinos – zwei waren in der Zwischenzeit noch entdeckt worden – ineinander umwandeln können. Darüber schrieb nicht ein Einzelner in einem Brief, sondern ein Chor von 128 Wissenschaftlern in der Zeitschrift *Physical Review Letters*. Der Artikel wurde seither über zweitausend Mal zitiert, also schätzungsweise von zehntausend Physikern als Grundlage ihrer weiteren Arbeit betrachtet. Kann es da noch Zweifel geben? Und doch lässt mich das Gefühl nicht los, dass auch der inflationär wachsende Wissenschaftsbetrieb etwas zu tun hat mit dem Wandel im Weltbild, in dem die Anzahl der Elementarteilchen seither von zwei auf eintausendundzwei* gestiegen ist – der Leitgedanke der Einfachheit von Naturgesetzen scheint komplett verloren gegangen zu sein. Wir können Pauli, Dirac oder Einstein heute nicht mehr fragen, aber wie viel wirklicher Fortschritt steckt in diesen unzweifelhaft fortschreitenden Beobachtungen? Welche der Rätsel von 1930 wurden in den letzten acht Jahrzehnten tatsächlich gelöst?

FEHLGESCHLAGENE ERMITTLUNGEN ZUR ENERGIE

Die Entdeckung der Radioaktivität um 1900 war zunächst eine Erfolgsgeschichte für Einsteins Formel $E = mc^2$, in der sich die Äquivalenz von Masse und Energie ausdrückt. Denn sogenannte Alphastrahlen, die man als von großen Kernen ‚ausgespuckte' Heliumkerne identifizierte, erhielten ihre kinetische Energie offenbar durch Umwandlung von Masse, die bei der Reaktion etwas abnahm: die erste Manifestation von Kernenergie. Eine andere Art von Radioaktivität, Betazerfall oder Betastrahlung, erwies sich als Elektronen, die aus noch unerfindlichen Gründen aus dem Atomkern ver-

---

* Diese Zahl nennt das wissenschaftliche Computerprogramm Mathematica in seiner Physik-Datenbank. Insofern überrundet die Physik wohl bald andere Sammlungen wie Don Giovannis „Mille-tre" in der Oper von Mozart.

stoßen wurden. Aber leider schien hier Einsteins Formel, ja der ganze Energieerhaltungssatz zu versagen. Wenige Elektronen nur hatten die berechnete Energie, der Rest trödelte mit unterschiedlichen Geschwindigkeiten herum und bereitete damit den Experimentatoren Ärger und den Theoretikern Sorgen.

Aber vielleicht sendeten die bei ihrem Rauswurf stark beschleunigten Elektronen ja Licht in Form von Gammastrahlen aus? Pauli vermutete zunächst einen solchen Lapsus im Experiment der britischen Physiker Ellis und Wooster[143] und lästerte:[144] „Auch glaube ich, daß die ... irgendwie dabei mogeln und die Gammastrahlen ihnen nur infolge ihrer Ungeschicklichkeit bisher entgangen sind." Und nach einer Unterhaltung mit Lise Meitner, die bei der experimentellen Wärmemessung mit Kalorimetern führend war, schrieb er triumphierend an seinen Kollegen Paul Ehrenfest:[145] „Frl. Meitner teilte mir hinterher noch mit (und sie fügte hinzu: man sieht, daß kein Experimentalphysiker in Kopenhagen war), daß das Kalorimeter ... für Gammastrahlen sicher durchlässig war." Wenig später kam Meitner jedoch zum gleichen Ergebnis wie die Briten. Pauli musste somit die Korrektheit der Ergebnisse und damit das Rätsel der fehlenden Energie anerkennen. So kam es, dass er schließlich Neutrinos vorschlug.*

(13) Wolfgang Pauli und Niels Bohr vor einem Kreisel

---

* Neben der Energie wird manchmal die Erhaltung des Drehimpulses als Argument für Neutrinos gebracht, was aber unzutreffend ist, da beim Auseinanderfliegen zweier Teilchen beliebig viel Drehimpuls mitgenommen werden kann.

WIDERSPRUCH ZUM WIDERSPRUCH

Pauli und Meitner hätten sich sicher brennend für eine Ausgabe der Zeitschrift *Nature* aus dem Jahr 2006 interessiert: Dort berichtet ein Artikel von der Entdeckung des *radiativen* Betazerfalls.[146] Dieser ist nicht zu verwechseln mit *radioaktivem* Zerfall, sondern meint jene Gammastrahlen, nach denen ein Dreivierteljahrhundert früher erfolglos gefahndet worden war. Neutrinos benötigt man jedoch nach wie vor, denn die neue Entdeckung betrifft nur unwesentliche 0,3 Prozent aller radioaktiven Zerfälle – warum gerade diesen Anteil, weiß man nicht. Entgegen der Behauptung in *Nature* lässt er sich auch nicht berechnen, denn eine allgemein gültige Formel zur Abstrahlung stark beschleunigter Ladungen besitzt die Elektrodynamik nach wie vor nicht. In dieser Hinsicht bleibt der Betazerfall jedenfalls rätselhaft: Überall sonst in der Physik, sei es in einer Röntgenröhre oder bei glühendem Metall, führt eine starke Beschleunigung von Ladungen zur Aussendung von Licht – aus diesem Grund hatte Pauli ja ursprünglich die Gammastrahlen erwartet.

Die sogenannten Neutrino-Oszillationen, also die wechselseitigen Umwandlungen der drei Arten von Neutrinos, werden heute ausführlich untersucht. Die Idee, es gebe mehr als eine Sorte davon, geht dabei auf den italienischen Physiker Bruno Pontecorvo zurück. Nachdem 1936 das Myon, praktisch ein sehr schweres Elektron, entdeckt worden war, sann er darüber nach, ob neben dem ‚normalen' Elektron-Neutrino nicht auch Myon-Neutrinos existieren könnten. Im Jahr 1930 wäre so ein Vorschlag wohl undenkbar gewesen. Ein Lehrbuch kommentiert dazu:[147]

„Die Neutrinohypothese wurde von den Physikern nur zögerlich akzeptiert... Die Forderung eines neutralen Teilchens mit verschwindender Masse und verschwindender Reaktionswahrscheinlichkeit in Materie erschien vielen Forschern als allzu künstlich. Umso fremdartiger mutete daher die gerade skizzierte Überlegung Pontecorvos an, dass es sogar zwei verschiedene Sorten von Neutrinos geben sollte."

Ein Theoretiker am CERN soll damals sogar ausgerufen haben: „Gott ist nicht so verrückt wie Pontecorvo!" Innerhalb von drei Generationen haben die Physiker ihr Bild von der Schöpfung jedoch revidiert und sich völlig daran gewöhnt, Inkonsistenzen in Experimenten mit neuen Teilchen zu beheben. Warum man an das Neutrino glaubte – schon lange vor einem direkten Experiment 1956 –, lag Anfang der 1930er Jahre daran, dass die einfache Welt aus Protonen und Elektronen gleich von mehreren Seiten einstürzte.

1932 entdeckte Carl Anderson das Positron, das Spiegelbild des Elektrons mit umgekehrter Ladung, und James Chadwick fand den neutralen Kernbaustein Neutron. Werner Heisenberg war darüber so enttäuscht, dass er lieber seine ganze Quantenmechanik aufgegeben hätte, als das Neutron an die Stelle der Kombination Proton-Elektron treten zu lassen. Interessanterweise wurden einige Widersprüche, etwa der unerwartete Drehimpuls eines Lithiumkernes mit je drei Protonen und Neutronen,* durch das Neutron gelöst und nicht, wie Pauli um 1930 dachte, durch das Neutrino. Als aber so viele neue Entdeckungen die Physik überschwemmten, war auch das Neutrino bald nicht mehr aus den Theorien wegzudenken. Die Dämme waren gebrochen.

EXISTENZ DURCH IMPOTENZ

Der Betazerfall eines Neutrons in ein Proton, Elektron und, wie man nun davon ausging, ein Antineutrino,** hielt für die Physik weitere Überraschungen bereit: Er zertrümmerte eine felsenfeste Überzeugung der Physiker hinsichtlich Symmetrien in der Natur. Findet der Betazerfall nämlich in einem Magnetfeld statt, werden die schnellen Elektronen bevorzugt in Richtung der Feldlinien ausgesandt – das ist deswegen sensationell, weil die Pfeilrichtung der Magnetfeldlinien eigentlich eine willkürliche Definition ohne physikalische Bedeutung ist. Elektronen schienen sich also hier wie Schrauben einer bestimmten Gewinderichtung zu verhalten; man spricht dabei von ‚Helizität'. Nachgewiesen wurde dieser Effekt durch die Physikerin Chien-Shiung Wu, den Nobelpreis sahnten dafür allerdings die Theoretiker Chen-Ning Yang und Tsung-Dao Lee ab, die in einem Artikel über alle möglichen Symmetrieverletzungen spekuliert hatten – ein Treffer war dann dabei.***

Nachdem die geheimnisvolle Helizität beim Betazerfall erwiesen war, stellte man in einem raffinierten Experiment[148] fest, dass das beteiligte (Anti-)Neutrino ebenfalls einen Schraubensinn hatte. Pauli hätte nach eige-

---

* Anstatt sechs Protonen und drei ‚Kernelektronen', was eine ungerade Anzahl darstellte.
** Das Antiteilchen des Neutrinos mit praktisch identischen Eigenschaften.
*** Möglicherweise hatten sie die Idee sogar nur bei einer Konferenz 1946 aufgeschnappt. Richard Feynman stellte auf die Bitte eines Experimentators hin die Frage, ob es so eine Symmetrieverletzung geben könne. Lee gab überrascht eine Antwort, die Feynman nach eigener Aussage jedoch nicht verstand.

ner Aussage viel Geld dagegen gewettet, dass die Natur sich so unsymmetrisch verhält. Er redete dem pakistanischen Physiker Abdus Salam diese Idee sogar aus, sodass dieser damals den Nobelpreis verpasste. Das Neutrino mit seinem Schraubensinn, das hier beteiligt war, nannte Pauli in Anspielung auf seine Scheidung und die anschließenden Alkoholprobleme „das närrische Kind meiner Lebenskrise 1930/31, das sich auch weiter recht närrisch aufgeführt hat."

Blenden wir aber noch mal kurz in die Zeit vor Paulis Vorschlag zurück: Es ist jedenfalls historisch interessant, welche Opfer die Entdecker der Quantentheorie anstelle des Neutrinos zu bringen bereit waren. Nach den ersten Schwierigkeiten beim Betazerfall grübelte Niels Bohr, die theoretische Vaterfigur der Quantenmechanik, darüber nach, ob nicht der Energieerhaltungssatz verletzt sein könnte. Pauli hielt das für die „vollkommen falsche Fährte" und übergoss Oskar Klein, Bohrs Assistenten, mit beißendem Spott:[149]

„Deine alte Methode, Bohr bereits wie ein Löwe zu verteidigen, bevor du ihn verstanden hast, verfängt bei mir nicht. Natürlich bin ich mir klar darüber, daß diese Hypothese [des Neutrinos] Bohr und den Bohrianern nicht in den Kram passt. Gerade deshalb macht es mir besonderes Vergnügen, sie zu diskutieren. Die vielen Ausrufezeichen in Deinem Brief deute ich im wesentlichen als Schrecken darüber, dass der Energiesatz möglicherweise doch gelten könnte..."

Bohr, der auf einer Konferenz 1931 in Rom seine Idee vorgetragen hatte, ließ ein dazugehöriges Manuskript schließlich unveröffentlicht. Den Satz von der Energieerhaltung in Frage zu stellen, schien den meisten Physikern noch schlimmer, als das neue Teilchen zu akzeptieren.

Umgekehrt muss man sich klarmachen, zu welch grotesken Vorstellungen die Summe der Experimente zu Neutrinos inzwischen geführt hat. Ihre eben erwähnte Helizität wäre noch nichts Ungewöhnliches, wenn diese Teilchen ohne Ruhemasse wären wie das Photon, das sich mit Lichtgeschwindigkeit bewegt. Das verhindern aber die seit einem Jahrzehnt etablierten Neutrino-Oszillationen: Die Theorie dazu fordert von den Neutrinos ein Ruhemasse, und mit dieser kann man die Lichtgeschwindigkeit nicht erreichen. Das bedeutet aber, man kann Neutrinos im Prinzip überholen und aus dieser Perspektive würde sich ihr Schraubensinn umdrehen! Leider verlieren die auf diese Weise ‚umgepolten' Neutrinos ihre Existenzberechtigung: Beim

Wenn man ein Neutrino an einem Spiegel reflektiert, sieht man nichts. – Abdus Salam, Nobelpreisträger 1979

Betazerfall entsteht nur die ursprüngliche Sorte mit dem richtigen Schraubensinn, während die anderen aufgrund ihrer Unfähigkeit, die Geburt des Betateilchens auszulösen, ‚steril' genannt werden. Aufgrund dieser Symbiose von Experimenten und theoretischen Rahmenüberlegungen stellt man sich heute also vor, zu den drei Neutrinosorten gebe es nicht nur Antiteilchen, sondern vielleicht auch eine spiegelverkehrte Art, die so außergewöhnlich ist wie säugende Insekten oder fliegende Elefanten. Überzeugend? Wenn man Physik ähnlich wie Zoologie betreibt, mag das kein Problem sein. Einem naturphilosophisch geprägten Physiker, der nach Gründen sucht, wird jedoch bei ‚Elementarteilchen' mit Masse, Ladung, Drehimpuls, Spin, Schraubensinn und einigen weiteren Eigenschaften allmählich schwindlig werden. Kann man für nun zwölf Variationen eines äußerst schwer nachzuweisenden Teilchens die Hand ins Feuer legen? Die fortschreitende Komplizierung ist ein wissenschaftstheoretisches Alarmsignal.

> Neutrinophysik ist zum großen Teil die Kunst, eine Menge zu lernen, indem man nichts beobachtet. – Haim Harari, israelischer Physiker

MAGISCHES JONGLIEREN, GROßE FRAGEN AUS DEM BLICK

Bei allem Erfolg der Quantenmechanik in der Atomhülle muss man sich doch fragen, ob sie zum Verständnis des hunderttausendmal kleineren Atomkerns wirklich beiträgt. Hat ein instabiler Kern zu viele Neutronen, wandeln sich diese durch den Betazerfall in Protonen um, bis ein Gleichgewicht erreicht ist. Kerne mit einer bestimmten ‚magischen' Anzahl von Kernteilchen – 2, 8, 20, 50, 80, 126... – sind dabei besonders stabil. Dies erinnerte an ähnliche Zahlen von Elektronen in der Atomhülle – 2, 8, 18, 54... –, deren Schalen durch die Quantenmechanik erklärt wurden. Die Übertragung dieses Konzepts auf den Kern taugte zunächst wenig als Erklärung, funktionierte aber dann doch leidlich, was für einige Überraschung sorgte und 1963 mit dem Nobelpreis belohnt wurde. Im Grunde wurde dabei aber nur das bekannte Modell der Hülle analog angewandt und die Kernteilchen mit letztlich qualitativen Argumenten von einer in die andere Schale geschoben. Von einem quantitativen oder gar präzisen Test wie in der Quantenmechanik, die darüber hinaus die Energiestufen der Elektronen im Atom aus Naturkonstanten zu berechnen vermochte, kann überhaupt nicht die Rede sein. Denn keine einzige Wellenlänge von Gammastrahlen, die aus angeregten Atomkernen stammen, lässt sich so mit dem Schalenmodell der Kerne genau berechnen. Ein schaler Nachgeschmack.

Ähnlich verhält es sich bei den Alphateilchen, die als größere Brocken von Kernen ausgestoßen werden, die sich zu übergewichtig fühlen. Die Zeit, nach der die Hälfte der Kerne auf diese Weise erleichtert, man sagt ‚zerfallen' ist, heißt Halbwertszeit. Zwar ist hier die Energieerhaltung als solche nicht verletzt,* und eine interessante Regel der Physiker Geiger (daher der Geigerzähler) und Nuttal, die die Halbwertszeit des Kerns mit der Energie verbindet, lässt sich mit der Quantenmechanik ungefähr verstehen. Aber warum Alphateilchen den Kern gerade mit der beobachteten Geschwindigkeit verlassen, weiß niemand: Der gemessene Anteil der Kernbindungsenergie von knapp einem Prozent der Ruheenergie, der hier frei wird, bleibt rätselhaft und ist nicht zu berechnen. Beim Betazerfall findet man eine verwandte Situation: Auch hier ist die Halbwertszeit umso länger, je kleiner die Energie der ausgesandten Elektronen ist: Tritium beispielsweise, ein Isotop des Wasserstoffs mit zwei Neutronen, ist mit einer Halbwertszeit von 12,3 Jahren recht langlebig, die maximale Energie der Elektronen mit 18,6 Kiloelektronenvolt dagegen recht klein. Diesen losen Zusammenhang, genannt Sargent-Regel, kann man zwar quantifizieren, aber wir wissen nicht, warum Energien und Halbwertszeiten überhaupt in den beobachteten Größenordnungen liegen: Die Natur beglückt uns hier mit einer Menge Zahlen. Sind sie prinzipiell unberechenbar – oder haben wir ein verborgenes Muster noch nicht verstanden?

> Die Frage nach dem Warum ist die Mutter aller Naturwissenschaften. – Arthur Schopenhauer

Und noch ein paar grundlegende Fragen: Warum gibt es überhaupt die unterschiedlichen Arten der Radioaktivität? Wären gar Naturgesetze mit stabilen Kernen denkbar? Und wenn nicht, warum nicht? Es muss dafür Gründe geben, aber sie sind uns verborgen. Die bis dato existierenden Modelle der Kernphysik tragen zu diesen elementaren Fragen nichts bei, und wenn man an präzise Vorhersagen denkt, auch wenig zu allen anderen Fragen. Erfolgreiche Theorien sehen anders aus.

Im Lichte oder vielmehr im Dunkel dieser ungelösten Probleme waren Bohrs Zweifel am Energieerhaltungssatz so abwegig auch wieder nicht.

---

* Obwohl es eigentlich interessant wäre, dies genauer zu untersuchen. Merkwürdigerweise gibt es keine präzisen Messungen, weil man den Alphazerfall gut zu verstehen glaubt.

Wenn man es genau nimmt, haben die Physiker den Begriff der Energie ja erst gebildet, weil sie sich etwas wünschten, mit dem man von der Zeit unabhängige Naturgesetze formulieren kann: Vielleicht geht das aber gar nicht in einem Kosmos, der sich entwickelt! Auch diese Frage rührt wieder am – noch unverstandenen – Wesen der Zeit. Ein echter Fortschritt sollte auch hier die Gesetze des Großen und des Kleinen zusammenbringen – wenn auch wohl ganz anders, als die herrschende Mode dies verfolgt. Energieerhaltungssatz oder nicht, Bohr vermutete, dass die Phänomene der Kerne die Physik in vergleichbarer Weise umwälzen könnten, wie es die Quanteneffekte mit der Physik der Atomhülle taten. Dabei war in der Theoretischen Physik kein Stein auf dem anderen geblieben. Die Kernphysik dagegen kopierte die Rezepte der Quantenmechanik recht oberflächlich, entwickelte einige qualitative Parallelen, fand aber für die wirklichen Probleme im Grunde nur Scheinlösungen. Wir verstehen vom Atomkern sehr, sehr wenig.

> Wenn man sich erinnert, dass die Energieerhaltung ein rein klassisches Prinzip ist, kann man ihr Versagen in der Quantentheorie nicht von vorneherein ausschließen.[150] – Niels Bohr

PATEN DER KOMPLIZIERUNG: NEUTRINOS UND DAS ENTSTEHEN IHRER FAMILIENBANDE

Kein Neutrinophysiker zweifelt heute ernsthaft daran, dass sich die drei Sorten Elektron-, Myon- und Tau-Neutrino ineinander umwandeln können: Die erwähnten Neutrino-Oszillationen gelten als beobachtet. Als ‚direkte Evidenz' werden dafür die Resultate des Sudbury Neutrino Observatoriums SNO angesehen.[151] Seine Besonderheit liegt im Detektormaterial: aus kanadischen Kernkraftwerken stammendes Schweres Wasser. Dieses enthält zahlreiche Deuteriumkerne, die aus je einem Proton und einem Neutron bestehen. In vielen Materialien machen sich Neutrinos dadurch bemerkbar, dass sie Elektronen einen kräftigen Stoß versetzen, welche dann ihre Energie gut sichtbar abgeben. Die Besonderheit des Deuteriums liegt dagegen darin, dass es durch ein Neutrino in seine Bestandteile Proton und Neutron gespalten wird, und in manchen Fällen hilft das Neutrino dem verbleibenden Neutron sogar, sich unter Aussendung eines Elektrons in ein weiteres Proton zurückzuverwandeln – ein dem üblichen Betazerfall analoger Prozess, den man am SNO sowohl von der reinen Spaltung als auch von dem Elektronenstoß gut unterscheiden konnte. Dabei stellte sich heraus, dass reine Spaltungen viel häufiger vorkamen als Elektronenstreuung und Spaltungen mit Neutronenumwandlung. Da für Letztere allein die Elektron-Neutrinos verantwortlich seien, so die Interpretation, könne die geringe Häufigkeit nur so erklärt werden, dass das Elektron-Neutrino sich in einen seiner Kollegen, nämlich Myon- oder Tau-Neutrino, umgewandelt habe.

Nur: Woher weiß man, wie gerne diese beiden mit einem Deuteriumkern reagieren, wenn es dazu kein unabhängiges Experiment gibt? Zwar behilft man sich mit Rückschlüssen aus anderen Daten, aber im Wesentlichen basiert die Argumentation auf theoretischen Überzeugungen, wie ‚sensitiv' eine Reaktion für die jeweiligen Neutrino-Typen ist. Es ist etwa so, als wenn man einen Schuster, einen Schreiner und einen Schneider mit unterschiedlich viel Geld in der Tasche antrifft und infolgedessen einen Beteiligten wegen Diebstahls verurteilt: Es sei ja bekannt, was sie normalerweise verdienen und ausgeben. „Direkte Evidenz", wie im Titel der Veröffentlichung zu lesen, ist aber doch reichlich übertrieben.

Es ist schon bemerkenswert, welch filigrane Ketten von Annahmen und Schlussfolgerungen heute die Überzeugungen über die elementarsten Naturerscheinungen begründen. Fordern Sie einmal einen Experten auf, die Ergebnisse des SNO-Experiments prägnant zusammenfassen. Auch John Bahcall, einem herausragenden Neutrino-Theoretiker und Berater des Nobelkomitees, gelingt dies nicht so recht.[152] Stattdessen wird einem oft schon im ersten Atemzug versichert, Neutrino-Oszillationen seien längst allgemein anerkannt, und weiteres Verständnis sei allein dadurch zu gewinnen, die Wahrscheinlichkeiten für die Umwandlung, genannt Mischungswinkel, zu bestimmen. Zweifellos kann man dabei neue Zahlen produzieren.

ENTDECKUNG MIT BRACHIALGEWALT

Im Jahr 1962 erschien die Idee, es könne mehr als eine Neutrinosorte geben, noch reichlich verrückt. Einziger Hinweis war damals, dass Myonen, die zu Elektronen zerfallen, ihre überschüssige Energie offenbar nicht mit einem Photon loswerden wollten, obwohl man das erwartet hatte. Wie so oft suchte man die Erklärung für das unverstandene Phänomen in einem unbekannten Teilchen, und ein neuer Teilchenbeschleuniger am *Brookhaven National Laboratory* weckte bei den Experimentatoren Leon Lederman, Mel Schwartz und Jack Steinberger den Ehrgeiz, danach zu suchen. Dort konnte man viele Neutrinos als ‚Abfallprodukte' hochenergetischer Teilchen erzeugen, und als Detektor diente die kurz zuvor erfundene Funkenkammer: Geladene Teilchen aller Art hinterlassen darin Bremsspuren in Form ionisierter Luftmoleküle, die man elektronisch aufzeichnet. Um jedoch die zahlreichen störenden Teilchenarten gar nicht erst in den Detektor gelangen zu lassen, stellte man eine 13 Meter (!) dicke Stahlwand auf, die aus einem abgewrackten Kriegsschiff stammte. Als weiterer elektronischer

Die Heilmittel sind ein Teil der Krankheit selbst. – Oscar Wilde

Türsteher, der unerwünschte Teilchengäste von dem Detektor fernhalten sollte, diente ein sogenannter Antikoinzidenzzähler, ein unentbehrliches Hilfsmittel vieler Experimente. Dieser vergleicht nämlich, ob ein Teilchen auch zeitnah durch einen Kontrolldetektor außerhalb des eigentlichen Experiments gegangen ist; wenn ja, wird das Signal hinauskomplimentiert. Denn interessant sind allein die im Detektor entstandenen Teilchen – bei der Geburt lassen sie sich am besten beobachten.

Weil Myonen der Vermutung nach Myon-Neutrinos erzeugen, versuchte man aus diesen in einer Rückwärtsreaktion wieder die ursprünglichen Myonen herzustellen. Um diese im Detektor zu identifizieren, mussten Lederman und seine Mitarbeiter aber ausgiebig aussortieren:[153] Die 1,6 Millionen Pulse des Beschleunigers, die größtenteils aus 25 ‚guten' Tagen innerhalb des Messzeitraums von acht Monaten stammten, lösten ca. 5000 Fotografien aus. Über die Hälfte davon war schwarz, die Mehrzahl der restlichen wurde Myonen zugeordnet, die durch die Abschirmung geschlüpft waren, und etwa 400 Fotoplatten berücksichtigte man nicht, weil sie trotz aller Filter durch Signale aus der kosmischen Höhenstrahlung kontaminiert waren. Übrig blieben 29 Ereignisse, bei denen ein Myon ohne erkennbaren Grund entstanden war. Sie galten daher als Spur des gesuchten Myon-Neutrinos. 29 von insgesamt hundert Billionen Neutrinos, die den Detektor passiert hatten, schafften es, die Welt von ihrer Existenz zu überzeugen.

Reicht das, um alle Zweifel auszuräumen? Letztlich wies man Myonen nach, also genau jene Teilchen, von denen Unmengen in dem Strahl des Beschleunigers enthalten waren, der auf den Detektor gerichtet war. Wenn die Decke nach einem Wolkenbruch feucht wird, gerät da nicht doch zunächst der Dachdecker unter Verdacht, trotz aller Beteuerung fachgerechter Abschirmung? Was waren die Kriterien, mit denen man auf einer Fotoplatte zwischen einem neugeborenen Myon und einem Eindringling unterschied? Könnte ein Computer diese Kriterien umsetzen? Mit welcher Sicherheit waren es nur 400 Spuren der unerwünschten Höhenstrahlung und nicht mehr? Die über 2500 schwarzen Fotografien interpretierte man als von Neutronen verursacht, aber wie kann man ausschließen, dass sie von unentdeckten Fehlern der hier entscheidenden Auslöseelektronik herrührten? Denn *vorhergesagt* war dies nicht. Eine Filterung, die beansprucht, einzelne Teilchen aus Billionen zuverlässig zu identifizieren, kann nicht auf im Nachhinein definierten, letztlich impro-

> Nichts ist so schwer, als sich nicht zu betrügen. – Ludwig Wittgenstein

visierten Regeln beruhen. Die große Gefahr liegt hier, wie Andrew Pickering es formuliert, in der Anpassung der experimentellen Methoden und Auswertungskriterien im Hinblick auf den Nachweis des gewünschten Signals. Kurz: Man kann sich sehr leicht selbst foppen. Es ist unerlässlich, dass solche Experimente wiederholt und die Rohdaten frei verfügbar werden.

RITT NACH WESTEN UND DURCHBRUCH DURCH DIE ERDE

Das alles bedeutet nicht, dass die Resultate – von den Autoren damals übrigens als „wahrscheinlichste Erklärung" bezeichnet[154] – falsch sein müssen. Niemand bestreitet, dass die Entdecker nach bestem Wissen und Gewissen gearbeitet haben. Leon Lederman ist ein begnadeter Experimentator, und sein Buch *The God Particle* verschafft einen äußerst witzigen Einblick in die Hochenergiephysik. Als die Reagan-Administration über einen neuen Superbeschleuniger zu entscheiden hatte, bat man Lederman – er hatte für das geschilderte Neutrinoexperiment 1988 den Nobelpreis erhalten – um eine kurze Botschaft, die dem Weißen Haus die Notwendigkeit des Beschleunigers klarmachen sollte. „Wie erklärt man Teilchenphysik einem Präsidenten in zehn Minuten?... und vor allem: Wie erklärt man sie *diesem* Präsidenten?", fragte sich Lederman öffentlich. Sein Enthusiasmus für die später vom Kongress gestrichene Supermaschine offenbarte eine gute Portion Naivität bezüglich der Hoffnungen der theoretischen Teilchenphysik, und so verglich er in seiner Botschaft an Reagan den Superbeschleuniger mit einem Cowboy auf Entdeckungsreise, allein, nach Westen... Bei einem Adressaten, für den Laub Umweltverschmutzung war, sei es ihm verziehen. Amüsant ist auch Ledermans beißende Kritik, mit der er als gestandener Experimentalphysiker die Stringtheorie durch den Kakao zieht. Lederman ist ein Pionier der Beschleunigerexperimente und einer der kreativsten Physiker der Nachkriegszeit – vieles baut auf seinen Entdeckungen auf. Aber es ist durchaus möglich, dass seine Lebensleistung dazu beitrug, die Physik in die Irre zu führen.

Eine Parallele zu Ledermans Experiment zeigen die Resultate des Kamiokande-Detektors, der in einer stillgelegten japanischen Zinkmine nach Neutrinos fahndete: Hier kamen mehr Myon-Neutrinos als erwartet aus der Richtung der Atmosphäre, und zufälligerweise wird diese auch permanent mit schnellen Protonen aus dem Kosmos bombardiert, woraus massenweise Myonen entstehen. Einen Zusammenhang zwischen diesen Myonen und dem beobachteten Überschuss verneinte man aber,* der Detektor sei nach oben perfekt gegen Myonen abgedichtet. Durch die Gesteinsschicht oberhalb der Mine, vor allem aber durch Antikoinzidenzzähler und Computersimulationen seien die unerwünschten Signale von oben herausgefiltert. Diese gängige Interpretation muss man sich auf der Zunge zergehen lassen: Die atmosphärischen Myon-Neutrinos, die, den Globus durchdringend, von *unten* in den japanischen Detektor eintreten, hätten sich inzwischen in Elektron-Neutrinos umgewandelt und seien *deswegen* weniger zahlreich als die von oben kommenden.[155] Das Resultat galt als erste gute Evidenz, als ‚Durchbruch' für Neutrino-Oszillationen. Aufschlussreich fand ich dazu eine Bemerkung von Hitoshi Murayama, dem Schlussredner einer Konferenz über Neutrinos in München. Er habe das Ergebnis zuerst rundweg nicht geglaubt, erst nach eingehendem Studium aller Auswertungen habe er sich davon überzeugt. Vielleicht hat er ja recht. Vielleicht hatte er aber auch anfangs recht. Denn das Problem ist, dass niemand die Computersimulationen der atmosphärischen Neutrinoschauer wirklich überprüfen kann, von deren Korrektheit die Behauptung entscheidend abhängt. Auch hier hilft nur eines weiter: mehr Transparenz.

Bin ich hier zu skeptisch? Aber man muss auch an den Ergebnissen von Wissenschaftlern noch zweifeln dürfen, deren Sorgfalt man grundsätzlich anerkennt. Oder ist so ein Zweifel aus der Distanz zu billig? Das Zweifeln unglaublich teuer gemacht haben aber doch erst die modernen Großexperimente: Wir *müssen* heute den Ergebnissen vertrauen, ohne sie nachvollziehen zu können. Der Wissenschaft tut man damit keinen Gefallen. Diese kann ihr Abenteuer nur bestehen, wenn alle noch so vertrauenerweckenden Ergebnisse auch durchschaubar bleiben.

> Wissenschaftliche Gemeinden tendieren dazu, Daten auszusondern, die ihren Überzeugungen widersprechen. – Andrew Pickering

---

* Diskutiert wird allerdings, ob die Detektoreigenschaften sich mit dem enormen Wasserdruck ändern. Von oben und von unten kommende Neutrinos würden dann nicht in gleicher Weise registriert. Näheres zum Nobelpreis für Neutrino-Oszillationen unter www.heise.de/tp/features/Physik-Nobelpreis-fuer-Geheimwissenschaft-3375881.html

ZWÖLF GUTE, ELF SCHLECHTE

Viele Experimente der Neutrinophysik scheinen zwar die bisherigen Resultate zu wiederholen, aber inzwischen bedient man sich ziemlich vieler Teilchen zu ihrer Interpretation. Wissenschaftstheoretisch handelt es sich bei den Teilcheneigenschaften um freie Parameter, deren gehäuftes Auftreten ein Krankheitssymptom ist, weil die damit gestrickten Erklärungen willkürlich werden. Dazu kommt, dass sich die Experimente auf immer winzigere Ausschnitte der realen Welt konzentrieren: So basieren zum Beispiel fast alle Untersuchungen zu solaren Neutrinos, für die der Kamiokande-Detektor auch bekannt geworden ist, auf einer sehr seltenen Kernreaktion im Inneren der Sonne, deren Häufigkeit auch noch besonders unsicher ist, weil sie extrem von der Temperatur abhängt. Nur die energiereichen Neutrinos dieser Reaktion sind aber vor dem Hintergrundrauschen überhaupt zu erkennen.

Als Erster überhaupt hatte der Neutrino-Pionier Raymond Davis im Jahr 1967 nach solaren Neutrinos gesucht: Er fand sehr viel weniger, als vorhergesagt worden waren, obwohl der Theoretiker John Bahcall die Modelle mehrmals nachjustierte, um die enttäuschenden Ergebnisse zu rechtfertigen.[156] Als auch das nicht mehr half, besann er sich eines Besseren und machte das ‚solare Neutrinoproblem' weithin publik, was seine Karriere mehr beförderte als das Modellieren. Der dadurch allseits bekannte Mangel an Neutrinos führte schließlich zu der Idee, die Teilchen könnten sich in eine weniger gut sichtbare Sorte umgewandelt haben. Seither wünscht man sich Neutrino-Oszillationen. Der dabei erfolgreiche Kamiokande-Detektor war übrigens gar nicht für Neutrinos gebaut worden.* Eine unerwartete Aufmerksamkeit erfuhr er aber im Februar 1987, als eine Supernovaexplosion in der großen Magellanschen Wolke einen gewaltigen Neutrinoschauer auf der Erde erwarten ließ. Von der Entwicklung überrascht – Kamiokande hatte nicht einmal eine genaue Uhr zur Verfügung –, ordnete man von zehn Billiarden Teilchen, die durch den Detektor gingen, schließ-

Je nach Standpunkt, handelte es sich um einen ernsten Widerspruch oder um eine große Entdeckung. – Andrew Pickering

---

* Man suchte damals überall nach dem Protonenzerfall, und 1982 berichtete die Kollaboration des Mont-Blanc-Laboratoriums vor großem Publikum über drei solche Ereignisse. Dann stellte sich heraus, dass man die Effekte der Neutrinos vergessen hatte. Seitdem nutzt man die Labore als Detektoren für Neutrinos.

lich zwölf Ereignisse* dem Ausbruch zu. Gute Filter! Zum Nobelpreis 2002 reichte aus, dass vier davon ungefähr aus der Richtung der Begleitgalaxie kamen.[157] Und die guten Filter kamen auch gerade rechtzeitig, denn die erforderliche Genauigkeit, so die nachträgliche Analyse, war just einen Monat vor der Explosion erreicht worden.[158] Sicherlich auch gutes Timing.

Wenn dagegen Ergebnisse nicht so erwünscht, sondern überraschend sind, stoßen sie regelmäßig auf Skepsis – insbesondere, wenn sie an einem bekannten Konzept kratzen. Ein Beispiel dafür sind Hinweise auf einen doppelten Betazerfall, bei dem *keine* Neutrinos erzeugt werden.[159] Die geringe Zahl von elf Ereignissen wird hier kritisiert, obwohl dies sonst nie jemanden gestört hat. Sollten sich die erstaunlichen Resultate als richtig herausstellen, müsste man praktisch alle anderen Neutrino-Experimente neu analysieren – eine Vorstellung, die wohl nur wenigen sympathisch ist. Ein neues Experiment, GERDA, soll Klarheit bringen, aber wenn man die Beteiligten sprechen hört, scheinen sie ausnahmsweise eher vom Ehrgeiz beflügelt, nichts zu sehen.

Ganz allgemein ist es kaum glaubwürdig, dass man Neutrinos immer gut vom unerwünschten Hintergrundrauschen trennen kann. John Ralston, der auf die methodischen Defizite der Dunkle-Materie-Experimente hingewiesen hat,[160] bestätigte mir in einer E-Mail, dass Neutronen ebenfalls ein Problem darstellen, weil sie scheinbare Neutrino-Signale erzeugen können: Auch in den niederenergetischen Neutrinoexperimenten werde die Wirkung der Neutronen nicht realistisch modelliert.

EDLE TROPFEN IN DER FLUT

Von der Sonne kommen wegen der dort stattfindenden Kernfusionsprozesse übrigens ‚normale' Neutrinos. Antineutrinos werden hingegen bei der Kernspaltung erzeugt. Man kann sie deswegen in der Nähe von Kernkraftwerken finden. Die Symbiose von Kernreaktoren und Neutrinos begann 1956 mit einem Experiment von Cowan und Reines, das als erster direkter Nachweis von (Anti-)Neutrinos gilt. Die Methode beruhte darauf, dass ein Antineutrino aus dem Reaktor ein Proton in ein Neutron und ein

---

* Die Neutrinokollaboration im Mont-Blanc-Laboratorium blamierte sich dabei, indem sie eine Zufallsfluktuation für ein Signal hielt und publizierte. Denn alle anderen fanden die Neutrinos erst knapp fünf Stunden später. Sicher kein Ruhmesblatt der Neutrinophysik.

Positron verwandeln konnte: Folgte auf ein sofort zerstrahlendes Positron nach kurzer Zeit ein Signal eines absorbierten Neutrons, deutete man es als die gesuchte Reaktion. Eine Darstellung dieser wichtigen Koinzidenzzählung fehlt jedoch beispielsweise in dem Artikel, der die Entdeckung beschreibt.[161] Von den pro Stunde durch den Detektor laufenden 500 Billionen Neutrinos fand man durchschnittlich drei (!) mit dem ersehnten Signal. Ohne am Enthusiasmus oder an der aufgebotenen Sorgfalt zu zweifeln, muss hier jeder unbeteiligte Beobachter allein aufgrund solcher Zahlen einen Rest von Skepsis bewahren. Das Phänomen der Neutrinos, das damit ein Vierteljahrhundert nach Wolfgang Paulis Idee als nachgewiesen galt, hat sicher eine reale Komponente und war mit der Physik der 1930er Jahre nicht zu verstehen. Aber die in den folgenden achtzig Jahren entwickelten Vorstellungen können unmöglich die einfachste und beste Erklärung sein.

Zweifel ist keine angenehme Voraussetzung, aber Gewissheit ist eine absurde. – Voltaire

Bei alledem steht übrigens noch die Frage nach der Masse bzw. Ruheenergie der Neutrinos unbeantwortet im Raum. Während Pauli eine Größenordnung im Bereich des Elektrons vermutete, suchen aktuelle Experimente bei millionenfach kleineren Werten von unter 0,5 Elektronenvolt – sehr ehrgeizig, und man kann nur hoffen, dass dies die schwierige Analyse nicht beeinflusst, denn Fehlalarme gab es schon zahlreiche.[162] Man will die Masse deswegen unbedingt finden, weil man von der Existenz von Neutrino-Oszillationen überzeugt ist, die eine von null verschiedene Ruheenergie erfordern. Nur: Welches Experiment kann schon zeigen, dass die Neutrinomasse exakt null ist? Hier taucht wieder das wissenschaftstheoretische Problem auf, wann man die Jagd nach dem immer weniger Sichtbaren am besten beendet.

WAS HEIßT HIER EIGENTLICH SCHWINGUNG?

Jeder Naturwissenschaftler versteht unter einer Oszillation ein Signal, dessen Intensität periodisch zu- und abnimmt. Höchst befremdlich ist, dass sämtliche Nachweise der Neutrino-Oszillationen nur auf einem *Verschwinden* des Signals beruhen, nie auf einer Zunahme. Auch die jüngsten Resultate der Kamioka-Mine,[163] die von japanischen Reaktoren umgeben ist, machen dabei keine Ausnahme. Es wäre an der Zeit, dass man zum Beispiel in unterschiedlichen Entfernungen von Kernreaktoren eine Ab- *und* Zunahme des Signals erkennen kann. Bisher sind nur Neutrinos einer anderen Sorte

PATEN DER KOMPLIZIERUNG: NEUTRINOS UND DAS ENTSTEHEN IHRER FAMILIENBANDE

plötzlich wieder aufgetaucht – ein (!) Tau-Neutrino aus dem *Large Hadron Collider* im 730 km entfernten Gran Sasso, zu dem CERN-Chef Rolf-Dieter Heuer persönlich der OPERA-Kollaboration gratulierte. Nicht gratuliert hat er zu dem falsch eingesteckten Kabel, aufgrund dessen OPERA eine überlichtschnelle Ausbreitung von Neutrinos publiziert hatte[164] – diese hätte allerdings auch die ganze Physik über den Haufen geworfen. Hier wird letztlich nur offenbar, dass in komplexen Experimenten subtile und weniger subtile Auswertungsfehler sehr wohl passieren können. Aber es ist doch auffällig, um wie viel weniger nach solchen Fehlern gesucht wird, wenn das Ergebnis erwünscht ist.

Auf eine Frage, warum man Neutrino-Oszillationen nicht mit einer Zunahme von gleichartigen Neutrinos nachweist, wurde ich einmal wortreich belehrt, warum dies überflüssig sei.

> Wenn das Resultat die Hypothese bestätigt, hat man eine Messung gemacht, wenn nicht, eine Entdeckung. – Enrico Fermi

Ich verstehe es bis heute nicht. Solche Diskussionen sind anstrengend, weil natürlich die Experten mit Faktenwissen um sich werfen können wie die Advokaten eines Großkonzerns mit Paragrafen, wenn Sie sich mit diesem anlegen. Als tragendes Argument hört man aber nach wie vor, in der gesamten Community seien die Oszillationen längst etabliert, und die Vielzahl der darauf hindeutenden Experimente liefere einen erdrückenden Indizienbeweis, bestehend aus ‚clues' und ‚smoking guns'. Schall und Rauch, möchte man sagen. Auf Zweifel am vorliegenden ‚Indizienbeweis' für Neutrino-Oszillationen reagieren manche Neutrinophysiker geradezu hysterisch. Einer beschuldigte mich einmal, ich feuere oberflächliche Breitseiten gegen ein anerkanntes Forschungsgebiet ab. Darin steckt ein Korn Wahrheit, denn es ist nicht leicht, Hunderte

> Daher, wenn man schon den Dogmatiker mit zehn Beweisen auftreten sieht, da kann man sicher glauben, dass er gar keinen habe. – Immanuel Kant

von verstreuten Veröffentlichungen qualifiziert zu kritisieren. Aber muss uns nicht die objektive Komplizierung der Situation Mahnung genug sein zur Skepsis? Zeigt nicht die Wissenschaftsgeschichte, dass Irrtümer sich über Generationen von Forschern fortgepflanzt haben? Haben nicht andere Wissenschaftler längst gezeigt, dass psychologische und soziologische Erwartungshaltungen einen höchst realen Einfluss haben auf das, was als physikalische Tatsache anerkannt wird? Solche Breitseiten treffen natürlich dann besonders, wenn die eigene Spur schmal ist.

Ein Kollege des Experten wiederum versicherte mir, er könne ja meine Skepsis gegenüber den Fantasien der Stringtheoretiker verstehen, die

> Ich finde meine Suppe versalzen: Darf ich sie nicht eher versalzen nennen, als bis ich selbst kochen darf? –
> Gotthold Ephraim Lessing

Neutrinophysik sei jedoch ein gut überprüftes, gesundes Gebiet. Wie es dort zugeht, konnte man zum Beispiel auf der Konferenz *Topics in Astroparticle and Underground Physics* 2011 sehen: Weil man wieder mal die Widersprüche schlecht anders erklären kann, bringt man die nächsten freien Parameter schon in Wartestellung: Ein ‚steriles' Neutrino, am besten zwei davon, und eventuell noch eine ‚non-standard-interaction', was auch immer das sein soll. Wie eine Vortragende von der Universität Yale sagte, sei jedenfalls all dies *beyond the standard model*, zu Deutsch Unverstandenes, sehr spannend, und wenn man dann trotz zahlloser Hilfsannahmen immer noch auf Widersprüche stößt, genannt *new physics*, dann sei dies *fun*. Die Neutrinophysik ist krank.

KONSTRUKTIVES

Da Wahrheitsfindung in der Physik letztlich nicht aus Diskussionen besteht – und ich mag auch noch als derjenige erscheinen, der sie anzettelt –, will ich an dieser Stelle schon einen konkreten Vorschlag andeuten. Auch wenn die große Mehrheit der Physiker sorgfältig und besonnen arbeitet, ist es doch eine inhärente Bevormundung, wenn alle außerhalb der jeweils spezialisierten *Community* ihr Wissen auf Hörensagen gründen müssen. Denn es kann nicht sein, dass Fundamente der Physik auf die Korrektheit von nicht wiederholten, fünfzig Jahre alten Experimenten vertrauen – ohne diese Leistungen schmälern zu wollen. Jener kreativen Pionierzeit verdankt die Physik außergewöhnliche Ergebnisse. Heute, wo der technische Aufwand Grenzen setzt und gleichzeitig der Einzelne nichts mehr überblicken kann, muss man alle entscheidenden Experimente unabhängig reproduzieren und Rohdaten nebst Auswertungen offenlegen. Es geht nicht an, dass die Qualität eines Antikoinzidenzzählers von denen geprüft wird, die ein Interesse an der Glaubwürdigkeit seiner Daten haben. Nicht der Händler eicht die Waage, sondern der TÜV. Daher dürfen nicht die Kollaborationen allein die Methoden der Auswertung bestimmen, sondern jeder Wissenschaftler sollte diese selbst wählen können. Offenes Wissen ist die große Chance unserer Zeit – wird sie nicht genutzt, kann man die weitere Entwicklung schon absehen: Die vor der Tür stehenden Widersprüche wird man demnächst mit ‚sterilen' Neutrinos lösen, wahrscheinlich bis zu drei Stück, begleitet von neuen Zahlen in Form von Mischungswinkeln, mit denen man das Unverständnis noch eine Zeit lang einkleiden kann.

Aber die ganze Neutrinophysik hat sich längst in einen Knoten verstrickt, der nicht mehr aufzuknüpfen ist. Neutrinos als Teilchen ‚existieren' wahrscheinlich so, wie Planetenbahnen Kreise um die Erde sind: Sie sind eine ungefähr zutreffende Beobachtung. Mit den immer mehr Sorten und Oszillationen ist das Konzept aber längst so unglaubwürdig geworden wie der klassische Fall der astronomischen Epizyklen.

ENDLOS TEILBAR? PHYSIK IM SIECHTUM DER STOFF-WECHSELKRANKHEIT

Nach der Krise des Verständnisses der Quantenmechanik, die auf der Solvay-Konferenz von 1927 zum Ausdruck kam, begann in den 1930er Jahren ein Boom der Experimentalphysik. Die vielleicht wichtigste Entdeckung war das Neutron, das James Chadwick 1932 noch als „neuartigen Elektron-Proton-Zustand" deklarieren musste, denn jeder Erweiterung der einfachen Welt aus zwei Teilchen stand man noch skeptisch gegenüber. Ebenso revolutionär war die Beobachtung des Positrons, da dies nicht nur ein Spiegelbild des Elektrons darstellte, sondern vermuten ließ, dass alle Teilchen einen Partner mit entgegengesetzter Ladung besitzen - Antimaterie. In der Tat wurden 1955 und 1956 die Antiteilchen des Protons und Neutrons entdeckt, was insofern keine Komplizierung war, als sie ihren Partnern praktisch völlig glichen. Den ersten Fremdkörper stellte das Myon dar, eine Kopie des Elektrons mit etwa 207-facher Masse. Seine Entdeckung wurde überschwänglich begrüßt, da der japanische Theoretiker Yukawa ein Teilchen ähnlicher Masse als Vermittler der Kernkraft postuliert hatte.* Das Myon interessierte sich zwar überhaupt nicht für den Kern, jedoch fand man in der kosmischen Höhenstrahlung stattdessen das Pion, das die von Yukawa gewünschte Rolle einnahm.[166]

> Warum sollte die Natur zwei Teilchen erzeugen, die sich nur in der Masse unterscheiden und sonst identisch sind? Das sind alles Beispiele für unerklärte bzw. unverknüpfte Fakten.[165] – Emilio Segrè

---

* Der Schweizer Physiker Ernst Stückelberg hatte diese Idee schon früher, ließ sich aber durch Wolfgang Paulis vernichtende Kritik abhalten, sie zu publizieren. Er verpasste dadurch den Nobelpreis, den Yukawa 1949 erhielt. Vielleicht hatte aber Pauli auch gar nicht so unrecht.

TEIL 5: IM INNERSTEN DER KERNE

NEUE TEILCHEN STATT ALTER DENKE

Trotz der neuen Namen bleibt bemerkenswert, wie ähnlich sich viele Teilchen sind: Das Pion zerfällt in ein Myon, wobei auch ein Neutrino entsteht, und bei seiner Verwandlung in ein Elektron sendet das Myon dann sogar zwei Neutrinos aus. Woher kommen diese Regeln? Handelt es sich um elementare Naturgesetze? Was geht bei den Umwandlungen eigentlich vor? Solche Fragen musste man ausklammern, da die Quantenmechanik über zu Grunde liegende Mechanismen nichts aussagte – stattdessen wurde es ab Ende der 1930er Jahre üblich, neue Effekte durch neue Teilchen zu erklären. Ob dies ein Fortschritt war, muss man bezweifeln. Insbesondere ist durch die Quanteneffekte in der mikroskopischen Welt ja die naive Vorstellung von Teilchen überholt. Mit einer Wahrscheinlichkeitsinterpretation verziert, kam sie nun durch die Hintertür wieder ins Weltbild der Physik und hält sich darin bis heute. Ebenfalls in der damaligen Epoche abgelöst wurde das Bild von zwei Grundkräften, Gravitation und Elektromagnetismus, die bis dahin alle physikalischen Phänomene beschreiben konnten. Da Kernbausteine trotz elektrischer Abstoßung zusammenhalten, geht man zusätzlich von einer ‚starken Kernkraft' aus, die nur bei kleinen Abständen wirkt – im Namen steckt eigentlich schon alles, was man weiß. Denn das Pion samt Yukawas Theorie dient nur dazu, die Kernkraft in einer einheitlichen Mode des Teilchenaustausches zu beschreiben, angelehnt an die Quantenelektrodynamik. Dies erklärt aber weder die Stärke noch einen tieferen Sinn ihrer Existenz. Ebenso ist vom Betazerfall eigentlich nur bekannt, dass er relativ langsam erfolgt, weswegen sich der Name ‚schwache Wechselwirkung' eingebürgert hat. Mit dem wichtigen physikalischen Begriff Kraft hat diese Worthülse nur mehr wenig zu tun, was aber niemanden zu stören scheint. Die Idee, alle Kräfte würden durch einen Austausch von Teilchen verursacht, ist eine ziemlich oberflächliche, fast gewaltsame Vereinigung, und das Festhalten an diesem Schema Zeichen eines müde gewordenen Geistes in der Physik. Denn einen Grund, warum die Natur gerade vier Wechselwirkungen mit speziellen Eigenschaften erfinden sollte, gibt es nicht. Schon Elektromagnetismus und Gravitation sind in ihren Grundlagen so widersprüchlich, dass die

> Gebt ihr ein Stück, so gebt es gleich in Stücken! / Solch ein Ragout, es muß Euch glücken; / Leicht ist es vorgelegt, so leicht als ausgedacht. / Was hilft's, wenn Ihr ein Ganzes dargebracht? –
> Johann Wolfgang von Goethe

> In Wirklichkeit bilden wohl die Kernkräfte und die Beta-Zerfallskräfte eine Einheit.[167] – Werner Heisenberg

starke und schwache Wechselwirkung wahrscheinlich nur Ausdruck ihrer unverstandenen Aspekte sind. Und von einem einheitlichen Verständnis der beiden dominierenden Kräfte sind wir sowieso meilenweit entfernt.

NATUR VOM FLIEßBAND – DER TEILCHENZOO

In der Nachkriegszeit erzeugten vor allem leistungsfähige Beschleuniger wie das Zyklotron neue Teilchen. Laboratorien und Gruppen wurden größer, die praktisch-technische Seite der Physik war durch die Wichtigkeit der Kernenergie aufgewertet, und die finanzielle Ausstattung erreichte neue Dimensionen. In einer Art von Kaufrausch wurden in den folgenden Jahrzehnten völlig hemmungslos neue Teilchen angeschafft, und kaum jemand hatte wissenschaftstheoretische Skrupel, wie diese jemals von einer Theorie zu verstehen wären – das Gebäude der Physik wurde zu einer Rumpelkammer ohne Entsorgungskonzept. „Wir bemühen uns wirklich, pro Arbeit nur ein einziges neues Teilchen zu entdecken", schrieb selbstironisch Patrick Blackett, der 1948 den Nobelpreis für eine Version der Nebelkammer erhalten hatte, in der man diese Ereignisse sehen konnte. Aber die Regression ins Datensammeln kennzeichnet die Krise einer Wissenschaft. Als einer der wenigen dachte Enrico Fermi noch laut darüber nach, wie viele Teilchen man ernsthaft als ‚elementar' bezeichnen konnte.[169]

> Aber ungezügelte experimentelle Entdeckungen sind nichts ausschließlich Positives; die Reihe neu gefundener Teilchen begrub unter sich die Versuche, ökonomische Theorien zu entwerfen.[168] – David Lindley

Besonders viele davon produzierte Luis Alvarez, ein kreativer Physiker, der den Blasenkammer-Detektor durch neuartige Elektronik verbesserte. In der Begründung des Nobelpreises für Alvarez im Jahr 1968 wurde explizit die große Anzahl der entdeckten Teilchen gelobt: Sie seien entscheidende Beiträge zur Teilchenphysik. Entschieden hatte sich die Teilchenphysik damit für Wucherung. Während die Physik 1951 noch mit 15 Teilchen auskam, waren es acht Jahre später schon 30, um 1964 schließlich 70 bis 80; die Teilchen vermehrten sich wie die Kaninchen. Um diese Zeit kamen ein paar kuriose Moden auf, so etwa die ‚Bootstrap'-Theorie, die – vielleicht zu Recht – die Unterscheidung zwischen elementaren und zusammengesetzten Teilchen aufheben wollte und nur noch mitschrieb, welche Teilchen sich ineinander umwandelten: so als ob die Zoologie vor jeg-

> Junger Mann, wenn ich mir all diese Teilchennamen merken könnte, wäre ich Botaniker geworden. – Enrico Fermi, Nobelpreisträger 1938

licher Klassifikation kapitulierte und nur noch nach Jagd- und Beutetieren einteilte. Warum nicht.

KOLLISIONEN VON TEILCHEN UND VON BEGRIFFEN

Vielleicht ist hier eine Bemerkung angebracht, was ‚Teilchen' heute eigentlich bedeutet. Teilchen erzeugt man durch Kollisionen, bei denen die kinetische Energie des Projektils nach der Formel $E = mc^2$ ausreicht, um die Masse m zu generieren. Bei bestimmten Energien, zum Beispiel wenn es erstmals für ein Elektron-Positron-Paar reicht, steigt die Produktion, also die Reaktionswahrscheinlichkeit der Ausgangsteilchen, stark an. Nun dreht man den Spieß um und zeichnet auf, bei welchen Energien das Projektil nicht einfach unbehelligt weiterfliegt, sondern seine Reaktionswahrscheinlichkeit ansteigt – dort ist also vermutlich irgendeine Produktion im Gange! Besonders interessant sind zwar die ‚scharfen Resonanzen' oder ‚Peaks', die eine lange Lebensdauer des erzeugten Teilchens andeuten, aber im Prinzip kann aus jedem kleinen Huckel in einem Energie-Wahrscheinlichkeitsdiagramm ein Teilchen werden. Was während des Teilchencrashs aber wirklich passiert, davon hat man keine Ahnung.

Natürlich muss die Hochenergiephysik manches indirekt nachweisen. Leon Lederman vergleicht die Beobachtung eines Teilchens mit einer Partie Fußball,[170] bei der der Ball unsichtbar ist – sicher könnte man auch aus den Bewegungen der Spieler allein erschließen, dass hier etwas im Spiel sein muss, ja sogar die Regeln erkennen. Aber ist das immer ein richtiges Bild? Schließlich könnten auch alle Bewegungen in einer vollen Diskothek mit der Annahme erklärt werden, die Leute würden sich permanent die verschiedensten Bälle zuwerfen. Man hat das Gefühl, die Teilchenphysik ist bei dieser Beschreibung angelangt, während seit fast hundert Jahren das Prinzip der Versuche gleich geblieben ist.

Ernest Rutherford entdeckte 1914 die Atomkerne, indem er Goldatome mit schnellen Alphateilchen beschoss, die gelegentlich aus ihrer ursprünglichen Richtung stark abgelenkt, man sagt ‚gestreut' wurden. Diese elastische Streuung von Projektilen, meist Elektronen, ist bis heute die gängige Methode, um die Struktur von Elementarteilchen zu untersuchen. Man provoziert dabei keine Reaktionen, die neue Teilchen erzeugen, sondern gibt sich damit zufrieden, genau zu messen, wie das beschleunigte Projektil von dem Ziel (Target), meist einem Atomkern, abgelenkt wird. Da hier die elektrische Kraft wirkt, hängt die Verteilung der elektrischen Ladung im Target nur vom Ablenkwinkel ab, den man präzise bestimmen kann. Robert Hofstadter erhielt 1961 den Nobelpreis, weil er auf diese Weise das Proton in einem Beschleuniger unter die Lupe genommen hatte. Diese ‚Formfaktor' genannte Ladungsverteilung ist seither immer genauer bestimmt worden, und sogar im Neutron zeigten sich Ladungen, die lediglich in der Summe null ergaben.

Wirklich durchschauen tun wir die Elementarteilchen dabei nicht, denn ‚Ladungsverteilung' ist ein klassisch-anschaulicher Begriff, den schon Erwin Schrödinger erfolglos zu retten versucht hatte: Zwar sind Elektronen durch ihre Wellennatur ausgedehnt, treten als Teilchen aber trotzdem punktförmig in Erscheinung. Daher ist es nicht verwunderlich, dass Messungen zur Ladungsverteilung immer wieder auf Widersprüche stoßen – so scheint das Neutron bei höheren Geschwindigkeiten seine Ladungen von innen nach außen umzuschichten.[171] Berechnen lässt sich die Ladungsverteilung von Elementarteilchen ohnehin nicht, weil dazu eine Vorstellung fehlt, die der Quantenmechanik Rechnung trägt – man müsste sie erst einmal verstehen. So hat sich auch hier die Physik in einer Übersprungshandlung von Messungen verloren, für die neue Ideen nicht unbedingt notwendig sind.

> Ein stark beschäftigter Mensch ändert seine Anschauungen selten. –
> Friedrich Nietzsche

HOCHENERGETISCH, NICHT HOCHGEISTIG

Mitte der 1960er Jahre waren den Physikern Kendall, Friedmann und Taylor die Formfaktoren nicht mehr überraschend genug, und sie kamen auf eine ganz neue Idee: Man könnte noch höhere Energien verwenden. Diese sogenannte inelastische Streuung führte – zwar auch nicht überraschend – dazu, dass beim Stoßprozess aus der überschüssigen Energie neue Teilchen entstanden, und zwar eine recht unübersichtliche Menge. David Lindley, langjähriger Editor von *Nature*, schrieb darüber:[172]

„Die damalige Ansicht war, dass inelastische Streuung ein Durcheinander von Bruchstücken erzeugte, das zu komplex war, um Licht auf die innere Struktur des Protons zu werfen, wenn es überhaupt eine solche gab... Inelastische Streuung galt bestenfalls als hochspekulativ, schlimmstenfalls als eine Verschwendung von Strahlzeit am Beschleuniger."

Während Hofstadter aus diesen Gründen aus dem Programm ausstieg, fanden Kendall, Friedmann und Taylor einen Ausweg: Sie schauten nicht so genau hin. Während man meinen möchte, dass bei einer sorgfältigen Analyse alle produzierten Teilchen eines Experiments betrachtet werden, interessierten sie sich hier nur für die Reaktionswahrscheinlichkeit, und der Rest, also die Daten der neuen Teilchen, wurde weggeworfen. In dieser bereinigten Sicht der Dinge war es dann auch einfacher, ein wenig Statistik zu machen. Dass dabei irgendwelche Regelmäßigkeiten auftraten, ist auch nicht wirklich sensationell, andernfalls wäre das Experiment schließlich ein Zufallszahlengenerator. Lindley kommentierte:

„Inelastische Streuung erzeugte wie erwartet ein Durcheinander von Teilchen, und Kendall, Friedmann und Taylor gelang es zu zeigen, dass sich dessen statistische Eigenschaften bei höheren Energien in relativ einfacher Weise benehmen."

1990 erhielten sie dafür den Nobelpreis. Lernen konnte man aber aus diesen Versuchen eigentlich nichts, dazu ist der Stoßprozess schon theoretisch zu wenig verstanden. „Komplex" seien die Rechnungen zur Strahlungskorrektur gewesen, wie Taylor schreibt,[173] nur eines waren sie sicher nicht: richtig. Denn eine vollständige Theorie darüber, wie Ladungen in starken Feldern elektromagnetische Wellen abstrahlen - denken Sie an den dritten Abschnitt -, gibt es nicht.

Er gebrauchte Statistik wie ein Betrunkener die Laterne - mehr zum Halt als zur Erhellung. - Andrew Lang, schottischer Dichter

HÖHERE ORDNUNG? HEILENDE MUSTER

Die Anzahl der bis zu den 1960er Jahren produzierten Elementarteilchen begann schließlich doch einige Physiker zu beunruhigen, und so suchte man in der unübersichtlichen Menge Muster, die sich auf Eigenschaften der Teilchen gründeten. Weil Neutron und Proton sich ineinander umwandeln können, fasst man sie manchmal als ein einziges Kernteilchen auf, das sich im *Isospin* unterscheidet, wobei das neue Wort zum Verständnis der Umwandlung wenig beiträgt. Die Tatsache, dass manche Teilchen sich um die Unterscheidung zwischen starker und schwacher Wechselwirkung wenig scheren und für das Entstehen die eine, für den Zerfall die andere benutzen, ist eigenartig und nährt eigentlich Zweifel am Sinn der Einteilung. Die Physiker lösten diese Rätsel, indem sie den Begriff der Eigenartigkeit, genannt *Strangeness* einführten. Yuval Ne'eman und Murray Gell-Mann trugen nun einige der zahlreichen Elementarteilchen in einem Diagramm mit den Achsen *Isospin* und

Denn eben wo Begriffe fehlen, da stellt ein Wort zur rechten Zeit sich ein. - Johann Wolfgang von Goethe

Strangeness auf, worauf sich häufig ein Muster von acht Gitterpunkten ergab, das etwas esoterisch als „Der Achtfache Weg" bezeichnet wurde. In den folgenden Jahren sollte es aber die leitende Idee der Theoretiker werden, die dazu führte, noch kleinere Bestandteile von Materie zu postulieren.

Die Experimente zur inelastischen Streuung hatten eine gewisse Regelmäßigkeit namens *Scaling* gezeigt, die gleichwohl völlig unverstanden war. Bald darauf jedoch behauptete ein Theoretiker namens James Björken, *Scaling* könne man mit einer Theorie erklären, die Proton und Neutron als zusammengesetzt ansehe. Da seine Rechnungen recht undurchsichtig waren, hörte man ihm zunächst wenig zu, was sich aber schlagartig änderte, als der berühmte Richard Feynman in einer ähnlichen Überlegung sogenannte Partonen als Bausteine des Protons erwog. Der experimentelle

> Ist ein falscher Gedanke nur einmal kühn und klar ausgedrückt, so ist damit schon viel gewonnen. –
> Ludwig Wittgenstein

Befund erschöpfte sich eigentlich darin, dass Protonen sich unter Beschuss von Elektronen sehr viel ‚härter' anfühlten als erwartet: Wenn man naiv von einer verschmierten Ladungskugel mit den Abmessungen des Protons ausgeht – einer Art Softball –, wären die Elektronen nicht so stark abgelenkt worden. Daraus folgerte man, die Masse des Protons sei nicht verteilt, sondern befinde sich in mehreren harten ‚Streuzentren'.

Letztlich ist dies aber eine vage Hypothese. Zu ihrer Rechtfertigung wird gerne erzählt, die Situation sei analog zu den Streuexperimenten von Rutherford, der Alphateilchen auf dünne Goldfolien schoss: „Es ist, wie wenn man eine Granate auf Seidenpapier schießt, und sie kommt zurück", bemerkte Rutherford und folgerte richtig, dass die Masse des Goldatoms auf einem sehr kleinen Raum konzentriert sein musste. Der Vergleich zwischen Goldatom und Proton hinkt aber schon deshalb, weil man bei der inelastischen Streuung nicht mehr sinnvoll von klassischen Teilchen sprechen kann. Vor allem aber sind, wie in vielen anderen Situationen, die Energieverluste durch Abstrahlung der beschleunigten Ladungen schlichtweg unbekannt. So macht das Resultat eigentlich nur klar, dass man die Elektrodynamik der starken Felder nicht versteht – eine der großen Entdeckungen der Nachkriegszeit.

TEIL 5: IM INNERSTEN DER KERNE

ETIKETTEN DER NATUR

Allgemein gesprochen begann damals das absurde Unterfangen, die Vorstellung von elementaren Bausteinen der Natur auf noch kleinerer Ebene weiterzuspinnen – obwohl die ganze Idee durch die Quantenmechanik ja längst ihren Sinn verloren hatte. Die Frage, wann denn der Unterteilungswahn enden soll, ist vielleicht banal, aber wissenschaftstheoretisch kann man das Versprechen, die ‚letzten' Bausteine zu finden, kaum ernst nehmen. Teilchenphysiker, denen man dies vorhält, verfallen gewöhnlich auf die Ausrede, der Begriff des Teilchens habe sich eben geändert und man müsse ihn im Lichte der neuen Erkenntnisse neu definieren. Nicht die materialisierten Grundelemente im Sinne von Demokrit, sondern eine Ansammlung von Eigenschaften begründe die Natur eines ‚Teilchens'. Demnach handelt es sich heute um Päckchen, auf denen eine Reihe von Aufklebern namens ‚Hyperladung', ‚Leptonenzahl', ‚Eigenartigkeit', ‚Isospin', ‚Bodenhaftigkeit' klebt, neben denen die grundlegenden Eigenschaften wie Masse und Ladung schon fast nicht mehr sichtbar sind. Dass man für solche Konstrukte den Namen ‚Teilchen' beibehalten hat, dient wohl auch der Nervenberuhigung – sonst würde man nämlich dauernd hören, wie weit man sich von jeder Vernunft entfernt hat. Ob nun wegen der Vielzahl von Elementarteilchen oder wegen der orchideenhaften Begriffe, die man zur Klassifikation benötigt, die theoretische Beschreibung hat sich hier viel zu weit von Einfachheit und Berechenbarkeit entfernt, als dass sie als über die Zeiten gültige Wissenschaft noch glaubwürdig sein kann. Statt der Beschreibung des Vielen müsste man nach Verständnis des Wenigen suchen. Aber dazu wäre eine ganz andere Art von Wissenschaftlern nötig. Wie sagte Dirac auf einer Konferenz im Jahre 1930, als er über das Proton und das Elektron reflektierte:[174]

> Teilchenphysik ist, im buchstäblichen Sinne, unverständlich. – David Lindley

„Es ist immer der Traum der Philosophen gewesen, alle Materie aus einem einzigen fundamentalen Teilchen zu konstruieren, also ist es nicht ganz befriedigend, dass wir zwei in unserer Theorie haben..."

Ihm waren diese beiden schon zu viel. Was hätte Dirac wohl zum Standardmodell der Teilchenphysik gesagt?

STAATSSTREICH IM NOVEMBER: WIE DER PHYSIK DIE QUARKS VERORDNET WURDEN

Demokrit könnte heute zufrieden sein. Seine Idee elementarer Bausteine der Natur scheint in Quarks realisiert zu sein, und schon Schulbücher der Mittelstufe ‚erklären', wie Proton und Neutron aus je drei Quarks zusammengesetzt sind. Wie kam es dazu? Was genau sollen eigentlich Quarks sein?

Die losen Regelmäßigkeiten in den Eigenschaften der Elementarteilchen, die von Yuval Ne'eman und Murray Gell-Mann ‚Achtfacher Weg' getauft wurden, lassen sich mit dem mathematischen Werkzeug der Gruppentheorie beschreiben, die einer systematischen Klassifikation dienen soll. Diese hier recht eigenartige Symbiose von Mathematik und Physik unterscheidet sich drastisch von der anderswo erfolgreichen Zusammenarbeit, zum Beispiel in der Allgemeinen Relativitätstheorie. Dort kann man theoretische Vorhersagen mit Messungen vergleichen und eine Abweichung in Prozent angeben. Die Gruppentheorie beschreibt dagegen eher spielerisch die Eigenschaften der Teilchen, ein Jonglieren auf einer unverbindlichen Metaebene, der physikalische Mechanismen fremd sind. Kurz: Es ist keine quantitative Wissenschaft, und Wolfgang Pauli bezeichnete den Trend völlig zu Recht als „Gruppenpest". Die theoretische Teilchenphysik ist seit einem halben Jahrhundert von ihr infiziert.

Unbestreitbar ließ sich eine gewisse Ordnung in das Schema der Elementarteilchen bringen, indem man hypothetische Bestandteile annahm, denen Murray Gell-Mann den Namen ‚Quarks' gab. Diese assoziierte man mit den ‚Streuzentren' im Proton, also der Beobachtung, dass dieses sich bei den Experimenten zur inelastischen Streuung als inhomogen erwie-

> Begriffe, welche sich bei der Ordnung der Dinge als nützlich erwiesen haben, erlangen über uns leicht eine solche Autorität, dass wir ihren irdischen Ursprung vergessen und sie als unabänderliche Gegebenheiten hinnehmen. Der wissenschaftliche Fortschritt ist von solchen Fehlern oft für lange Zeit blockiert. – Albert Einstein

sen hatte. Obgleich der Zusammenhang vage ist, diente er als Argument für die Existenz der Quarks.

Welche erkenntnistheoretische Niederlage darin besteht, die bis dahin kleinsten Bausteine noch einmal zerlegen zu müssen, wurde von den Physikern der Nachkriegszeit nie reflektiert. Einsicht in Zusammenhänge oder gar eine revolutionäre Perspektive fehlt der Idee völlig. Es sind genau diese Scheinerklärungen, die, ohne durch eine echte Vorhersage greifbar oder widerlegbar zu sein, das Weltbild der Physik erodieren, indem sie sich mit dem Argument ausbreiten, man habe nichts Besseres. Leider knickte hier auch der sonst wache Verstand von Richard Feynman ein und fügte sich dem Zeitgeist: „Es gibt eine Menge Belege für und keine Belege gegen die Idee, dass schwere Teilchen aus Quarks bestehen. Lasst uns also annehmen, es stimmt." Als ob man die Unsinnigkeit einer Theorie beweisen müsste und nicht deren Sinn! Ein durch rituelle Wiederholung unausrottbar gewordener Selbstbetrug der Teilchenphysik lautet, das Quark-Modell sei eine ‚Vereinfachung'. Es ist so, als würde man zweihundert Paar Schuhe kaufen, sie nach Farbe, Gewicht und Verarbeitungsmerkmalen ordnen und dann stolz darauf hinweisen, in welch bescheidener Kombination von Eigenschaften man seine Füße fortbewege. Die oberflächliche Ordnung wurde ja erst möglich, nachdem man jahrelang gedankenlos Teilchen produziert hatte. Das unvermeidliche Aufstoßen nach einer schwelgerischen Orgie von Messungen wurde als Bußfasten verkauft.

> Dann hat er die Teile in seiner Hand, fehlt leider! nur das geistige Band. – Johann Wolfgang von Goethe

VORHERSAGEN UND NACHHER SAGEN

Es entspricht der menschlichen Psyche, die Teilchenphysik retrospektiv als Erfolgsgeschichte zu beschreiben, denn die Widersprüche verblassen durch die Brille der Erinnerung. Aufgebauscht wurde zum Beispiel die Behauptung, Gell-Mann habe mit seinem Modell neue Teilchen vorhergesagt, etwa das Omega-Teilchen mit einer Ruheenergie von 1690 Megaelektronenvolt. Echte quantitative Vorhersagen von Massen gibt es in der gesamten Teilchenphysik nicht. Hier wurde

> Von dem Ruhm der berühmtesten Menschen gehört immer etwas der Blödsinnigkeit der Bewunderer zu. – Georg Christoph Lichtenberg

lediglich ein bestimmter Bereich vermutet, der als Fortsetzung einer vorher gefundenen Kette von Energien nahe lag wie der nächste Zaunpfosten. Das Quarkmodell benötigte noch ziemlich viel Klebstoff, um haltbare Aussagen zu machen – sogenannte Gluonen, also ‚Leimteilchen', und virtuelle Quark-Antiquark-Paare, sogenannte *sea quarks*. Erst mit diesen zusätzlichen Erklärungshilfen erhielt man eine halbwegs ordentliche Übereinstimmung mit der am Stanford Linear Accelerator Center SLAC gemessenen Protonengröße, die vorher nicht so recht stimmen wollte[175] – und übrigens heute immer noch nicht stimmt.[176] Die Ausuferung des Modells störte damals nur wenige, wie Andrew Pickering anmerkte:

„In diesem Stadium war das Quark-Parton-Modell in Gefahr, kunstvoller als die Daten zu werden, die es erklären wollte. Ein Kritiker konnte leicht feststellen, dass die Gluonen und Sea Quarks einfach Ad-hoc-Behelfe waren, ausgelegt, um die erwarteten Quarkeigenschaften mit den experimentellen Befunden abzustimmen ... Nichtsdestoweniger argumentierten die Feldtheoretiker, diese Elemente müssten in jeder sinnvollen Feldtheorie enthalten sein, obwohl sie keinen konkreten Kandidaten für eine solche Theorie vorzeigen konnten."

Weit war es da schon gekommen mit der Physik. Eine Rolle bei der Durchsetzung des Quark-Modells spielte auch die Vermutung, dass Neutrinos ihre Energie auch an Neutronen abgeben können, was man ‚schwache Neutralströme' nennt. Sie waren von den Theoretikern erwünscht, weil man damit die elektrische und die schwache Wechselwirkung mit der Gruppentheorie formal zu einer ‚elektroschwachen' Wechselwirkung vereinigen konnte.

... die absteigende Größenskala Atom, Kern ... Quarks. Ich kann mich des hässlichen Verdachts nicht erwehren, dass die Sache damit nicht endet ... – Emilio Segrè

In der Tat war nach der Etablierung der schwachen Neutralströme der Weg zum Nobelpreis frei, den Weinberg, Salam und Glashow 1979 für ihre Theorie erhielten. Entsprechend war für den Nachweis der Neutralströme auch einiges in Bewegung gesetzt worden. Am CERN in Genf baute man die gigantische Blasenkammer *Gargamelle*, einen Detektor, der nachweisen sollte, dass auf Neutronen prallende Neutrinos einen Schauer von schweren Teilchen auslösen. Dabei war aber strittig, ob wirklich Neutrinos die Ursache waren oder ganz normale Neutronen – auf den Fotos ist in beiden Fällen ein scheinbar aus dem Nichts entstandener Teilchenschauer sichtbar.

Solche Aufnahmen des Nichts beleuchten übrigens ein Dilemma der Hochenergiephysik: Neutrale Teilchen machen sich wegen ihrer Unfähigkeit, elektrische Ladungen von anderen abzutrennen, immer nur indirekt bemerkbar. Ob das Signal dann von einem Photon, einem neutralen Pion oder Kaon, einem Neutron oder von irgendeinem Neutrino kam, muss nachträglich mit theoretischen Annahmen entschieden werden. Je mehr neutrale Teilchen eine Theorie in der Tasche hat – inzwischen eine ganze Menge –, desto beliebiger kann sie Experimente interpretieren. Im strittigen Fall der Neutralströme versuchte man die Anzahl der störenden Neutronen mit Modellen abzuschätzen. Natürlich hängt das Ergebnis dann davon ab, welche theoretischen Annahmen in die Auswertung einfließen: ein klarer Fall, in dem ein Experiment eben keine eindeutigen Antworten der Natur liefert.

BIOTOP FÜR ENTDECKUNGEN

Soziologisch höchst interessant sind die Geschehnisse am CERN, die Peter Galison in seinem Buch *How Experiments End* beschreibt. Endlich war man dort zu dem Schluss gekommen, Neutralströme seien entdeckt worden, und das Ergebnis wurde publiziert. Der meistgelesene Artikel der Physik, der *niemals* offiziell publiziert wurde, ging kurz darauf, im Dezember 1973, als informelles Schreiben beim CERN ein. Eine amerikanische Forschergruppe hatte die unerwünschten Neutronen mit einer neuen Methode verringert und in der Folge keine neutralen Ströme mehr gefunden. Am CERN war man alarmiert, die wissenschaftliche Reputation stand auf dem Spiel, der Direktor schrieb Durchhalteparolen an die Mitarbeiter. Schließlich änderte die Konkurrenz ihr Experiment nochmals ab, und nach einigem Hin und Her einigte man sich am Ende darauf, dass Neutralströme doch existierten, während das widersprechende Paper nie bei einer Zeitschrift eingereicht wurde. Interessant ist die Sichtweise eines der Autoren:[177]

„*Als die Ergebnisse herauskamen, wurden wir mehr und mehr zu einer eindeutigen Antwort zu der Frage gedrängt. Es ist schwer zu beschreiben, wenn man zu dieser Zeit im Zentrum des Geschehens stand, vor allem in der Hochenergiephysik, wo man fast keine Kontrolle über sein Schicksal hat ... Du musst mit deinen Mitarbeitern auskommen, dem Labor, dem Direktor, dem Programmkomitee, und mit all den Leuten, die sich darum kümmern, dass das Experiment bewilligt wird. Dir wird immer wieder beigebracht zu produzieren, ob du bereit bist dazu oder nicht.*"

Die elektroschwache Theorie war damit endlich allgemein anerkannt, oder, wie man so schön sagt, ‚etabliert'. Es fehlten noch die Quarks, die einige Widerspenstige noch immer für eine exotische Spekulation hielten.

BOTANISCHER GARTEN 2.0

Die erste Version des Quark-Modells war mit lediglich drei Exemplaren ‚Up', ‚Down' und ‚Strange' noch relativ spartanisch: Kombinationen davon ergaben mittelschwere Teilchen wie das Pion und Kaon, während Proton und Neutron aus je drei Quarks bestehen sollten. Glaubt man der Legende, kam der überraschende Durchbruch für das Quark-Modell mit der gleichzeitigen Entdeckung des Teilchens *Charmonium* in zwei verschiedenen Laboratorien:* *Charmonium* galt als Quark-Antiquark-Paar einer vierten Sorte ‚Charm'. In Wirklichkeit war diese Überraschung lange ersehnt, denn die Daten von Elektron-Positron-Kollisionen am Beschleuniger SLAC zeigten schwerwiegende Widersprüche zum vorherigen Modell.[178] Diese konnte man nun auflösen, aber natürlich um den Preis einer Komplizierung mit weiteren freien Parametern.

Wissenschaftstheoretisch ist das alles andere als ein Fortschritt, aber von Reflexionen über die Einfachheit der Naturgesetze hatte sich die Teilchenphysik längst verabschiedet. Stattdessen feierte man. Obwohl die Zustände höherer Energie des *Charmoniums* sogar falsch vorhergesagt wurden, wurde ihre bloße Existenz als Triumph betrachtet.[179] Zwei Messungen dazu am Hamburger Beschleuniger DORIS stellten sich im Nachhinein als Artefakte heraus, was jedoch niemanden interessierte, nachdem sich das Modell durchgesetzt hatte.[180] Das Charm-Quark war ein perfektes Instrument geworden, mit dem man Diskrepanzen zwischen Vorhersagen und Daten als neues Ergebnis statt als Widerspruch deuten konnte. Die Physik folgte einem simplen Prinzip: Je mehr Teilchen, desto mehr Erklärungsmöglichkeiten. Ist es nicht toll, was man alles verstehen kann?

Eigentlich sollte ich hier die weitere Entwicklung wiedergeben, doch die Ereignisse um die ‚Entdeckung' des Charm-Quarks scheinen mir so absurd, dass ich mich zu einer vernünftigen Chronik außerstande sehe – ich glaube einfach nicht daran, dass diese immer neuen Reparaturen von

---

* Die Nase vorne hatte die Gruppe des *Brookhaven National Laboratory* um Samuel Ting. Dieser war aber als Chef derart unbeliebt, dass einer seiner Mitarbeiter die Konkurrenz SLAC mit einem kleinen Zettel besuchte, auf dem die entscheidenden Hinweise standen, wo das Teilchen zu finden war: „Sucht dort, ich bin nie hier gewesen." Innerhalb kurzer Zeit fand man ein Ereignis, und Ting musste den Nobelpreis mit Burton Richter teilen. Ting war wohl nicht ganz ohne Grund verhasst. 1979 versuchte er, einem chinesischen Landsmann, der an einem harmlosen Scherz über ihn beteiligt gewesen war, durch eine Intervention in Peking die Aufenthaltserlaubnis in den USA zu entziehen (Taubes, S. 59).

TEIL 5: IM INNERSTEN DER KERNE

Widersprüchen, die mich an ein Scrabble-Spiel erinnern, noch einen Sinn ergeben. Daher nun sehr summarisch: Das Spiel wiederholte sich mit einer dritten ‚Familie' von Quarks, von der 1977 der erste Partner, ‚Bottom', entdeckt wurde. Forschergruppen, die sich mit leichten Teilchen (‚Leptonen') beschäftigten, versuchten gleichzuziehen und rechtfertigten ein leichtes Teilchen der dritten Familie, das bald als ‚Tau' das Licht der Welt erblickte. Das zum ‚Bottom'- gehörige ‚Top'-Quark sträubte sich noch bis 1995, ehe man sich nach einer langen nächtlichen Verhandlungsrunde darauf einigte, es entdeckt zu haben. Ja, auch dafür gab es einen Nobelpreis, 2008. Die im Vergleich zu allen anderen riesige Masse des Top-Quarks kann das Standardmodell übrigens nicht erklären, wie es auch sonst keine Massen erklären kann. Was sagt ein Teilchenphysiker dazu? „Die enorme Masse des Top-Quarks macht auch seine Zerfälle zu einem fruchtbaren Feld für die Suche nach neuen Teilchen."[181] Für die Zukunft muss gesorgt werden.

Vor kurzem wurde ein drittes Lepton, das Tau entdeckt ... Ist das nur der Anfang einer endlichen oder unendlichen Reihe von Leptonen? – Emilio Segrè

BUNTER BAUKASTEN

Besonders anstrengend finde ich, wenn dann auch noch behauptet wird, das Standardmodell könne Quark-Massen berechnen. So redete einmal nach einem Vortrag ein Zuhörer auf mich ein, welche immensen Fortschritte man dabei gemacht habe, sodass mir herausrutschte: „Das plappern Sie doch nach!" Er regte sich ziemlich auf, und da er tatsächlich in seiner Doktorarbeit die Rechnungen selbst gemacht hatte, entschuldigte ich mich sogleich für die unpassende Wortwahl und war neugierig, mit welchem Ansatz er an das Problem herangegangen war. Aber auch nachdem sich unsere Gemüter wieder abgekühlt hatten, blieb er doch die Antwort schuldig, wie sich denn das Resultat in Zahlen ausdrückt und messen lässt. Es geht einfach nicht. Auch der beste Rechner kann mit dem Standardmodell keine Massen vorhersagen – dies liegt, wie wir noch sehen werden, am derzeitigen System der Naturkonstanten.

Wenn Sie nun hoffen, die Komplizierung sei mit sechs Quarks und ihren Antiteilchen beendet, muss ich Sie leider enttäuschen. Schuld daran ist – Wolfgang Pauli. Nein, nicht dass ihm Komplizierung sympathisch gewesen wäre, im Gegenteil, aber eine von ihm gefundene Regel, das Pauli-Prinzip, besagt, dass gleiche Teilchen mit Spin ½ h – und dazu zählen die Quarks –

nie den gleichen Quantenzustand einnehmen können: Manche Teilchen, die man aus identischen Quarks gebastelt hatte, widersprachen leider diesem Prinzip.

Wie lösen Theoretiker so ein Problem? Nun, man stellt sich vor, alle Quarks kämen in drei ‚Farben' Rot-Grün-Blau vor, die man natürlich nicht direkt beobachten kann. Zwar hat man die Zahl der Quarks damit eben mal verdreifacht, aber solche Bedenken tragen die Physiker schon länger nicht mehr. Die Leimteilchen, die Gluonen, muss man sich infolgedessen in Farben wie Rot-Antiblau vorstellen, und das Ganze wird noch verziert mit ein paar Ad-hoc-Regeln wie dem Verbot von Gluonen gleicher Farbe und dem Gebot, alle drei Farben müssten zum Beispiel in einem Neutron oder Proton enthalten sein. Man führt eine willkürliche Regel ein, um sie im nächsten Moment mit einer noch willkürlicheren Einschränkung zu versehen. Die theoretische Teilchenphysik ist voll von solchen Sondergesetzen mit Ausnahmen, nicht-mehr-symmetrischen-weil-gebrochenen Symmetrien, beeigenschafteten Nicht-Eigenschaften, trockenem Wasser und schwangeren Jungfrauen – ein logisch-semantischer Urwald, den die Akteure vor lauter Teilchen nicht mehr sehen.

Einen bizarren Aspekt des Quark-Modells habe ich noch gar nicht erwähnt: Die Bedeutung des Wortes *Teilchen*. Quarks sind einzeln nicht beobachtbar und daher eben kein ‚Teil' von irgendetwas. Es geht nicht um eine sprachliche Spitzfindigkeit, wohl sollte es aber einen physikalischen Mechanismus geben, der das Auftreten einzelner Quarks verbietet. Dieser besteht allein in dem Appell, dass sie zum Beispiel ein Proton nicht verlassen dürfen, was *Confinement* getauft wurde, zu Deutsch Eingesperrtsein. Mehr

> Du kerkerst den Geist in ein tönend Wort. – Friedrich Schiller

kann man dazu nicht erklären, aber dennoch wurde diese Doktrin von den meisten Elementarteilchenphysikern akzeptiert. David Lindley spottet:[182]

„Am Ende überlebte das Quark-Modell durch den ironischen Trick, zu beweisen, dass kein Quark jemals direkt von einem Physiker gesehen würde. Das befreite die Physik von der Notwendigkeit, seine Existenz mit der traditionellen Methode zu beweisen!"

Wo liegen hier eigentlich die Grenzen zur Esoterik, die von irgendwelchen Strahlen spricht, deren Wahrnehmung Normalsterblichen versagt bleibt? Im Zusammenhang mit *Confinement* hört man oft von der Theorie der ‚asymptotischen Freiheit', für die Gross, Wilzcek und Politzer 2004 den Nobelpreis erhielten. Quarks spüren demnach bei sehr kleinen Abständen keine Kraft, aber das erklärt natürlich noch lange nicht, warum sie bei

> Es wurde das Ziel der Physiker, ein perfektes System zu finden und im Nachhinein zu erklären, warum sich die Perfektion vor unseren Augen verbarg.[183] – David Lindley

größeren Abständen untrennbar sind, auch wenn Gross das in seinen Vorträgen gerne suggeriert. Es ist etwa so, als ob die Höhe des Mount Everest erklärt werden soll, aber stattdessen bewiesen wird, dass sich die Meereshöhe bei null befindet. Die Theoretische Physik hat wirklich neue Horizonte erreicht.

UNERWÜNSCHTE EINMISCHUNG DES EXPERIMENTS

Eine höchst originelle Wendung der ganzen Angelegenheit, die inzwischen in Vergessenheit geraten ist, trug sich Ende der 1970er Jahre zu: Damals wurden nämlich isolierte Quarks intensiv gesucht – und gefunden! Nach der Theorie sollten Quarks elektrische Ladungen wie $\frac{1}{3}$ e haben, und so bauten mehrere Arbeitsgruppen Abwandlungen von Robert Millikans legendärem Experiment auf, mit dem jener im Jahr 1910 die Quantelung der Elementarladung e gezeigt hatte. Mit den neuen Versuchen erreichte man eine zehnmillionenfach höhere Sensibilität als Millikan, aber die Details waren nicht leicht zu interpretieren. Während eine Gruppe aus Genua keine Hinweise auf Bruchteile von Ladungen fand, behaupteten Forscher aus Stanford 1977 genau dies,[184] worauf sich eine heftige Debatte entspann. Am Ende konnten sich die Ladungsbruchteile nicht durchsetzen, jedoch ist es hochinteressant, die Kontroverse in einem Artikel von Andrew Pickering[185] zu verfolgen. Hier wird mit einem praktischen Beispiel der Glaube widerlegt, ein Experiment sei ein vollkommen kontrollierbares System, das die Realität objektiv abbildet. Vielmehr liegt es auch in der Hand des Experimentators, und darin besteht oft gerade sein Geschick, Techniken auszuprobieren, die sich für die gesuchten Phänomene als erfolgreich erweisen. In dieser Auswahl der Methoden liegt aber auch die Tücke, mit der die Produktion physikalischer Fakten kämpft. Wie ist es sonst erklärbar, dass die Gruppe aus Stanford offenbar fälschlicherweise Werte wie $\frac{1}{3}$, $\frac{2}{3}$ usw. für die Ladung erhielt und nicht andere Bruchteile, während die Gruppe aus Genua auch Abweichungen fand, diese aber anders interpretierte? Wer die Veröffentlichungen liest, wird bei beiden Gruppen an der Kompetenz und Fähigkeit zur selbstkritischen Prüfung nicht den geringsten Zweifel haben. Aber Fehler – man sollte es eigentlich nicht so nennen – passieren trotzdem.

Einem Skeptiker schlägt oft Empörung entgegen, weil *ihm* unterstellt wird, *er* unterstelle den Experimentatoren Inkompetenz oder gar Unredlichkeit. Aber solange Menschen forschen, wird es immer wieder passieren, dass die gleiche Realität zu unterschiedlichen physikalischen Fakten wird. Leider gelten solche experimentellen Diskrepanzen in der realitätsfetischistischen Wissenschaft als anrüchig, und deswegen wird wohl einiges unter den Teppich gekehrt. Traurig an der vorliegenden Geschichte ist, dass die Anstrengung um die Bruchteile von Ladungen verlorene Mühe war, denn die Theoretiker wollten inzwischen in ihrer Ideologie des *Confinement* nicht mehr gestört werden. Die Experimentatoren waren lästig geworden wie ehrliche Finder, die einem Gauner das weggeworfene Portemonnaie nachtragen, aus dem er das Geld schon entwendet hat.

Versichert gegen die Möglichkeit, dass Drittelladungen doch noch gefunden werden, hat sich der Vater der Quarks, Murray Gell-Mann: Er forderte dazu auf, nach Quarks zu suchen, *um* die Nichtisolierbarkeit zu beweisen. So machte er sich selbst entweder zum Propheten des *Confinement* oder gar zum Schöpfer der neuen Objekte, in jedem Fall eine ruhmreiche Rolle. In dieser sah er sich ganz gewiss selbst – sein Buch *The Quark and the Jaguar* weist ihn im Klappentext als Einstein der zweiten Hälfte des 20. Jahrhunderts aus. Der Plunder, in den sich die Teilchenphysik in dieser Epoche verwandelt hat, lässt ihn bestenfalls als Ptolemäus der Moderne erscheinen. Gell-Mann war jedenfalls von Selbstzweifeln nicht angekränkelt, als er über Einsteins einheitliche Feldtheorie und dessen im Alter angeblich nachlassende Fähigkeiten räsonierte. Der war damals immerhin zwanzig Jahre jünger als Gell-Mann, als dieser über die bloße Hoffnung auf eine einheitliche Stringtheorie schrieb.[186] Da reichte es nur noch zum Nachbeten. Ja, vielleicht tue ich Ptolemäus unrecht.

DER LETZTE TANGO AM CERN: WARUM NICHT WIRKLICH ETWAS ENTDECKT WIRD

Selten waren die Erwartungen an ein Experiment so hochgesteckt wie beim *Large Hadron Collider*, kurz LHC, dem leistungsfähigsten Teilchenbeschleuniger der Welt. Das jahrelange Warten ist offenbar manchen nicht gut bekommen. Hören wir uns zum Beispiel an, was Michio Kaku, einer der prominentesten Physiker überhaupt, in einem Interview bei *Fox News* über die Perspektiven des LHC zu sagen hatte: Er werde den Urknall simulieren, das Geheimnis der Schöpfung aufdecken, zeigen, was vor Kapitel 1.1 Genesis passiert ist, entscheiden, ob Zeitreisen möglich sind, wahlweise auch in andere Universen, erklären, was vor dem Urknall passiert ist, die Stringtheorie beweisen, zeigen, ob unser Universum mit anderen kollidiert ist, mit Blasenuniversen, in denen möglicherweise andere Naturgesetze gelten, das Ganze sei noch großartiger als die kopernikanische Revolution, weil es um die Vereinigung aller Kräfte gehe, nach der industriellen und elektrischen Revolution gebe es nun eine Superkraft, die das Universum erschaffen habe ... Jede einzelne dieser Aussagen ist Schwachsinn, aber in der Konzentration überwältigend, schauen Sie es sich an auf YouTube.[187] Am Ende beklagt Kaku, dass der Beschleuniger einen *brain drain* nach Europa verursache, aber solange er sich nicht selbst dazu zählt, müssen wir uns, glaube ich, keine Sorgen machen. Um glaubwürdig zu bleiben, müsste sich das CERN eigentlich öffentlich von solchem Geschwätz distanzieren, aber die Grenzen zwi-

> Ihre Bemerkungen sind wie ein Feuerwerk, sehr laut, aber nicht sehr erhellend. – Wolfgang Pauli

> Es gibt Schwärmer ohne Fähigkeit, und dann sind sie wirklich gefährliche Leute. – Georg Christoph Lichtenberg

schen Kakus Märchenpredigt und der anerkannten Wissenschaft sind heute leider fließend geworden. Viele Stringtheoretiker verbringen am CERN Gastaufenthalte, allen voran das Supergenie Edward Witten, dessen Erwartungen nur wenig nüchterner sind.[188] Ein realistisch gebliebener Theoretiker trifft hier schon mehr den Kern der Sache:[189]

„*Die Hoffnung, dass die experimentellen Resultate des LHC das erreichen können, was fünf Jahrzehnte theoretische Überlegungen nicht geschafft haben, nämlich eine hochkomplizierte, aber gescheiterte Theorie abzuschaffen und über Alternativen nachzudenken, ist hochgradig naiv.*"

Die Techniker und Experimentatoren, die dort viel leisten, können einem fast dafür leidtun, dass ihre Arbeit durch solche überreizten Fantasien diskreditiert wird.

GARANTIERTE SENSATIONEN

Aber auch jene, die die Geschichten über ‚Branen' und ‚Multiversen' vernünftigerweise mit einem Augenzwinkern verfolgen, müssen sich die Frage gefallen lassen, welchen Weg die Wissenschaft mit Projekten wie dem LHC eingeschlagen hat. Ist die Strategie, Kollisionen mit immer höheren Energien durchzuführen, wirklich auf lange Sicht sinnvoll, steckt in der Hochenergiephysik über den Namen hinaus noch eine Idee? Welchen Erkenntnisgewinn bringen uns Kollisionen, bei denen Teilchen zehntausendfach energiereicher sind als in ihrer stabilen Form? Und wozu dient die Suche in absurd kleinen Ausschnitten der Realität? Grundlage von Wissenschaft ist Hypothesenbildung und Überprüfung, aber welche Theorie wird hier eigentlich noch überprüft, die echte quantitative Vorhersagen macht? Das Einzige, was man tatsächlich erwarten kann, ist das Unerwartete. Leider ist das nicht spannend, wie es allenthalben heißt, sondern lediglich peinlich. Wenn unsere bisherigen Gesetze nicht gelten, müssen wir diese überdenken und nicht neue dazuerfinden. Am schlimmsten sind daher jene Theorien, die Verletzungen eines wichtigen Naturgesetzes ‚vorhersagen'. Man male sich beispielsweise aus,

> ... für den nächsten Schritt sind noch mehr Geld und noch größere Anstrengungen erforderlich, ohne die Gewähr, dass es wirklich schon der letzte Schritt sein wird. Die Grenze würde durch den Aufwand gezogen, ohne die Garantie, einmal ans Ende zu gelangen. – Emilio Segrè

> Man beginnt sich vorzustellen, dass Experimente von Generationen von Forschern weitergereicht und mit sturer Geduld betrachtet werden, bis eines Tages etwas Unerwartetes geschieht.[190] – David Lindley

bei einem Experiment am LHC wäre die Energie nicht erhalten: Klar, ein schwarzes Miniloch hat sich damit aus dem Staub gemacht, supersymmetrische Teilchen, wohlgemerkt Kandidaten für die Dunkle Materie, haben ihre unsichtbare Existenz damit bewiesen, oder die Energie ist schlichtweg in eine Stringanregung, Extradimension oder Parallelwelt abgewandert - alle haben recht gehabt! Aber Aasgeier, die über der Energieerhaltung kreisen, sind noch keine Physik.

Zu allem Überfluss kann die Energie der Produkte einer Kollision - Tausende verschiedenster Teilchen - keineswegs gut gemessen werden. Am genauesten gelingt dies bei der elektromagnetischen Wechselwirkung, problematischer wird es schon bei schweren Teilchen, die stufenweise abgebremst werden, schließlich entstehen aber noch viele Neutrinos, die in jedem Fall dem Detektor entkommen. Es ist also äußerst schwierig, verbindliche Aussagen über die Energie zu treffen. In etlichen Fällen ist den Daten allein nicht zu entnehmen, welches Teilchen denn nun die Energie transportiert hat - war es ein Photon oder ein neutrales Pion? Wurde ein Teilchenschauer von einem Neutron erzeugt oder gar von einem Neutrino?

> Sollten diese Dinge sich als wahr erweisen, so werde ich mich nicht schämen, der letzte zu sein, der sie glaubt. – Ernst Mach

Im Prinzip versucht man, die Lücken des Puzzles mit bekanntem Wissen zu ergänzen, und stellt die Szenen im Computer nach: Bestimmte Teilchen betreten die Bühne, und mit aus früheren Experimenten ermittelten Wahrscheinlichkeiten verwandeln sich diese in neue Akteure. So werden alle echten Messungen mit künstlichen Zufallsexperimenten am Rechner verglichen, sogenannten Monte-Carlo-Simulationen. Viele am CERN waren die letzten fünfzehn Jahre ausschließlich mit dem Schreiben dieser Programme beschäftigt, denn die Komplikationen sind enorm - und damit leider auch die möglichen Fehlerquellen. So fanden um 1995 mehrere Arbeitsgruppen eine rätselhafte Anomalie beim Zerfall des Z_0-Teilchens, bis ein Forscher am Berkeley-Laboratorium schließlich bemerkte, dass eine falsche Simulation in eine zentrale Datenbank eingespeist worden war. „Sonst hätten wir das vielleicht heute noch", erzählte mir eine Teilchenphysikerin.

Es befremdet, dass so extensive Computersimulationen nötig sind, um die Experimente überhaupt noch zu verstehen, und oft genug muss auf externe Daten zurückgegriffen werden: Beispielsweise hätte man ohne den am Hamburger Beschleuniger HERA gemessenen Formfaktor des Protons am CERN ein Problem. Das bedeutet aber umgekehrt, dass in den neuen Experimenten keineswegs das ganze bisherige Wissen getestet wird, sodass man behaupten könnte, das Standardmodell werde dort geprüft. Wie sollte das auch gehen? Die zahllosen Teilchen, von denen sich im Prinzip jedes in jedes umwandeln kann, bedingen eine noch viel größere Zahl von Umwandlungswahrscheinlichkeiten, und neben den physikalischen Eigenschaften der Teilchen gibt es noch eine Menge von Zahlen, die die experimentellen Details beschreiben. Die Zahl der freien Parameter ist immens. Und niemand soll bitte behaupten, auch nur im Entferntesten einen Überblick darüber zu haben.

EXPERIMENT MIT TUNNELBLICK

Die am LHC anfallenden Datenmengen überschreiten jede Dimension, die noch abzuspeichern wäre. Darüber könnte man ins Grübeln geraten, aber die praktische Lösung lautet, dass man 99,99 Prozent der Daten sofort aussortiert und nur jene verwendet, die Interessantes versprechen – das sogenannte Triggern. Pro Jahr bleiben damit immer noch so viele Bytes übrig, dass sie, auf DVDs gepresst, einen Turm in Höhe des Mont Blanc ergäben – ohne Hülle. Kann man diese Datengebirge je sinnvoll analysieren?

Vorauswahl ist eine verdächtige Strategie, denn überraschende Durchbrüche in der Wissenschaft hat es meist dort gegeben, wo man es am wenigsten erwartete. Der Trend, nur mehr geringe Teile der Wirklichkeit in den Blick zu nehmen, begann schon in den 1960er Jahren, als man anfing, die Daten vieler Reaktionsprodukte wegzuwerfen – im Grunde eine wenig durchdachte Methode. Später ging man von Beschleunigern zu Collidern über: so als ob man bei einem Crashtest nicht ein Auto an die Wand, sondern zwei Autos gegeneinander fahren lässt. Im letzten Fall wird eine höhere Energie frei – das Leitmotiv aller Experimente. So werden heute die vielen nach einem Aufprall nur leicht abgelenkten Teilchen fast gar nicht beachtet; das Augenmerk konzentriert sich auf die Produkte, die nach der Kollision senkrecht zum Strahl herausgeschleudert werden – ein verschwindend kleiner Anteil der tatsächlich stattfindenden Prozesse. Blickverengung ist das Prinzip der Hochenergiephysik geworden.

Die immer heftigeren Kollisionen erzeugen einen Wust von Teilchen, von denen etlichen erlaubt ist, unsichtbar Energie abzutransportieren – im Grunde ein methodischer Wahnsinn. Bei der Lektüre von Büchern wie *Nobel Dreams* von Gary Taubes bekommt man den Eindruck, dass man letztlich alles finden kann, wenn man nur konzentriert genug nach der theoretischen Wunschvorstellung sucht. Dafür, ob ein Prozess ‚sauber genug' ist, um als Entdeckung zu gelten, wie zum Beispiel beim W-Boson, gibt es eben keine sauber definierten Kriterien. Der Nobelpreis hierfür, den Carlo Rubbia 1984 erhielt, belohnte jedenfalls nicht Sorgfalt, sondern Schnelligkeit. Denn Rubbia hatte nachweislich schlechtere Daten als seine Konkurrenz, die er aber durch bauernschlaue Tricks davon abhielt, vor ihm zu publizieren.[191]

GOTTESTEILCHEN, SERVIERT IM SCHMUTZMANTEL

Was soll man nach alledem zu der Entdeckung auf Raten des Higgs-Bosons sagen? Zweifel weckt schon der Anspruch, den ‚Hintergrund', ein störendes Rauschen, das ein Signal vortäuscht, gut entfernen zu können. Denn die einzig verbliebene Möglichkeit, das Higgs mit dem Zerfall in zwei Photonen nachzuweisen (andere Prozesse hatte man vorher ausgeschlossen), wird von Teilchenphysikern einhellig als ‚der schmutzigste Kanal' bezeichnet. Es ist bizarr, dass das Higgs *identifiziert* werden soll, indem es sich in zwei Gamma-Lichtquanten umwandelt – das tun praktisch alle Teilchenpaare. Eine aberwitzig primitive Hürde für ein Teilchen, das angeblich so spezielle Eigenschaften hat: Man halte sich vor Augen, dass andere Prozesse ein zum Higgs-Boson identisches Signal erzeugen, das billionenfach (!) stärker ist. All dies meint man durch Filterungen und Computersimulationen herausrechnen zu können – schwer zu glauben, dass so eine ehrgeizige Datenreduktion wirklich beherrschbar bleibt.

> Wie Ereignisse analysiert wurden und welche Ressourcen der Sortierung und Strukturierung der Informationsflut aus einem großen Experiment gewidmet wurden, konnte ... entscheiden, ob und wann eine Entdeckung gemacht wurde.[192] – Peter Galison, Wissenschaftshistoriker

Das Signal selbst ist übrigens so ausgeschmiert, dass es nach der Heisenbergschen Unschärferelation auch mit einem Teilchen vereinbar wäre, dessen Lebensdauer nicht einmal ausreicht, um einen Protonenradius weit zu kommen – man stelle sich das mal vor!

Die angegebenen hohen Wahrscheinlichkeiten, mit denen Entdeckungen im Allgemeinen gerechtfertigt werden, beziehen sich übrigens auf zufällige Abweichungen, nicht auf mögliche Fehler in der Modellierung. Ganz sicher ist dabei nur eines: Je mehr Hintergrund entfernt wird, desto größer wird die Gefahr,

> Hierin liegt eine Abwägung, dass *genug* getan wurde, damit Untergrundeffekte das Signal nicht produzieren können. Wissenschaftler vermeiden es in ihrem retrospektiven Urteil, diese Abwägung zu erwähnen. – Andrew Pickering

Artefakte zu erzeugen, die Teilchen vortäuschen – vor allem wenn die Theoretiker dafür längst Namen zur Hand haben. Nichts hindert beispielsweise daran, ein Higgs-Signal als Quark-Antiquark-Paar einer noch unbekannten vierten Quark-Familie zu interpretieren, vor allem wenn man, wie beim Higgs, die Ausrede bereithält, nur ein winziger Anteil zerfalle auf diese Weise. Nur stehen Quarks derzeit nicht auf der theoretischen Wunschliste, während das Higgs seit Jahrzehnten verzweifelt gesucht wurde. Dabei hat man sich bei seiner Masse alle Möglichkeiten offen gehalten: Als Entdeckung des Teilchens gilt, in *irgendeinem* Energiebereich ein paar mehr Signale zu finden, als man versteht. Fast jede unbekannte Spur im Schnee wird so zum Beweis für den Yeti.

Ansonsten ist der ‚Higgs-Mechanismus' unbeleckt von jeglicher tieferen Reflexion über Gravitation, und deswegen sagt auch die Entdeckung des Higgs nicht das Geringste darüber aus, warum die Massen der Elementarteilchen die beobachtete Größe haben. Anstatt über ihre Zahlenwerte kann man sich dann über die Stärke der Anbindung an das ‚Higgs-Feld' wundern – was für ein Fortschritt. Ich glaube einfach nicht an solche Flickwerk-Physik. Gefunden hat man allerdings schon vieles.

> Der schlimmste Fall ist die experimentelle Übereinstimmung einer falschen Theorie mit schwammigen Vorhersagen. – Bert Schroer, theoretischer Physiker

Für die Interpretation der neuen Ergebnisse entwickelt man nun wieder beliebige theoretische Fantasien, zum Beispiel ein ‚Higgs-Multiplett', also mehrere Higgs-Teilchen mit höherer Energie und noch geringerer Reaktionswahrscheinlichkeit, hinter der sie sich verstecken können. Selbstredend benötigt man zu ihrer Entdeckung einen neuen Beschleuniger…

DIE STUNDE DES KONJUNKTIVS IN GENF

Interessant **waren** schon die Hintertürchen, die bei der Bekanntgabe der Higgs-Beobachtung offengelassen wurden: CERN-Chef Rolf-Dieter Heuer verglich das Teilchen mit einem Freund, den man aus der Ferne sehe. Leider sei man noch nicht ganz sicher, ob es sich nicht auch um dessen Zwilling handeln könnte. Und wie wäre es mit einem entfernteren Verwandten? In Wahrheit wird doch jedes Signal mit offenen Armen begrüßt, aber wie das Standardmodell-Higgs-Boson genau aussieht, entscheidet man am besten erst, wenn der Fremdling nähergekommen ist – nach gründlicher Untersuchung, versteht sich. Wenn sich das Teilchen dann doch ganz anders benimmt als erwartet, wird es den theoretischen Physikern nicht an Chuzpe fehlen, eine schlicht falsche Vorhersage in ein Resultat umzudeuten, das noch viel spannender sei, weil es auf Physik ‚jenseits des Standardmodells' hindeute: Wir gratulieren uns, dass wir etwas nicht verstanden haben! Dass der Rest der Wissenschaft dies nachbetet und die Öffentlichkeit weiterhin glaubt, es handle sich um fundamentale Erkenntnisse, muss man zumindest befürchten – es geht ja schon eine ganze Zeit so. Zu bitter wäre wohl die Einsicht, dass das ganze Modell längst an seinen ‚Erfolgen' krankt. Denn es handelt sich in Wirklichkeit nicht um eine wohldefinierte Theorie, sondern um ein unkontrolliert wachsendes Gebilde, das schon viele unverstandene Resultate in neuen Ausbeulungen verdaut hat. Standardmodell heißt in Wirklichkeit das System selbst, sich mit immer neuen Ad-hoc-Annahmen an die Daten anzupassen wie ein ständig mutierendes Virus.

> Auch ein gelehrter Mann studiert so fort, weil er nicht anders kann. So baut man sich ein mäßig Kartenhaus. Der größte Geist baut's doch nicht völlig aus. –
> Johann Wolfgang von Goethe

Seit der LHC in Betrieb ist, wächst die Ungeduld nach greifbaren Ergebnissen – ein ungesunder Erwartungsdruck, der auf dem Experiment lastet und der sicher ein bisschen die Lust verdirbt, eine ersehnte Entdeckung auf systematische Fehler zu prüfen. Anders als bei den überlichtschnellen Neutrinos, die die gesamte Physik demontiert hätten, tut das Higgs ja niemandem weh.* Vielleicht hätte man den Nobelpreis schon allein für die technische Leistung vergeben sollen, **anstatt für die eigenwillige Interpretation**. Irgendetwas messen? *Yes we can*. Schließlich erhielt Obama den Nobelpreis auch für die Erwartungen an seine Amtszeit.

Und so werden wir weiterhin erleben, dass jedes kleine Detail in den Daten lautes Geschnatter auslöst. Dass dahinter die Absicht steckt, die Medienaufmerksamkeit am Köcheln zu halten, will ich gar nicht unterstellen. Befremdlich ist jedoch, wie schnell die Physik jeder noch nicht trockenen Messung den Mantel der Begründung umhängt. Die Theorien lechzen nach jedem Datentropfen, der oft noch am gleichen Tag von einem Paper auf ArXiv.org aufgesogen wird, ohne dass man hoffen kann, die Wüste der unverstandenen Effekte werde jemals durch Erklärungen grünen. Dass auf ein Ergebnis *keine* theoretische Beschreibung passt, ist unvorstellbar geworden, und das ist auch das Problem des *Large Hadron Collider* – seine Resultate sind beliebig interpretierbar.

---

* Eine ausführliche Diskussion der "Entdeckung" finden Sie in meinem 2013 erschienenen Buch "The Higgs Fake".

DAS MITTELALTER IST NÄHER, ALS MAN DENKT

Auch wenn ich hier einen Aufschrei riskiere: Die Teilchenphysik weist inzwischen Parallelen zur Astrologie auf. Exotische Eigenschaften wie ‚Strangeness' oder ‚Isospin' definieren ja das Teilchen als solches, und insofern geht es nur mehr um die bloße Existenz und die Einteilung in ein bestehendes Muster – so, wie es bei einem neu entdeckten Stern lediglich darauf ankam, seine Himmelsposition einem bekannten Sternbild zuzuordnen. Ist der ‚Achtfache Weg' des Quark-Modells wirklich so verschieden von den zwölf Tierkreiszeichen?* Einen Platz findet man immer, ob als sechste Zehe des großen Bären oder als Laus im Pelz des Herkules – aber so, wie diese Bilder die Himmelssphäre abdecken, stehen heute zu jedem Energiebereich Theorien mit ihren Variationen bereit, sich die Ergebnisse mit einer Portion Fantasie einzuverleiben, sei es als vierte Quarkgeneration oder fünfte Kraft. Tatsächlich hat doch jede unerwartete Messung der letzten Jahre sofort ‚plausible' theoretische Interpretationen generiert, auch wenn sie sich dann meistens als statistische Sternschnuppe herausstellte. Das Standardmodell ist unfähig, der Masse eines Teilchens Sinn zu geben, so, wie die Astrologie nichts mit der Leuchtkraft eines Sternes anfangen kann. So, wie sich Astrophysik von Astrologie unterscheidet – durch Farbdiagramme, Helligkeitsberechnungen und Erklärungen wie Kernfusion, kurz: durch die Physik der Sterne –, so viel fehlt dem Standardmodell zu einer echten Theorie: Berechnung von Massen, Halbwertszeiten, Fragen nach grundlegenden Mechanismen – praktisch alles, was die Teilchenphysik zu Physik machen würde. Quantitatives ist ihr fremd, weil dies wie bei den Sterndeutern einen falsifizierenden Finger in die Wunde legen könnte. Übrig bleibt ein willkürliches Gerüst, das jedem, der nach Einsicht strebt, unbefriedigend erscheinen muss. Vielleicht kann man die Natur nicht verstehen. Aber ganz sicher kann die Hochenergiephysik sie nicht erklären.

> Alles, was sich sagen läßt, läßt sich klar aussprechen.[193] –
> Ludwig Wittgenstein

So ist das Standardmodell eben *nicht* bestätigt, weil es sich inzwischen weder bestätigen noch widerlegen lässt. Der Glaube daran beruht auf der fehlenden Reflexion über die wuchernde Komplizierung, den wissenschaftstheoretisch unzulänglichen Methoden, einer historischen Igno-

> Ist dies schon Tollheit, hat es doch Methode. – William Shakespeare

---
* Gemeint ist hier nicht deren anthropozentrische Interpretation.

ranz, wie solche Modelle zustande kommen, und einer Verdrängung der soziologischen und psychologischen Mechanismen, die die Masse, aber auch den Einzelnen für den Ernst der Lage blind machen. Das Standardmodell ist nicht mehr glaubwürdig, und es ist nicht so, dass die Physiker zu dumm wären, dies zu erkennen, aber oft zu feige, es insgesamt in Frage zu stellen. Es mit Erweiterungen zu reparieren bedeutet, Feuer mit Stroh zu löschen. Theorien vor und nach der Krise, wie der Wissenschaftsphilosoph Thomas Kuhn sagt, sind inkommensurabel. Weniger vornehm ausgedrückt: Das Standardmodell muss - anders geht es nicht - als Ganzes auf den Müll.

> Wenn Du merkst, dass Du ein totes Pferd reitest, steig ab. – Weisheit der Dakota-Indianer

HOMO SAPIENS PARTICELLUS

Diese Einsicht ist wahrscheinlich schwer zu spüren, wenn man gegenüber der Komplizierung der Naturgesetze schmerzfrei geworden ist. Die in der Hochenergiephysik tätigen Forscher sind hier seit langem abgehärtet: Wer sich nach den 1970er Jahren, als die Modelle schon so offensichtlich unübersichtlich waren, zum näheren Studium der Elementarteilchenphysik entschloss, wusste, was er tat. Physiker, die die Ansichten von Einstein, Schrödinger oder Dirac über Naturgesetze teilten, waren nicht darunter. Von wem also sollte der Nachwuchs das Zweifeln lernen? Die Experimente selbst sind längst zu unüberschaubar, um sie anzweifeln zu dürfen! Manche Tests des Gravitationsgesetzes lassen sich von den Rohdaten bis zur theoretischen Auswertung in wenigen Wochen nachvollziehen. Resultate der modernen Hochenergiephysik, insbesondere aber eine detaillierte Kenntnis der experimentellen Grundlagen und extensiven Simulationen bei der Auswertung, benötigen hingegen Jahre. Ein Hochenergiephysiker, der nach eingehendem Studium zu ernsthaften Zweifeln am gesamten Modell kommt, müsste sich eingestehen, einen wesentlichen Teil seines Berufslebens vergeudet zu haben. Die Teilchenphysik ist gegen Selbstreflexion gut versichert.

Würde ich das alles schreiben, wenn es ernste Konsequenzen hätte? Ist es gar unverantwortlich? Sicherlich ist meine Kritik zu unerhört, als dass sie Gehör finden kann. Dagegen wird jedem Teilchenphysiker, der mit ehrlichem Enthusiasmus ein Forschungsprojekt verfolgt, dabei wohl die Hut-

> Es ist schwer, jemandem etwas begreiflich zu machen, wenn sein Gehalt darauf beruht, es nicht zu begreifen. – Upton Sinclair, amerikanischer Schriftsteller

schnur hochgehen. Diese Empörung, die mir manchmal entgegenschlägt, trifft mich durchaus, denn ich glaube nicht, dass Einzelne die Teilchenphysik in die Krise geführt haben. Vielmehr ist sie wohl ein emergentes Phänomen in einem System, das mit falschen Regeln arbeitet – ähnlich wie der Philosoph Richard David Precht es in der Finanzkrise sieht.[194] Ebenso wie eine Finanzindustrie als solche nutzlos ist, muss in der Wissenschaft die Feststellung erlaubt sein, dass auch ein gesamtes Forschungsgebiet nicht zielführend war – selbst wenn sich jemand dadurch verletzt fühlt. Sind die Fundamente auf Sand gebaut, ist man enttäuscht, wenn Autoritäten den Bau genehmigt haben. Aber man kann nicht den Kopf mit in den Sand stecken, sonst wird irgendwann der Schaden für die Wissenschaft und die, die Wissenschaft betreiben, noch größer. So, wie Teilchenphysik im Moment betrieben wird, hat das Ganze keinen Sinn.

Die Wissenschaft kennt kein Mitleid. – Romain Rolland, Literatur-Nobelpreisträger 1915

Der Irrsinn ist bei Einzelnen etwas seltenes – aber bei Gruppen, Parteien, Völkern, Zeiten die Regel. – Friedrich Nietzsche

REPRODUZIERBAR STATT BETRIEBSBLIND

Durch eindrucksvolle Anlagen wie das CERN gerät heute ein unverzichtbarer Teil der naturwissenschaftlichen Methodik in Vergessenheit: Reproduzierbarkeit, die bedeutet, dass ein Versuch allein mit Hilfe seiner Dokumentation wiederholt werden kann. Und damit haben alle heutigen Großprojekte ein Problem. Bei gigantischen Aufbauten, die sich die Welt nur ein Mal leisten kann, ist Reproduzierbarkeit schon aus praktischen Gründen schwierig. Zwar gibt es an den großen Collidern verschiedene Detektoren mit getrennten Arbeitsgruppen, und so widersprach mir ein von mir sehr geschätzter Teilchenphysiker: „Die ‚checks and balances' gibt es hier durch konkurrierende Gruppen wie ATLAS und CMS am Large Hadron Collider oder D0 und CDF am Tevatron. Mehr oder weniger können sie sich gegenseitig nicht leiden und halten aktiv dagegen, wenn eine Behauptung schwach ist."

Alternativen ... können nicht entstehen in riesigen Communitys, deren einziges Ziel in der Verwaltung einer Monokultur besteht.[195] – Bert Schroer, theoretischer Physiker

Diese an die Tagespolitik erinnernden Scharmützel können aber kein grundlegendes Fehlkonzept aufdecken, das seit längerem im Fachgebiet etabliert ist. Denn allgemeine Methoden, wie man etwa den Hintergrund entfernt oder auf welche Weise Simulationen modelliert werden, unterscheiden sich nicht. Die konkurrierenden Kollaborationen hinterfragen die Grundlagen so wenig wie Pepsi und Cola unsere Ernährungsgewohnheiten. Im Übrigen werden sie sich auch gegenseitig über die Schulter schauen, so wie dies vor dreißig Jahren schon üblich war.* Von unabhängiger Reproduzierbarkeit kann also nicht die Rede sein. Dies alles, um es nochmals zu betonen, ist weder böser Wille noch mangelnde Kompetenz der Beteiligten, sondern Konsequenz von *Big Science*, die keine Ergebnisse mehr liefern kann, weil die Voraussetzungen wissenschaftlicher Methodik verloren gegangen sind. Soziologisch *too big to fail*, aber in der Sache längst *too big to deliver*, ist *Big Science* ein Monstrum mit einem Eigenleben, das aus historischen Gründen noch ein paar Namen gemeinsam hat mit einer Wissenschaft, die vor hundert Jahren blühte – Physik, wo bist du?

> Big science may destroy great science. – Karl Popper

MIT GLASNOST ZUR DEMOKRATIE

Wie könnte man aber Reproduzierbarkeit bei Großprojekten wie dem *Large Hadron Collider* umsetzen? Ein wunder Punkt ist die fehlende Aufzeichnung: Wie soll jemand die heutigen Experimente nachbauen, nach fünfzig oder hundert Jahren, wenn es keine direkte Überlieferung mehr gibt? Mit Hilfe von ein paar gedruckten Veröffentlichungen? Was ist mit den Millionen Zeilen von Computercode, der für die Auswertung essenziell ist? Ist das alles nachhaltig dokumentiert? Wenn schon das Experiment selbst kaum nachgebaut werden kann, so muss man wenigstens die Daten so gut wie möglich konservieren. Neben den völlig ungefilterten Daten ohne Trigger, genannt *minimum bias data*,

> Ein großer Aufwand, schmählich! ist vertan. – Johann Wolfgang von Goethe

den weiteren Verarbeitungsstufen nach Kalibrierungen (*data summary tape*, DST und Mini-DST), müssten vor allem die Aufzeichnungen der Treffer in den Detektoren bei den entsprechenden Energien, genannt *common ntuples*, frei verfügbar sein.** Wenn das wegen der Datenmenge nur zum Teil möglich ist, nun gut. Bisher ist jedoch keine einzige Teilchenkollision im Internet,

---

* Wie Gary Taubes in seinem Buch *Nobel Dreams* berichtet (S. 87), hackten damals schon Mitglieder der UA1-Kollaboration die Computerfiles ihrer Konkurrenz UA2.
** Erst ab dieser Stufe werden die Daten im „data preservation program" langfristig konserviert.

die irgendjemand ohne das Spezialwissen der Kollaborationen auswerten könnte - und das ist heutzutage eigentlich ein Skandal.

Wenn man sich verlaufen hat, muss man sämtliche bisherigen Begriffe in Frage stellen und den Blick aufs Ganze richten, unbelastet von den Modellen, die sich als untauglich erwiesen haben - aber das ist heute unmöglich. Selbst wenn sich ein Teilchenphysiker von den Denkschemata der vergangenen Generationen befreite, könnte niemand mit den Ergebnissen des CERN etwas anfangen, weil sie in einer Sprache formuliert sind, die schon die Denkweise vorgibt. Die Doktrinen der Interpretation können sich nur durch freien Zugang auflösen: Details der Rohdaten müssen öffentlich sein und alle Auswertungsschritte müssen erläutert werden, mit einsehbarem Code von Open-Source-Programmen, die jeder Wissenschaftler über das Internet bedienen kann. Vielleicht ist das eine naive Vision, aber - ganz ohne Ironie - ich denke, in hundert Jahren wird als wichtigster Beitrag des CERN zur Teilchenphysik das World Wide Web gelten.

TEIL 6:
IM KOSMOS

KOSMISCHE LEUCHTFEUER QUASARE: STIMMT DAS RATING?

In der Astrophysik geraten oft kryptische Zeichenkombinationen zu Berühmtheit - eine davon ist 3C48. Es handelt sich um die Katalognummer eines Objekts, das Astronomen in den 1960er Jahren mit den damals neuartigen Radioteleskopen registriert hatten, aber man wurde aus der punktförmigen Strahlungsquelle zunächst nicht schlau. Schließlich gelang es, von 3C48 auch ein Spektrum des sichtbaren Lichts zu gewinnen, also ein Diagramm, das zu jeder Wellenlänge die Lichtintensität zeigt. Der britische Astronom John Bolton kam dann als Erster auf die Idee, dieses Licht könnte gegenüber den bekannten Lichtwellenlängen ins Rote verschoben sein.

Dies klang aber so fantastisch, dass es niemand recht glaubte, denn eine rotverschobene Lichtwellenlänge bedeutete - ähnlich wie der tiefere Ton eines Geräuschs, das sich von uns wegbewegt - in diesem Fall eine enorme Geschwindigkeit, mit der sich die Radioquelle von der Erde wegbewegen musste, schneller, als es innerhalb der Milchstraße denkbar war. Solch eine Fluchtgeschwindigkeit konnte nur von der Expansion des Universums selbst herrühren. Edwin Hubble hatte im Jahr 1929 entdeckt, dass Galaxien sich umso schneller von uns fortbewegen, je weiter sie weg sind, was kosmologische Rotverschiebung genannt wird - seitdem erschließt man aus der Geschwindigkeit die Entfernung. Von dem punktförmig wie ein Stern aussehenden Objekt, das heute Quasar oder QSO (*quasi-stellar object*) genannt wird, meinte Bolton also, es liege außerhalb der Galaxis. Recht bekam er schließlich durch Maarten Schmidt, der an dem Quasar 3C273 nachwies, dass die in irdischen Laboren gemessenen Wasserstoff-Spektrallinien um 15,8 Prozent ins Rote verschoben waren, was einer Entfernung von gut zwei

Milliarden Lichtjahren entspricht – tausendfach weiter weg als die Andromeda-Galaxie! Quasare waren etwas ganz Besonderes. Und ihre so großen Entfernungen werfen immer noch viele Fragen auf.

Die Identifizierung der Quasare war natürlich nur möglich, weil Edwin Hubbles Entdeckung von 1930 die Kosmologie mit dem Bild des expandierenden Weltalls revolutioniert hatte. Übrigens bedeutet die Bewegung der Galaxien von uns weg dabei nicht, dass unser Standort irgendwie ausgezeichnet wäre. Wir müssen die Position der Milchstraße eher als einen von vielen Punkten auf einem Luftballon auffassen, der gerade aufgeblasen wird. Alle Punkte entfernen sich von allen anderen: Das symbolisiert die Expansion des Universums, nur eben zweidimensional auf einer Gummihaut.

(14) Edwin Hubble

Die Kosmologen interessiert besonders, wie schnell diese Expansion vor sich geht, weil man so das Alter des Universums abschätzt – man rechnet zurück zu dem gedachten Moment, in dem der Luftballon punktförmig war. Nach vielen Kontroversen geht man heute von einem Weltalter von etwa 14 Milliarden Jahren aus. Man bestimmt es mit verschiedenen Methoden: Die hellen Supernova-Explosionen, aber auch die Farben von Kugelsternhaufen und die Leuchtkraft von Galaxien erlauben es, das Alter des Universums zu messen. Nur eine Art von Objekten ist dazu ziemlich untauglich – Quasare!

HUBBLE SIEHT ROT

Das überrascht, denn wenn man vereinfachend annimmt, alle Quasare seien gleich, könnte man aus ihrer relativen Helligkeit leicht die Entfernung errechnen – so, wie mit einem Fotometer die Distanz einer Glühbirne bestimmt werden kann, wenn man weiß, dass sie 40 Watt aussendet. Sowohl mit Galaxien als auch mit Supernovae bestimmt man auf diese Weise die Ausdehnungsrate, auch Hubble-Konstante genannt. Seltsamerweise sind Quasare aber offenbar nicht gleichmäßig im Universum verteilt, man spricht sogar von einer ‚Epoche' von Quasaren im Bereich einer bestimmten Rotverschiebung, in dem sich besonders viele befinden – bei Galaxien hingegen gibt es keine solche zeitliche Konzentration.

Noch mehr irritiert, dass von den Quasaren mit der allergrößten Leuchtkraft, die zehntausendfach heller als Galaxien sind,[196] keine in unserer Nähe anzutreffen sind – die zehn hellsten überhaupt sind alle mehr als fünf Milliarden Lichtjahre entfernt. Anders formuliert – denn weit weg bedeutet ja auch einen Blick in die Vergangenheit – sind die sehr leuchtkräftigen Exemplare offenbar schon vor 2 bis 3 Milliarden Jahren erloschen. Dafür muss es einen Grund geben, und wegen dieser Auffälligkeit haben auch viele Astronomen die große Entfernung der Quasare angezweifelt, die uns die starke Rotverschiebung ihrer Spektrallinien glauben macht. Ist diese Rotverschiebung wirklich rein kosmologischer Natur, oder könnten auch andere Mechanismen verantwortlich sein? Außer der beschriebenen Widersprüchlichkeit gibt es dafür aber wenig konstruktive Anhaltspunkte.

WACKELIGER KONSENS ÜBER DIE HÖLLENMASCHINEN

Zur Zeit ihrer Entdeckung verstand man nicht, warum Quasare überhaupt so hell waren: Der übliche Prozess der Kernfusion von Wasserstoff zu Helium in Sternen, bei dem knapp ein Prozent der Masse nach Einsteins Formel $E = mc^2$ in Energie umgewandelt wird, reicht in keiner Weise aus, die Leuchtkraft zu erklären, die noch dazu von einem sehr kleinen Raumgebiet ausgeht. Vielmehr ist dafür erforderlich, dass sich etwa 6 bis 10 Prozent der Masse in Energie umwandeln, was nur möglich ist, wenn Materie in ein Schwarzes Loch stürzt und diesen Anteil als verzweifelte Hilferufe ins All strahlt – so jedenfalls die Vorstellung.

Eine weitere Besonderheit von Quasaren ist, dass sie gewaltige Materieströme ins Weltall schleudern, die aus dem Kern in entgegengesetzte Richtungen entweichen – sogenannte Jets. Diese können sich über Hunderttausende von Lichtjahren erstrecken, und auch sie ließen die Astronomen zunächst an den großen Entfernungen zweifeln, weil die Materie sich darin schneller als Licht zu bewegen schien. Später fand man heraus, dass dies ein Projektionseffekt sein kann, wobei man allerdings annehmen muss, die Jetrichtung sei nahe an der Sichtlinie.

Quasare haben also eine ziemlich kontroverse Entwicklungsgeschichte hinter sich, jedoch sind die Meinungsverschiedenheiten weitgehend beigelegt, seit man einige Quasare identifiziert hat, die die exakt gleichen Rotverschiebungen aufwiesen wie die Galaxien, in deren Zentrum man sie fand. Es scheint also zu stimmen, dass Quasare Kerne von Galaxien sind. Allerdings können es sich diese nach den Modellen nur in jungen Jahren leisten, mit dem Verheizen von Materie eine so riesige Leuchtkraft zu produzieren.

Gerade dann, wenn sich ein wissenschaftlicher Konsens entwickelt hat, ist es jedoch wichtig, dass man alle Daten im Auge behält. Auf die Quasare wurde ich durch Martín López Corredoira aufmerksam, einen spanischen Astronomen, von dem ich einen originellen Artikel[197] über Soziologie in der Physik gelesen hatte. Nachdem wir etwas korrespondiert hatten, rief ich ihn einmal an, um mir eine Helligkeitskorrektur für entfernte Galaxien erklären zu lassen, bei der ich in einem Auswertungsprogramm einen Fehler gemacht hatte, und so kamen wir auf Quasare zu sprechen, über die er gerade einen Übersichtsartikel verfasst hatte.[198] López Corredoira hat einen erstaunlichen Überblick und wirft Fragen auf, auf die andere gar nicht kommen – seine Ansichten zu Quasaren sind ausgesprochen spannend. Ärgerlich ist, dass Forscher wie er lange auf eine Daueranstellung warten müssen – in einem Artikel *Was Kosmologie und das älteste Gewerbe der Welt gemeinsam haben*[199] und in seinem Buch *Against the Tide* hatte er über seine Zunft vielleicht ein paar Wahrheiten zu viel geäußert.

In seinem Artikel über Quasare wird auch eine Diskussion beschrieben, die noch immer aktuell ist. Ausgelöst hatte sie in den 1970er Jahren Halton Arp, damals einer der führenden Kosmologen, mit seinem Buch *The redshift controversy*, in dem er das ganze Paradigma der Hubble-Expansion in Frage stellte. Obwohl seine alternative Theorie wohl kaum ernst genommen werden kann, sind Arps Beobachtungen doch bemerkenswert: Er behauptete, dass Quasare am Himmel oft um Galaxien gruppiert sind, selbst wenn sie ganz andere Rotverschiebungen als diese haben – das wäre ein Zusammentreffen, das die Entfernungsmessung mit Rotverschiebungen unglaubwürdig machen würde. Andere hielten diese Koinzidenzen dagegen für Zufall. Wahr ist, dass die Befürworter von Arps Thesen manchmal unsolide Analysen vorgelegt haben, und auch, dass einige Beobachtungen konventionell erklärt werden konnten. Andererseits gibt es tatsächlich einige verbleibende Widersprüche, die jedoch niemand mehr hören will, wie López Corredoira schreibt:[200] „Es ist ein Thema, zu dem jeder seine fertige Meinung hat, ohne die Artikel oder die Details des Problems zu kennen, weil einige führende Kosmologen es als Humbug bezeichnet haben." Hier offenbart sich wieder das Dilemma der spezialisierten Wissenschaft: Es ist bequem, sich an den Autoritäten zu orientieren, ohne über die Probleme nachzudenken. Sie für erledigt zu erklären, ist vielleicht ein verständlicher Wunsch, aber gefährlich. Quasare haben eine so immense Bedeutung für unser Verständnis des Universums, dass eine Fehlinterpretation verheerend wäre.

> Wo Rätsel mich zu neuen Rätseln führten, da wußten sie die Wahrheit ganz genau. – Franz Grillparzer, österreichischer Schriftsteller

LANGGEZOGENE WASSERSTOFFWOLKEN UND FEHLENDE ZEITLUPE

Ziemlich merkwürdig ist Folgendes: Das Licht von Quasaren legt Milliarden von Lichtjahren zu uns zurück und geht dabei durch Gebiete, die eine geringere Rotverschiebung als der Quasar selbst haben. So erhält man ziemlich genau Auskunft über die Materieverteilung im Universum: Fehlt zum Beispiel im Spektrum eines Quasars eine Lichtwellenlänge* mit einer bestimmten Rotverschiebung, weiß man sofort, dass sich an dieser Stelle der Sichtlinie eine Wasserstoffwolke befindet, die das Licht geschluckt hat. Jeder Quasar teilt uns auf diese Weise mit, wo auf dem Weg zu ihm Wasserstoffwolken liegen und wie groß sie sind. Andererseits sieht man die Ausdehnung von Wasserstoffwolken quer zur Blickrichtung natürlich auch, wenn Quasare nahe beieinander liegen.[201] Erstaunlicherweise scheinen sie in der Blickrichtung ausgedehnter zu sein – das bedeutet, die Wasserstoffwolken wären im Mittel zigarrenförmig und würden auf uns zeigen, was natürlich absurd wäre. Wahrscheinlich verstehen wir hier etwas nicht.

Darüber hinaus sehen wir beim Blick auf entfernte Quasare ziemlich junge Exemplare einer weit zurückliegenden Vergangenheit – das Licht musste ja erst zu uns kommen. Dennoch haben sie schon einen hohen Anteil schwerer Elemente,[202] die sich gewöhnlich erst im Laufe von Jahrmilliarden in den Sternen bilden. Auch das sieht etwas komisch aus, Teenager-

---

* Man bezieht sich hier in der Regel auf die Lyman-Alpha-Linie des überall vorhandenen Wasserstoffs bei 121,6 nm.

Sterne mit Falten im Gesicht. Und schließlich sollten beim Blick zurück in die Vergangenheit nach der Allgemeinen Relativitätstheorie alle Vorgänge in einer Art Zeitlupe erscheinen: So laufen etwa entfernte Supernova-Explosionen scheinbar viel langsamer ab als nahe – für die typischen Helligkeitsschwankungen von Quasaren gilt dies jedoch nicht,[203] obwohl man es nach der Theorie erwarten sollte. All diese Unregelmäßigkeiten sind befremdlich, werden jedoch im Vergleich zu den großen Modethemen unter Astrophysikern kaum diskutiert. Es gibt enorme Unterschiede in der Popularität von Themen, die einzig davon abhängen, ob sie sich zur Bestätigung der gängigen Modelle eignen oder nicht. Im ersten Fall werden oft subtilste Effekte breitgetreten, die nicht so überzeugen wie diese relativ direkten Beobachtungen.

> Wenn wir unkritisch sind, bekommen wir immer, was wir wollen: Wenn wir danach suchen, finden wir Bestätigungen, wenn nicht, übersehen wir gerne, was für unsere Lieblingstheorien gefährlich sein könnte. – Karl Popper

THEORIEUNTERNEHMEN OHNE BUCHHALTUNG

Die gängige Vorstellung von Quasaren setzt voraus, dass Schwarze Löcher existieren. Lässt man den Glauben an die Richtigkeit der Allgemeinen Relativitätstheorie einmal außen vor, gibt es für diese aber keinen klaren Nachweis – schon gar nicht, was die Größe betrifft. Und noch viel weniger kann man aus den Spektren der Quasare einen direkten Beweis dafür ableiten, dass die Kerne von aktiven Galaxien tatsächlich Schwarze Löcher sind. Inzwischen ist ein plausibles Modell entstanden, aber es enthält doch zahlreiche Annahmen, über die niemand mehr Buch führt. Schon die Energieabstrahlung ist reichlich vertrackt: Rotiert Materie um ein Schwarzes Loch, tut sie das in der sogenannten Akkretionsscheibe unterschiedlich schnell, sodass sie sich durch Reibung enorm aufheizt. So entweicht aus der Scheibe Licht eines kontinuierlichen Spektrums wie bei einem Regenbogen, gleichzeitig sind Linien ganz bestimmter Wellenlängen ein Fingerabdruck der chemischen Elemente. Und schließlich werden die Wellenlängen auch noch durch die hohen Geschwindigkeiten verschoben: Denn die abstrahlenden Substanzen befinden sich nach dem Modell auch außerhalb der Akkretionsscheibe, einmal in schnellen, einmal in langsameren Wolken, und so weiter ...

> Alle Prüfung ... einer Annahme geschieht schon innerhalb eines Systems. – Ludwig Wittgenstein

Das Ganze ist also nicht so einfach, was kein Vorwurf sein soll. Aber ein echter *Test* im Sinne exakter Naturwissenschaft ist das Quasarmodell nicht. Dafür ist es zu wenig quantitativ – nirgendwo kann man eine prozentuale Übereinstimmung eines Messwerts mit der Theorie angeben. Das Problem ist, dass man eine Menge Erklärungen dafür finden kann, warum man eine bestimmte Lichtwellenlänge sieht oder nicht sieht: sei es, dass Atome durch Licht oder Stöße angeregt werden, sei es, dass manche Wolken dünn und damit durchlässig für Strahlung sind oder nicht – es gibt sehr vieles, was uns einen klaren Blick auf den Quasar verstellt. Und vielleicht verstellt sogar das ganze Modell den Blick auf die wahre Natur der so rätselhaften Objekte.

Zum Beispiel müsste man bei Quasaren elektrische und magnetische Effekte viel genauer betrachten, die in der gesamten Astrophysik oft sträflich vernachlässigt werden, vielleicht weil eine quantitative Beschreibung unüberwindlich schwierig ist. Die gewaltigen Jets, die fast mit Lichtgeschwindigkeit vom Kern ausgestoßen werden, führen zwangsläufig zu einer Trennung von Ladungen, ähnlich wie bei einem Gewitter. Die stark rotierenden Scheiben müssen ebenfalls von starken Magnetfeldern durchsetzt sein, die Schläuche von Feldlinien bilden, welche sich in komplizierter

> Man entdeckt mit Demut, wie viele unserer Annahmen, die so neuartig und plausibel schienen, schon geprüft wurden, nicht einmal, sondern oft und vielgestaltig, um sich dann nach großer Anstrengung als vollkommen falsch herauszustellen. – Paul Johnson, britischer Historiker

Weise verdrehen. Solche Schläuche können reißen und wieder zusammenwachsen, was auf unserer vergleichsweise winzigen Sonne zu enormen Eruptionen führt. Man stelle sich diese Effekte in der viel größeren Akkretionsscheibe eines Galaxienkerns vor! Jemand, der sich damit auskannte, der Plasmaphysiker und Nobelpreisträger Hannes Alfvén, entwickelte zum Beispiel ein Modell von Quasaren, das völlig anders ist als das im Moment favorisierte.[204] Wissenschaftstheoretisch haben aber alle ein Problem mit der großen Anzahl von freien Parametern, die man an die Daten anpassen kann.

AUSREIßER STELLEN UNBEQUEME FRAGEN

Nicht einmal der chemische Fingerabdruck der Quasare, nämlich die parallele Verschiebung bekannter Emissionslinien um den gleichen Faktor ins Rote, ist immer so eindeutig, wie man sich das wünschen würde. Es kann zum Beispiel vorkommen, dass eine Wasserstofflinie die Rotverschiebung

$z = 2{,}4$ suggeriert,* aber eine Sauerstofflinie mit $z = 2{,}5$ widerspricht. Welche Linie ist richtig? Wenn man das Modell retten will, immer beide, zum Beispiel indem man annimmt, die Atome befänden sich in verschiedenen Wolken, die sich relativ zueinander bewegen. Aber es könnte auch ein kleiner Hinweis sein, dass etwas nicht stimmt. Theoretisch entsteht Rotverschiebung auch dadurch, dass das Licht das Gravitationsfeld einer großen Masse verlassen muss. Im konventionellen Bild ist dieser Effekt sehr klein, aber erlaubt man sich Zweifel daran oder gar an der Allgemeinen Relativitätstheorie, könnte der kosmologische Teil der Rotverschiebung auch geringer sein – ein Gedanke, der mir nicht aus dem Kopf geht. Sofort auffallen würde das in den Spektren keineswegs. Allerdings kann man dies nur durch eine konkrete Alternative testen. Daher hört man oft das Argument: „Solange wir nichts Besseres haben…" Aber angesichts der zahlreichen Ungereimtheiten in den Befunden zu Quasaren wäre es leichtfertig, unsere derzeitigen Erkenntnisse für endgültig zu halten.

Im Moment habe ich einen außergewöhnlich begabten Schüler, der schon in der elften Klasse ein Analyseprogramm für die 160 000 Quasarspektren im SDSS-Katalog** geschrieben hat, von denen wir auf diese Weise etliche untersuchen konnten. Uns fiel zum Beispiel auf, dass es praktisch keinen Quasar mit Emissionslinien von Helium gibt – immerhin das zweithäufigste Element im Universum. Wahrscheinlich gibt es dazu eine gute Erklärung, aber es wäre jedenfalls interessant, der Frage nachzugehen. Methodisch betrachtet ist die Astrophysik hier in einer ungleich besseren Lage als die Teilchenphysik: Jeder kann ihre Modelle testen. Datenbanken wie SDSS ermöglichen es im Prinzip jedem, auch Theorien zu überprüfen, für die eine nach Mehrheitsmeinung finanzierte Forschung keine Mittel erübrigen würde. Diese Möglichkeit stimmt hoffnungsvoll: Die Wahrheit kann früher oder später ans Licht kommen.

---

* Das würde bedeuten, die Wellenlänge ist $z + 1 = 3{,}4$ Mal so lang wie im Labor auf der Erde.
** Sloan Digital Sky Survey ist eine offen zugängliche astrophysikalische Datenbank.

KOSMOLOGIE AUF PUMP:
DIE DUNKLE KRISE IM UNIVERSUM

Supernova-Explosionen sind die größten Katastrophen im Weltall. Ist ein ausgebrannter Stern schwerer als jene 1,4 Sonnenmassen, die Chandrasekhar 1930 berechnet hatte, kann sein Inneres dem Gravitationsdruck nicht mehr standhalten: Der Stern implodiert zunächst, setzt dann aber Energie mit einer Explosion frei, die in der Regel heller leuchtet als eine gesamte Galaxie von hundert Milliarden Sonnen. Ein bestimmter Typ von Supernova hat annähernd die gleiche Helligkeit und ist daher ein guter Entfernungsmesser auf große Distanzen. Das war im Prinzip schon länger bekannt, aber erst Mitte der 1990er Jahre war eine systematische Suche nach Supernovae im frühen Universum möglich. Damit konnte man nicht nur die Hubble-Konstante, also die momentane Ausdehnungsgeschwindigkeit des Universums, genauer bestimmen, sondern auch erstmals die Geschichte seiner Expansion verfolgen. Früher war man wie selbstverständlich davon ausgegangen, dass die Gravitationskraft die Expansion abbremst, die Frage war allenfalls, wie stark. Dagegen zeigte sich 1998, dass die Expansion des Universums heute schneller abläuft als früher, das heißt beschleunigt erscheint. Für diese Entdeckung und die dazugehörige raffinierte Methode teilten sich zwei Beobachtergruppen, die sich ein spannendes Wettrennen um entfernte Supernovae geliefert hatten, den Nobelpreis 2011.

Die ganz große Überraschung, als die die beschleunigte Expansion heute gerne dargestellt wird, war sie aber wohl nicht wirklich. Denn jeder wusste, dass die vorherigen Messungen der Hubble-Konstante nur dann ein Weltalter von 14 Milliarden Jahren ergaben, wenn man die momentane Expansionsgeschwindigkeit einfach in die Vergangenheit zurück extrapolierte – so, als gäbe es keine Wirkung der Gravitation! Rechnete man diese mit ein, so erhielt man nur peinliche 9 bis 10 Milliarden Jahre, was wegen verschiedener anderer Messungen unhaltbar war, zum Beispiel wegen des Alters von Kugelsternhaufen* - und Brian Schmidt, einer der Preisträger von 2011, den ich einmal darüber diskutieren hörte, kennt sich ziemlich gut mit Kugelsternhaufen aus. Die Kosmologie befand sich damals also in einer Zwickmühle, aus der die Entdeckung der beschleunigten Expansion einen Ausweg eröffnete. Am wenigsten überzeugt dabei die mitgelieferte Ad-hoc-Erklärung: Das Universum bestehe zu 70 Prozent aus einer ‚Dunklen Energie', deren Gravitationswirkung abstoßend statt anziehend sei. Ebenso hätte man neutrale Elektrizität oder ein rundes Quadrat erfinden können. Die Dunkle Energie hat insofern nur oberflächlich mit Einsteins ‚kosmologischer Konstante' zu tun, die fleißig als Werbung dafür benutzt wurde – Einstein hatte damals in ganz anderem Kontext eine Vereinfachung im Sinn gehabt.

> Die Ideen können nichts dafür, was die Menschen aus ihnen machen. –
> Werner Heisenberg

DUNKLE ENERGIE ODER VERDUNKELTE EINSICHT?

Dass die Dunkle Energie just in der Konzentration vorliegt, die das Weltalter wieder auf 14 Milliarden Jahre hochschraubt, so als gäbe es keine Gravitation, ist doch höchst verdächtig. Bruno Leibundgut, ein Mitglied des High-z-Supernova Teams, schrieb mir 2007 in einer Mail, die Interpretation ohne Gravitationswirkung sei diskutiert worden, inzwischen aber auszuschließen. Das überzeugte mich eine Zeit lang, aber eine genauere Untersuchung[205] zeigte, dass die Evidenz für eine Beschleunigung nur "marginal" war. Das bedeutet nichts anderes, als dass die Gravitation auf kosmologischer Skala gar nicht wirkt! Jedenfalls scheint mir so eine einfache, wenn auch theoretisch noch unverstandene Lösung viel wahrscheinlicher als eine weitere Komplizierung durch die Dunkle Energie. Derweil verschafft deren konzeptionelle Absurdität den Theoretikern ein neues Arbeitsgebiet, das sie ohne Ende beackern

> In der Tat scheint es, dass bei noch größeren Entfernungen zweier Körper die Gravitationsanziehung völlig aufhört. Das ist ein Befund, der schwere Zweifel an der Gültigkeit der Allgemeinen Relativitätstheorie aufkommen lässt.[206] –
> Fritz Zwicky

---

* Diese Sternansammlungen verraten ihr Alter, wenn sich in ihnen keine jungen Sterne mehr befinden – was man wiederum an deren Farbe erkennt.

können,* und auch jene Beobachter profitieren, die nach dem neu entdeckten Phantom an anderen Stellen Ausschau halten – übrigens ein Paradebeispiel einer Symbiose zwischen Theorie und Praxis, die alle zufriedenstellt. Genau deswegen ist die Dunkle Energie ein wissenschaftstheoretisch bedenkliches Produkt, eine Ausrede, die, wie Erwin Schrödinger in anderem Kontext so schön sagte, uns das Nachdenken erspart.

Noch bizarrer sind Vorschläge, das neue Rätsel der Kosmologie der Teilchenphysik in die Schuhe zu schieben, etwa der Idee, die Masse der Neutrinos nehme stetig zu.[207] Logisch, dass die Simulationen besser laufen, wenn man den Zutaten willkürliches Benehmen zugesteht. Man kann nur gespannt sein, mit welchen Verrenkungen sich die Neutrinojäger von der Massen*zunahme* überzeugen werden, ohne die Masse selbst nachgewiesen zu haben. Wie Bakterienstämme ihre Gene austauschen, so verwenden Astro- und Teilchenphysik heute gegenseitig ihre freien Parameter, um gegen jede Falsifizierung resistent zu werden.

PLANWIRTSCHAFT OHNE PLAN

Schon die Dunkle Materie war ein wenig erfolgreicher Versuch, Widersprüche mit einer Hilfskonstruktion aus etwas Unsichtbarem zu lösen. Dass sich jedoch das Spiel mit der Dunklen Energie so glatt wiederholte und inzwischen 96 Prozent des Universums als nicht beobachtbar gelten, ist eine riskante Kreditaufnahme der Theorie, die man irgendwann mit Beobachtung bezahlen muss.** Der Einwand, das Modell beschreibe dafür die Daten so präzise, ist albern: Denn wenn man sich gerade einen neuen Freiheitsgrad in Form der Dunklen Energie genehmigt hat, braucht man sich nicht zu wundern, wenn sich das flexiblere Modell noch genauer an die Daten anpasst[208] – so als ob ein Sultan, nachdem er gerade seinen Harem erweitert hat, sich rühmte, er könne es mit der Treue nun genauer nehmen.

Bei einigen Kapriolen fragt man sich geradezu, ob künftige Generationen sie nicht als Satire auffassen werden: Zum Beispiel gibt es ein paar widersprüchliche Daten zu Galaxienhaufen bei hohen Rotverschiebungen,

---

* Richard Panek macht sich in seinem Buch *Das 4%-Universum* (S. 297) den Spaß, 47 theoretische Modelle mit Namen wie „fünfdimensionale Ricci-flache Bouncing-Kosmologie" aufzuführen. Auch der theoretischen Kosmologie geht es nicht mehr gut.
** Ich necke einmal den Kosmologen Michael Turner mit diesem Vergleich, aber er antwortete schlagfertig: „In America, we use to do so!"

und dies wird allen Ernstes mit einer neu postulierten Wechselwirkung zwischen Dunkler Materie und Dunkler Energie ‚erklärt'.[209] Schöner hätte man das Prinzip der Epizykeltheorie, das Errichten von Unverständnis auf Unverstandenem, nicht persiflieren können. Solange solch systematisiertes Flickwerk als Wissenschaft gilt, befindet sich die Astrophysik zweifellos in einer Phase der Degeneration – Konjunktur in Vierhundertjahres-Zyklen. Amüsant, aber nachhaltig zerpflückt Mike Disney von der Universität Cardiff die moderne ‚Präzisionskosmologie':[210]

> Es ist viel einfacher, etwas zu messen, als genau zu wissen, was man misst. – Unbekannt

„Das gerade in der Mode befindliche Konkordanzmodell der Kosmologie hat 17 unabhängige freie Parameter. 13 dieser Parameter sind gut den Beobachtungsdaten angepasst, die anderen vier bleiben Puffer. Diese Situation ist alles andere als gesund."

Logisch-wissenschaftstheoretisch betrachtet besitzt das Modell damit keine Aussagekraft, was Kosmologen im Allgemeinen nicht gerne hören. Man wünschte sich so eine Analyse allerdings auch für die Teilchenphysik. Gegen diese ist selbst das kosmologische Standardmodell noch ein Muster an denkökonomischer Übersichtlichkeit.

Obwohl man die Summe der Supernova-Beobachtungen als beschleunigte Expansion des Universums interpretieren kann, sind doch die Daten im Einzelnen keineswegs gut verstanden, insbesondere der Mechanismus, der Supernovae so hell macht. Allgemein geht man davon aus, der radioaktive Zerfall von Nickel zu Eisen leuchte so stark. Wolfgang Kundt von der Universität Bonn, der gerne aus dem Mainstream ausschert, erläuterte mir mit spöttischem Unterton, zur Erklärung der Supernova 2006bg benötige man eine Menge des Elementes Nickel von der zwanzigfachen Masse der Sonne. Und das, obwohl angeblich 99 Prozent der Supernova-Energie in Neutrinos steckt, die praktisch nicht zu detektieren sind – bequeme Stellschrauben, die hier aus der Teilchenphysik importiert wurden. Wollte man Supernovae ernsthaft verstehen, müsste man zudem den sicher sehr wichtigen Effekt der Magnetfelder rotierender Sterne mit einrechnen. Daran scheitern jedoch auch die aufwendigsten Simulationen.

EINE OBSKURE GESCHICHTE

Neben den Supernovae erzählen vor allem Quasare die Geschichte des Universums, denn aus ihrem Licht lässt sich die Verteilung der Wasserstoffwolken auf der Sichtlinie ablesen. Das so aufgenommene Bild der typischen Strukturen im Universum ist verwunderlich: Gebiete konzentrierter Materie, die in flächenartigen Strukturen zusammenhängen, wechseln sich mit riesigen Leerräumen ab, die das Quasarlicht ungehindert durchdringen kann. Diese sogenannten *Voids* versteht man sehr schlecht. Einerseits ist zwar einleuchtend, dass Materie sich ab einer kritischen Dichte durch ihre eigene Gravitation zusammenzieht und Klumpen bildet, aus denen Galaxien und Galaxienhaufen entstehen – man nennt dies auch Strukturbildung. Umgekehrt passiert bei einer *zu geringen* Dichte erst mal gar nichts: Es gibt keinen Mechanismus der Gravitation, der verständlich macht, warum Gebiete solcher Größe von Materie perfekt freigeräumt worden sind – als wäre ein kosmischer Staubsauger am Werk gewesen.

Besonders merkwürdig ist dies in der kosmischen Frühgeschichte, als die Materie gar nicht genug Zeit hatte, sich so zu organisieren. Wenn sich also Quasarlicht im frühen Universum ganz ungehindert ausbreitet, ist das ein Problem. Denn damals musste es Wasserstoff in atomarer, also elektrisch neutraler Form geben, der gar nicht anders kann, als Licht einer bestimmten Wellenlänge zu schlucken.* So verfiel man auf einen neuen Kunstgriff: Wenn der Wasserstoff stattdessen ionisiert, das heißt in Protonen und Elektronen zum Plasma gespalten worden wäre, dann wäre er bei jener Wellenlänge lichtdurchlässig – also stellt man sich vor, dies sei irgendwie passiert. Diese sogenannte Reionisierung ist seitdem zu einer akzeptierten These mutiert, obwohl es nicht den geringsten direkten Hinweis darauf gibt. Es ist eigentlich ziemlich unglaubwürdig, dass die riesigen Blasen aus heißem Plasma von Strukturen aus nachweislich ziemlich kalten Wasserstoffwolken umgeben sein sollen – warum wurden diese nicht auch ionisiert? In 14 Milliarden Jahren hätten sich die Wolkenstrukturen auflösen sollen wie filigrane Eiskristalle in Heißluft.

> Begreifen wir zu schnell, so begreifen wir wahrscheinlich nicht gründlich. –
> Fjodor Dostojewski

---

* Interessant ist übrigens, dass sich Wasserstoff*moleküle* aus zwei Atomen äußerst schlecht und nur über indirekte Methoden detektieren lassen.

SIMULIERTE EVIDENZ ODER EVIDENT NUR SIMULATION?

Bei der Reionisierung handelt es sich um eine jener Folgerungen aus Nicht-Sehen, die man letztlich als Beleg für alles verwenden kann – ein wissenschaftsmethodisches Hamsterrad. Abgesehen davon muss man wieder neue freie Parameter wie etwa die ‚Durchsichtigkeit' des Universums einführen, um die widerspenstigen Daten des frühen Universums zu bändigen. Sinnigerweise heißt die Epoche, in der die Reionisierung stattgefunden haben soll, dunkles Zeitalter, ein Tummelplatz für Computersimulationen, die traditionell dort am erfolgreichsten sind, wo es keine Beobachtungsdaten gibt. Als Mechanismus, der die Wasserstoffatome plötzlich wieder gespalten haben könnte, werden die ‚ersten Sterne' vorgeschlagen (welche sonst?) oder sogar ‚Sterne' aus Dunkler Materie – man tappt dort, buchstäblich, im Dunklen. Aber vielleicht macht ja gerade das einen spannenden Spielplatz aus... Die Reionisierung ist ein Vorwand für die schlecht verstandenen Mechanismen der Strukturbildung im frühen Universum. Die Materie könnte schon anfangs ungleich verteilt oder gar das Gravitationsgesetz falsch sein. Aber die Wissenschaftsentwicklung ist eine Bewegung auf einem abschüssigen Hang, der sich zu den bequemen und billigen Erklärungen neigt und eine Umkehr, die Etabliertes wieder in Frage stellt, beschwerlich macht. Je mehr Menschen sich darauf befinden, desto ausgeprägter scheint diese Neigung zu werden: ein Hang zum Konsens.

Eine ebenfalls fest verwurzelte Überzeugung unter Kosmologen ist, dass das Universum homogen, also von gleichmäßig verteilter Materie erfüllt ist, obwohl schon die ersten Beobachtungsdaten[211] von 1937 auf das Gegenteil hindeuteten. In den 1980er Jahren konnten zwei Forscher aus Harvard zum ersten Mal ein größeres Gebiet im Universum dreidimensional vermessen, und trotz der sensationellen Inhomogenität – große Leerräume, flächen- und filamentartige Galaxienanordnungen – blieb im Hinterkopf der Kosmologen die Überzeugung haften, die Homogenität müsse sich auf großen Skalen wieder einstellen. Auch wenn die Meeresoberfläche turbulent aus-

> Unwissenheit ist die Nacht des Geistes, eine Nacht ohne Mond und Sterne. – Konfuzius

> Die Summe der nahe liegenden Schritte ist oft ein Weg in die falsche Richtung. – Richard David Precht, deutscher Publizist

sehen mag, zweifelt man doch nicht, dass sie im Großen eine glatte Fläche darstellt – aber im Kosmos könnte es anders sein. Das

> Angewöhnung geistiger Grundsätze ohne Gründe nennt man Glauben. –
> Friedrich Nietzsche

Dogma wackelte aber erst nach einem Impuls von außen – in diesem Fall von einer Forschergruppe um Luciano Pietronero, einem Professor für statistische Physik aus Rom, der bei einer Konferenz in Princeton 1996 die versammelten Koryphäen der Galaxienforschung in Aufruhr versetzte. Ich bat ihn einmal zu erzählen, wie er es dort geschafft habe, sich gegen die Meinung der Mehrheit zu behaupten. Pietronero trug auf dieser Konferenz seine Ergebnisse vor, die eine inhomogene Struktur der Galaxienverteilung zeigten. Die besten Argumente, die an den kritischen Stellen eigentlich hätten kommen müssen, hielt er jedoch schlauerweise zurück, da eine lange Diskussion vorgesehen war. Am Ende seines Vortrags war im Saal schon Unruhe zu spüren, weil seine Resultate mit dem Standardmodell der Kosmologie vollkommen unvereinbar waren. Prompt forderte man ihn auf, zu den Stellen zurückzukehren, über die er, Zeitmangel vorschützend, etwas schnell hinweggegangen war. Statt Unsicherheit erwartete die Frager aber ein zusätzliches Diagramm mit perfekt vorbereiteter Erläuterung des Problems, und als sich das Spiel vier bis fünf Mal wiederholte, wurden die Gegner allmählich sprachlos – die Standardkosmologie war blamiert. Pietronero grinst heute noch über diesen Coup, aber die Botschaft, dass das Universum auch auf großen Skalen inhomogen sein könnte, ist immer noch nicht recht ins Bewusstsein gedrungen. Hier, wie in jeder Herde, finden Abstimmungen mit den Füßen statt.

> Ein Urteil lässt sich widerlegen, aber niemals ein Vorurteil. –
> Marie von Ebner-Eschenbach, österreichische Erzählerin

DAS ANGEPASSTE UNIVERSUM

Inzwischen kann man die Verteilung der Galaxien auch mit Hilfe des SDSS-Katalogs analysieren, der Millionen von Positionsdaten enthält. Francesco Sylos Labini, Pietroneros Schüler, zeigte damit, dass Galaxiensuperhaufen viel ausgedehnter sind als die hundert Millionen Lichtjahre, die man früher für möglich gehalten hatte[212] – vielmehr erstrecken sich die Strukturen praktisch über das ganze sichtbare Universum! Dagegen fand Sylos Labinis eingehende Analyse[213] keinen Beleg für die als Sensation publizierte Behauptung, die Galaxienverteilung spiegle sich im kosmischen Mikrowellenhintergrund wider,[214] welche als Bestätigung des Standardmodells gefeiert wurde.* Interessanterweise machte der Autor dieses beliebten Artikels tatsächlich einen kleinen Rückzieher, als er später trotz besserer Daten eine geringere Signifikanz des Ergebnisses angab.[215] Sein Kollege David Hogg aus New York sagte auf einer Konferenz in Leiden 2010 über die frühere umstrittene Bestätigung: „Let's say, he was lucky to find it." Klingt nicht so ganz überzeugt.

Die gleiche Gruppe aus New York veröffentlichte zudem einen Artikel, in dem die Homogenität des Universums ebenfalls mit Hilfe des SDSS-Galaxienkatalogs ‚bewiesen' wurde.[216] Dabei verwendete man allerdings eine Auswahl sogenannter leuchtstarker roter Galaxien, die die Gruppe selbst konstruiert hatte – physikalisch ist auch nicht recht klar, was dieser Galaxientyp zu bedeuten hat. Dass darunter offenbar auch Artefakte sind, die die Resultate verfälschen, scheinen nun wieder die Leute aus Rom gezeigt zu haben.[217] Leider weiß ich aus eigener Erfahrung mit einem einfacheren Problem, dass solche Analysen alles andere als trivial sind. Es ist zwar ein Fortschritt, dass jeder sich der frei verfügbaren Daten bedienen kann, aber es wäre noch besser, die Kontrahenten würden ihre Auswertungsprogramme öffentlich machen. Die Wunschvorstellung von der Homogenität des Universums ist jedenfalls auf dem Rückzug. Aber die Mühlen der Falsifizierung mahlen nur sehr langsam.

> Manche Dinge werden geglaubt, weil die Leute fühlen, dass sie wahr sein müssen, und in solchen Fällen braucht man enorm viele Beweise, um den Glauben wieder abzubauen. – Bertrand Russell

Nicht nur die räumliche Verteilung der Galaxien, sondern auch der Blick zurück in frühere Epochen mit hoher Rotverschiebung wirft eine Reihe von Rätseln auf. So stellte selbst die Gruppe von David Hogg aus New York in einer Untersuchung[218] fest, dass die Galaxien früher im Mittel leuchtkräftiger waren – ohne erkennbaren Grund. Es charakterisiert die praktische Arbeitsweise, dass dieser Effekt mit einem freien Parameter namens ‚Helligkeitsevolution' angepasst wurde. Warum Unverstandenes zum Problem machen?

Noch drastischer ist eine Anomalie, die Martin López Corredoira beim Vergleich von alten und jungen Galaxien entdeckte: Die Exemplare im frühen Universum sind im Mittel sechsmal kleiner, als sie nach der konventionellen Kosmologie sein dürften[219] – ein recht heftiger Widerspruch. Demge-

---

* Mit bisher fast 1500 Zitaten in der Literatur. Irgendwann kann es gar nicht mehr falsch sein.

genüber schneidet ein Modell, das keinerlei Gravitationskraft auf großen Skalen annimmt, erstaunlich gut ab, wie schon bei den Supernova-Daten. Das spricht eigentlich klar gegen die Korrektheit des Standardmodells, meist werden aber solche Ergebnisse mit dem Argument weggeredet, Galaxien könnten sich eben entwickeln. Diese ‚Evolution' ist zu einem Joker geworden, der Widersprüche aller Art übertrumpft.

> Das Universum, wie wir es kennen, ist ein gemeinsames Produkt der Beobachter und des Beobachteten. – Teilhard de Chardin, französischer Philosoph

WARUM GLAUBEN WIR EIGENTLICH AN DAS GRAVITATIONSGESETZ?

Die Beobachtungen der letzten Jahrzehnte in der Astrophysik und Kosmologie waren außerordentlich spannend, und wir dürfen sogar hoffen, dass die fetten Jahre der Präzisionsdaten noch andauern. Das ehemals einfache Bild des Kosmos hat dadurch jedoch viele Ergänzungen erfahren, die zum Ballast für die Glaubwürdigkeit geworden sind. Solche Prozesse verlaufen typischerweise über Forschergenerationen hinweg als schleichende Erosion, die im Tagesgeschäft kaum wahrgenommen wird. Auch wenn das Modell auf der allseits respektierten Allgemeinen Relativitätstheorie Einsteins beruht, ist es durch zahlreiche freie Parameter so aufgebläht worden, dass es nicht mehr als legitimer Erbe dieser Theorie gelten kann.

Dass sich die Kosmologie des Standardmodells aber so wenig an die methodische Lektion des geozentrischen Weltbildes erinnert, macht mich manchmal fassungslos. Niemand scheint sich an der fortschreitenden Komplizierung zu stören. So wurde in einem ‚Test' des Standardmodells sogar ein freier Parameter eingeführt, der „unbekannte systematische Effekte" beschreibt[220] – ebenso könnte man Aufwendungen für eine schwarze Kasse von der Steuer absetzen wollen. Es ist an allen Ecken und Enden evident, dass man die Strukturbildung im Universum unzureichend versteht,[221] denn mit der herkömmlichen Vorstellung von Gravitation kann man nicht nachvollziehen, wie Materie in solchem Ausmaß zusammenklumpen konnte. Stattdessen werden immer neue Ausflüchte erfunden, wie etwa die dunklen Halos, die die Galaxien formen sollen, und etliche

> Nachdenken ist die ungesündeste Sache in der Welt. – Oscar Wilde

weitere Verlegenheitskonzepte, die mehr schlecht als recht funktionieren. Man versteht die Entstehung von Galaxien nicht, die von Galaxienhaufen nicht, es hapert schon beim Sonnensystem.* Nur den Urknall, den verstehen die Theoretiker selbstverständlich gut, nicht zuletzt durch die Urknall-Simulationen am CERN. Je größer die Struktur, desto großspuriger die Behauptung.

Aber ernsthaft: Es ist Zeit, die Gravitationstheorie in Frage zu stellen. An ihr wird im Übrigen weniger aus Respekt vor Einstein festgehalten oder wegen ihrer oft strapazierten Schönheit, sondern aus Bequemlichkeit. Die Tests, die diese Theorie bestanden hat, sind beeindruckend – aber sie haben während eines Wimpernschlags kosmischer Zeit im Sonnensystem stattgefunden.[222] Darüber hinaus ist das Gravitationsgesetz nicht überprüft, und dennoch wird seine Gültigkeit auf der milliardenfach größeren Skala von Galaxien unterstellt. Eigentlich ist es sehr naiv, unser bescheidenes Wissen über so viele Größenordnungen zu extrapolieren. Und das sichtbare Universum ist noch millionenfach größer als die Ausdehnung einer Galaxie...

Der Frosch, der im Brunnen sitzt, beurteilt das Ausmaß des Himmels nach dem Brunnenrand. – Chinesisches Sprichwort

---

* Zum Beispiel ist die Verteilung der chemischen Elemente in der Erde rätselhaft. Eigentlich dürften schwere Metalle wie Gold in der Erdkruste gar nicht zu finden sein, weil sie versunken sein müssten. Man muss sich mit der Annahme behelfen, wir verdankten dies den Meteoriten.

ABGEKÜHLTE BONITÄT: DER KOSMISCHE MIKROWELLENHINTERGRUND

„Jungs, wir sind aus dem Rennen!", rief Robert Dicke, Astrophysiker in Princeton, seiner Arbeitsgruppe zu, nachdem er den Telefonhörer aufgelegt hatte. Arno Penzias, ein bei den *Bell Laboratories* beschäftigter Physiker, hatte ihm gerade berichtet, eine am Nachthimmel gleichmäßig verteilte Mikrowellenstrahlung gefunden zu haben. Penzias, der die Bedeutung seiner Entdeckung zunächst nicht erkannte, war zu Ohren gekommen, dass Dicke nach den Überresten einer heißen Strahlung fahndete, von der das Weltall relativ kurz nach dem Urknall erfüllt war. Dickes Arbeitsgruppe baute selbst schon an einer Antenne, als sie erfuhr, dass sie von den nur sechzig Kilometer entfernten *Bell Labs* überholt worden war. Den Nobelpreis für die Entdeckung erhielten Penzias und sein Kollege Wilson 1978. Dicke ging leer aus.

Die Wasserstoff- und wenigen Heliumkerne im frühen Universum waren wegen der großen Hitze zunächst von ihren Elektronen getrennt, sodass diese erst nach einer Phase der Abkühlung ihr Nomadenleben aufgaben und mit den Kernen stabile Atome formten. Im Gegensatz zum vorherigen Plasmazustand, in dem geladene Teilchen durcheinander schwirrten, war der Kosmos nun weitgehend neutral, und elektromagnetische Wellen, also Licht, konnten sich erstmals ungehindert ausbreiten, ohne von elektrischen Ladungen belästigt zu werden - man spricht daher auch von der ‚Entkopplung' von Strahlung und Materie. Die Überbleibsel dieses frühen Feuerballs wurden inzwischen mit den Satelliten COBE, WMAP und Planck* mit unge-

---

* Eigentlich sind die letzten beiden keine Satelliten, sondern Raumsonden, da sie sich nicht um die Erde bewegen, sondern mit ihr gemeinsam um die Sonne kreisen.

heurer Präzision vermessen – man sieht auch an ganz schwarzen Stellen des Himmels eine winzige Strahlungstemperatur von 2,72 Kelvin über dem absoluten Nullpunkt.* Daraus errechnete man, dass das Universum 380 000 Jahre nach dem Urknall bei einer Temperatur von etwa 3000 Kelvin durchsichtig geworden sein muss wie ein verlöschendes Feuer. Die inzwischen um den Faktor 1100 abgekühlte, erstaunlich gleichmäßige Hintergrundtemperatur von knapp 3 Kelvin weist kleinste Unterschiede im Bereich von Millionstel Kelvin auf, die auf den hochauflösenden Karten ein Muster von zufälligen Schwankungen zeigen. Insbesondere die Größe der Strukturen auf dem kosmischen Fleckenteppich ist Gegenstand intensiver Untersuchungen, zeigt sie doch die früheste Information, die uns aus dem Universum erreicht.

2:0 FÜR DEN URKNALL?

Trotz der Daten von Hubble, die auf eine Expansion des Universums hindeuteten, konnte man in den 1960er Jahren noch eine Reihe von Argumenten hören, die für einen ewigen Gleichgewichtszustand ohne Expansion sprachen. Die Debatte um diese *Steady-State*-Theorie wurde durch den kosmischen Mikrowellenhintergrund weitgehend beendet, da sogar die meisten ihrer Anhänger darin ein klares Indiz für einen frühen, heißen Zustand des Universums sahen. Wie so oft, wenn sich der Blick auf zwei Alternativen verengt – Wissenschaft ist nicht kompetitiv –, verdeckt die Niederlage der einen, dass ja auch die siegreiche Urknalltheorie falsch sein könnte. Zwar trifft das Bild eines expandierenden Universums mit einem heißen Urzustand wohl zu, aber das damit verbundene Modell stößt bei quantitativer Überprüfung – und Wissenschaft ist quantitativ – auf etliche Widersprüche.

Heftige Widerrede wird nun von den Verfechtern des Standardmodells kommen, die nicht müde werden, gerade den kosmischen Mikrowellenhintergrund als hervorragende Bestätigung anzuführen, die überraschend genau mit den ‚Vorhersagen' übereinstimme. Aber man muss methodisch fragen: Welche und wie viele Messwerte teilt uns die Natur in purer Form mit, und wie viele Zahlen haben wir im Gegensatz dazu als freie Parameter in der Hand, um unser Modell an die Rohdaten anzupassen? Es sind einige: Grö-

> Er wunderte sich, daß den Katzen gerade an der Stelle zwei Löcher in den Pelz geschnitten wären, wo sie die Augen hätten. –
> Georg Christoph Lichtenberg

---

* Also −270,43 °C. Null Kelvin wären −273,15 °C.

ßen wie Dichte, Temperatur und Ausdehnung des frühen Universums sind keineswegs eigenständig messbar, und wir weisen ihnen deshalb die Werte zu, die mit dem Modell am besten verträglich sind. Und obwohl Robert Dicke und andere sogar schon früher mit der Hintergrundstrahlung rechneten, lagen ihre Vorhersagen mit 28 und 40 Kelvin doch mehr als zehnfach zu hoch[223] – später passte man das Modell den 2,72 Kelvin an.

Schon der Prozess der Entkopplung von Strahlung und Materie dauerte etwa 115 000 Jahre, damals fast ein Drittel des Weltalters, und die komplizierten Prozesse dabei sind keineswegs befriedigend verstanden. Man rechnet mit der Saha-Gleichung, einer Erweiterung der ohnehin schon schwierigen Navier-Stokes-Gleichung der Strömungsmechanik. Aber auch sie beschreibt keine Magnetfelder oder Turbulenzen, die damals eine Rolle gespielt haben müssen. Und in einem viel besser beobachtbaren Fall versagt die Saha-Gleichung sogar völlig: Sie kann die hohe Temperatur der Sonnenkorona nicht erklären. Das theoretische Fundament des Mikrowellenhintergrundes ist also keineswegs so fest wie oft angenommen. Und noch zerbrechlicher ist unser Wissen über den Kosmos vor diesem Zeitpunkt.

DUNKLE PIONIERE ÜBERALL

Heute wird gerne verschwiegen, wie sehr die Homogenität des Mikrowellenhintergrundes überraschte. Die Temperatur- und Dichteschwankungen sind im Verhältnis nur etwa so groß wie jene, die durch Schallwellen im Luftdruck der Atmosphäre entstehen. Noch 1989, nach den ersten Resultaten des COBE-Satelliten, hielt man es für unmöglich, dass sich aus diesen winzigen Fluktuationen Strukturen wie Galaxien zusammenballen konnten – so, als ob sich der Schall von Flüstergeräuschen zu einem tropischen Wirbelsturm hochgeschaukelt hätte.

Die Forscher rätselten und nahmen schließlich die Dunkle Materie zu Hilfe: Da man sie nicht sieht, wurde einfach angenommen, dass sie viel stärker fluktuierte als die normale Materie. Damit konnte man hochrechnen, wie sich die Dunkle Materie, gleichsam als Vorauskommando, zu unsichtbaren Galaxienhalos zusammenfand, in deren Gravitationspotenzial sich dann die normale Materie beeilte hineinzuschlüpfen und zu leuchten. Es ist meisterhaftes Marketing des Standardmodells, dass dieses Szenario inzwischen als ‚unabhängiger' Beweis für Dunkle Materie gilt. Denn ihre Menge wird dabei keineswegs gemessen, vielmehr wird umgekehrt eine neue willkürliche Zahl im Modell installiert: die ‚Stärke der Anfangsfluktuationen'.

Dass großräumige Muster im Mikrowellenhintergrund sich keineswegs in der Galaxienverteilung widerspiegeln, wurde schon erwähnt. Insgesamt kann man die Entwicklung des Universums von der Entkopplung bis zur Galaxienbildung also nur mit ein paar gewaltsamen Annahmen erklären, die immer wieder auf neue Schwierigkeiten stoßen wie beim Fehlschlag der Halo-Hypothese bei kleinen Begleitgalaxien. Im schlimmsten Fall muss dies wieder mit einem neuen freien Parameter ins Lot gebracht werden. Die Schamfrist, innerhalb derer ein Problem zu einer Entdeckung transformiert wird, dauert dabei maximal eine Generation von Kosmologen.

GLÄSER, DIE NICHT ZU PUTZEN SIND

Neben diesen Schwachpunkten der Theorie gibt es noch einiges zu den Daten anzumerken. Deren Winkelauflösung sowie die Sensibilität der Instrumente sind beeindruckend, aber beobachten wir mit gleicher Präzision tatsächlich den heißen Urzustand? Leider ist unser Blick darauf getrübt, vor allem durch die dichte Staub- und Sternenscheibe der Milchstraße. Jene Urknallkritiker, die mit Gewalt am *Steady-State*-Modell eines immer gleich aussehenden Universums festhalten wollen, bringen oft vor, dass die ganze Hintergrundstrahlung von knapp 3 Kelvin durch intergalaktische Staub- und Molekülwolken verursacht sein könnte. Das kann man kaum ernst nehmen, plausibel erscheint jedoch, dass diese Effekte zumindest in der Scheibenebene der Milchstraße erhebliche Ungenauigkeiten verursachen. Dass es den Bearbeitern der Rohdaten dagegen gelingt, diese Fehlerquellen bis auf Millionstel Kelvin herauszurechnen, kann man daher fast ebenso wenig ernst nehmen. Die ehrgeizige Korrektur im Band der Milchstraße ist jedoch essenziell für die mathematische Auswertung, weil man dabei Kugelflächenfunktionen benutzt, die nun mal die ganze Himmelssphäre benötigen. Den fehleranfälligen Bereich der Milchstraße mag man daher ebenso ungern weglassen wie abgesplitterten Wandputz bei einem zu restaurierenden Fresko, aber die Rekonstruktion wird hier wirklich zur Kunst.[224] Denn es ist, gelinde gesagt, eine Herausforderung, alle möglichen Vordergrundquellen herauszufiltern: die Staubscheibe des Sonnensystems, braune Zwerge, unsichtbare schwach leuchtende Sterne, interstellaren Was-

> Ein Experte ist jemand, der alle Fehler gemacht hat, die man in einem sehr engen Gebiet machen kann. – Niels Bohr

serstoff oder Galaxien mit geringer Flächenhelligkeit, die sich vom dunklen Nachthimmel nicht unterscheiden[225] – und erst recht weiß man nichts über das ‚dunkle Zeitalter' vor der Bildung der ersten Sterne. All dies liegt als Schmutz auf der Brille.

Pierre-Marie Robitaille, ein Professor der medizinischen Bildverarbeitung aus Ohio, hat noch grundlegendere Zweifel an der Datenanalyse des COBE- und WMAP-Teams.[226] Seine Artikel sind ausgezeichnet recherchiert und wirken in ihrer Detailkenntnis der Messgeräte vollkommen überzeugend. Da er jedoch als Außenseiter angesehen wird, würdigt ihn das offizielle Team keiner Erwähnung – meine Anfragen per E-Mail an die mit den Instrumenten der Planck-Sonde befassten Physiker, ob Robitailles Bedenken denn unbegründet seien, blieben unbeantwortet. Dabei gehörte Dave Wilkinson, nach dem die WMAP-Sonde benannt ist und der 1964 in der erwähnten Arbeitsgruppe von Robert Dicke war, selbst zu den Skeptikern der behaupteten Genauigkeit.[227] Das Wunschdenken, schlecht bekannte Störsignale mit einer beliebigen Genauigkeit aus den Daten herausrechnen zu können, zieht sich wie ein roter Faden durch die moderne Physik.

Abgesehen von den möglichen Störsignalen sind auch die rein handwerklichen Schwierigkeiten bei der Datenbearbeitung nicht zu unterschätzen. Lange Zeit rätselte die Fachwelt, was von einer Fluktuation zu halten sei, deren Ausdehnung ein Viertel bzw. ein Achtel des ganzen Himmels betrug, genannt Quadrupol- und Oktupol-Anomalie. Schon bald überzeugten sich kreative Theoretiker, das Universum als Ganzes sei wie ein Fahrradschlauch geformt oder noch komplizierter verknotet – jedenfalls wurde die Welt gründlich umgekrempelt. Dass die Anomalie aber ausgerechnet entlang der Ebene des Sonnensystems verlief, legte dann doch den Verdacht nahe, es handle sich eher um irdische Datenbrösel als um eine kosmische Hyperbrezel. Dafür spricht sehr stark, dass chinesische Forscher einen subtilen Auswertungsfehler im Analyseprogramm nachgewiesen haben,[228] nämlich ein Nachgehen von 25,6 Millisekunden der Uhr, die die Rotationen der Sonde dokumentiert. Das WMAP-Team bestreitet zwar den Zusammenhang mit den Anomalien, aber es ist doch etwas arrogant, dass der Fehler weder korrigiert noch in irgendeiner Weise dazu Stellung genommen wurde. In Sachen wissenschaftlicher Methodik ist dieser Vorgang trotz allem ein Lichtblick – denn er macht klar, dass Experimente nur dann glaubwürdig sein können, wenn die Rohdaten öffentlich zugänglich sind und von einer unbeschränkten Zahl von Wissenschaftlern überprüft werden können.

SIR AUF ABWEGEN DURCHS UNIVERSUM

Mit methodischer Besorgnis muss man aber auf eine theoretische Kosmologie blicken, die sich Auswertungsfehler so bedenkenlos einverleibt – man fragt sich schon, ob manche Modelle sich nicht bereits dem Nirwana beliebiger Interpretierbarkeit genähert haben. Eine theoretische Erweiterung, und sei sie noch so willkürlich, ist eben immer schicker als die Stallarbeit einer Suche nach systematischen Fehlern.

Ein eher humoriges Beispiel dafür ist Roger Penrose, der jüngst in einem Artikel behauptete, in den Daten des Mikrowellenhintergrundes Anzeichen für ein ‚zyklisches Universum' gefunden zu haben, und diese exotische Überlegung sogar in einem Buch breitgetreten hat. Das ist umso enttäuschender, als Penrose andere Absurditäten, die um den Urknall herumschwirren, etwa die Inflationstheorie,* in seinen Büchern kompetent zerpflückt.[229] Da andere im Mikrowellenhintergrund die behauptete Anomalie nicht sehen, darf man bei dieser ‚Entdeckung' wohl davon ausgehen, dass Sir Roger sich nicht selbst in die Niederungen des Computerprogramms vertieft hat und in aristokratischer Naivität einem kleinen Malheur seines quirligen Koautors aufgesessen ist. Michael Turner, ein Verfechter der Standardkosmologie, spottete in einem Vortrag bei der Siemens-Stiftung in München nicht ganz zu Unrecht, Penrose sei zwar als Mathematiker genial, aber wohl nicht als Datenauswerter – aber immerhin versucht Penrose eine Überprüfung seiner Theorie. Als Turner kurz darauf von Wolfgang Hillebrandt, dem Direktor des Max-Planck-Instituts für Astrophysik, gefragt wurde, durch welche Beobachtung man das Standardmodell der Kosmologie denn noch falsifizieren könnte, blieb Turner aber für einen Moment die Spucke weg. Hillebrandt meinte später in der Pause: „Das muss man die Kerle schon mal fragen!"

---

* Sogar Paul Steinhardt, einer ihrer Väter, hat inzwischen eingestanden, dass sie nichts taugt (Spektrum 07/2011). Er beschäftigt sich allerdings inzwischen mit einer noch abgehobeneren Theorie.

ÜBERSPRUNGSHANDLUNGEN VOR DER DATENWAND

Die Präzision des Mikrowellenhintergrundes mag faszinierend sein, doch manchmal scheint es, als werde er zu einem Zufluchtsort, in dem immer feiner gesponnene Subtilitäten analysiert werden, während das ganze Gebäude auf tönernen Füßen steht. Dennoch sucht man mit ausufernder Statistik nach winzigen Effekten, selbst wenn der Erfolg recht mager ist.[230]

Eine besonders attraktive Spielwiese ist der kosmische Mikrowellenhintergrund für die Teilchenphysik, da man in die völlig unbekannte Anfangszeit des Universums beliebig Signale hineindichten kann. „Präzisionskosmologie als Teilchenphysik-Labor" heißen solche Vorträge – übrigens ein echter Titel[231] –, in denen es von Sätzen wie „We know very well …" wimmelt und die dann als Ergebnis haben, der Mikrowellenhintergrund spreche für eine vierte Neutrinosorte…

Der kosmische Mikrowellenhintergrund wird auch deshalb so verzweifelt untersucht, weil er der früheste gute Datensatz ist, den uns das Universum liefert. Zwar will man aus der Häufigkeit der leichten chemischen Elemente etwas über die Anfangsphase des Universums herauslesen – damals mussten sich

> Als die Teilchenphysik von ihren Kosten paralysiert wurde, sind viele Theoretiker in die Kosmologie umgezogen, geleitet von dem Wunschdenken, das Universum sei ein ‚großer Beschleuniger am Himmel'. – Mike Disney

Neutronen vor ihrem radioaktiven Zerfall beeilen, größere Atomkerne zu formen, bevor die Expansion sie auseinander trieb. Aber wer weiß schon, ob ihre Halbwertszeit damals die gleiche war? Warum geht man einfach davon aus, dass es anfangs gleich viele Neutronen wie Protonen gab, wenn wir so herzlich wenig über diese Teilchen wissen?

Steven Weinberg, der in seinem Buch *Die ersten drei Minuten* diese Geschichte erzählt, als sei er danebengesessen, brachte eine ganze Generation von Teilchenphysikern dazu, mit ihren übertriebenen Extrapolationen auch die Kosmologie heimzusuchen.* Abgesehen davon, dass die Häufigkeit von chemischen Elementen ein paar Minuten nach dem Urknall wieder nur sehr indirekt bestimmt werden kann, widerspricht der vorhergesagte Wert für Lithium der Messung.[232] Einen Schritt in Richtung Esoterik gehen

---

* Allen Ernstes wird behauptet, der *Large Hadron Collider* könne ein sogenanntes Quark-Gluonen-Plasma, wie es kurz nach dem Urknall entstanden sei, simulieren. Was dabei für ein Messwert gewonnen werden soll, ist vollkommen schleierhaft.

dann die Versuche, in den ersten Sekundenbruchteilen (!) nach dem Urknall ein paar postulierte Teilchen durch sogenannte Signaturen im kosmischen Mikrowellenhintergrund nachzuweisen. Die Sensibilität einer Prinzessin, die eine Erbse durch zwanzig Matratzen spürt, wäre gar nichts dagegen. Aber die Veröffentlichungen dazu stapeln sich noch weit höher...

> Wer über gewisse Dinge den Verstand nicht verliert, der hat keinen zu verlieren. – Gotthold Ephraim Lessing

WAS VOM KOSMOS ÜBRIG BLEIBT

Völlig im Dunkeln liegt das Rätsel, warum im Universum praktisch keine Antimaterie vorhanden ist. Eine gängige Erklärung geht davon aus, dass im Tumult der vielen Umwandlungen von Teilchen zu Licht und umgekehrt sich zufällig die Materie gegenüber ihrem Spiegelbild durchgesetzt hat. Diese Idee der Symmetriebrechung ist hier weitgehend sinnfrei. Sie stellt ein nützliches Konzept dar, wenn man zum Beispiel siedendes Wasser beschreiben will, wird aber in der Astro- und Teilchenphysik ausschließlich als Worthülse verwendet, wenn man einen großen Unterschied nicht versteht.

> Asymmetrie wurde in die Theorie aufgenommen und sorgfältig angepasst aus keinem anderen Grund, als die erwünschte Antwort zu produzieren.[233] – David Lindley

Und da das anfängliche Verhältnis von Photonen zu schweren Teilchen natürlich unbekannt ist, führt man hierzu wieder eine willkürliche Zahl ein.

Was bleibt also übrig vom kosmischen Mikrowellenhintergrund? Ziemlich sicher ist, dass die Details, die man in den bevorstehenden Untersuchungen noch finden wird, nicht so wichtig sind wie die schon in der COBE-Mission erzielten Ergebnisse: Erstmals in der Geschichte der Physik konnte man feststellen, dass wir uns gegenüber dem Schwerpunkt aller anderen Massen im Universum bewegen – mit 370 Kilometern pro Sekunde in Richtung des Sternbildes Becher. Weder nach der Newtonschen noch nach der Einsteinschen Theorie erzeugt dies Kräfte, aber es ist doch eine fundamentale Eigenschaft des Raumes, über die man sicher nachdenken muss. Darüber hinaus ist die erstaunliche Homogenität des Mikrowellenhintergrundes ganz grundlegend, und wegen der zahlreichen Widersprüche in der Strukturbildung passt sie eigentlich nicht gut zu dem relativ späten Zeitpunkt, in den das Standardmodell seine Entstehung legt.

EINE AUFGEBLASENE THEORIE

Schließlich zeigen die Fluktuationen des Mikrowellenhintergrundes eine Grundschwingung typischer Größe, die man in Kombination mit anderen Teilen des Modells als Flachheit des Universums bezeichnet.* Die eigentlich rätselhafte Beobachtung dazu ist jedoch viel älter, im Grunde geht sie schon auf Hubble zurück. Erkannt wurde das Problem jedoch erst von Robert Dicke im Jahr 1969: Er wies darauf hin, dass die Bewegungsenergie der im Kosmos expandierenden Massen etwa gleich groß wie die Bindungsenergie ist, mit der die Gravitation sie zusammenhält. Dicke wunderte sich darüber, weil die Hubble-Expansion bei einer geringfügig größeren Dichte sofort hätte langsamer werden müssen, bei einer kleineren Dichte dagegen praktisch ungebremst erfolgt wäre. Die Dichte hätte auf die Genauigkeit eines Wassertropfens im Universum festgelegt sein müssen, um unserer heutigen Beobachtung zu entsprechen – ein extremer Zufall.

> Es ist nicht so, dass sie die Lösung nicht sehen können. Sie sehen das Problem nicht. – G. K. Chesterton

Dies kann man zum Anlass nehmen, um über Alternativen zur Einsteinschen Gravitationstheorie nachzudenken, wie Dicke es auch tat, oder den Status quo wieder einmal mit zusätzlichen Annahmen zu retten. So konstruierte man eine recht oberflächliche Analogie namens ‚kosmische Inflation', der zufolge sich das Universum unmittelbar nach dem Urknall aufgebläht habe und damit flach erscheine wie die Haut eines gigantischen Luftballons. ‚Flach' bezieht sich hier aber auf die vierdimensionale Geometrie der Allgemeinen Relativitätstheorie, sodass der Mechanismus eigentlich metaphorisch bleibt. Zudem sei die plötzliche Expansion in den ersten 10^{-35} Sekunden nach dem Urknall über 50 bis 60 Zehnerpotenzen erfolgt. Diese absurden Zahlen sollten eigentlich jeden vernünftigen Physiker davon abhalten, seine Zeit mit dieser nicht überprüfbaren Theorie zu verschwenden, denn die Vorstellung, aus ihr eine quantitative Vorher-

> Gewöhnlich glaubt der Mensch, wenn er nur Worte hört, es müsse sich dabei doch auch was denken lassen. – Johann Wolfgang von Goethe

> Die Kosmologen mögen die Inflation, weil die Teilchenphysik sie liefern kann, und die Teilchenphysik liefert sie, weil die Kosmologen sie mögen; bislang hat sie sich als immun gegen Überprüfung erwiesen.[234] – David Lindley

---

* Ein verwandtes Problem, das ich hier nicht so ausführlich bespreche, heißt Horizontproblem und ist kaum weniger merkwürdig.

sage mit Fehlergrenzen ableiten zu können, ist lächerlich. Die Übereinstimmung zwischen Theorie und Beobachtung besteht allein darin, dass beide eine offensichtliche Zufallskomponente in sich tragen. Ebenso könnte man behaupten, die Ziehung der Lottozahlen sei vom Wetter abhängig, weil beides zufällig ablaufe.

Die in diesem Zusammenhang oft verbreitete Erkenntnis, die Fluktuationen im Mikrowellenhintergrund seien aus Quantenfluktuationen während des Urknalls entstanden, ist eine vollkommen banale Idee. So ist die Behauptung, die Inflationstheorie sei durch den kosmischen Mikrowellenhintergrund überprüfbar oder gar getestet, gelinde gesagt dreist. In keinem anderen Gebiet der Physik wird ein so offensichtlicher Widersinn derart penetrant nachgeplappert.[235] Es ist sicher kein Zufall, dass die Inflation sich des besonderen Interesses der Stringtheoretiker erfreut.*

> Niemand irrt für sich allein. Er verbreitet seinen Unsinn auch in seiner Umgebung. – Seneca

EINSTEIN HILFT HIER AUCH NICHT MEHR

Eine Besonderheit des Mikrowellenhintergrundes wurde bisher noch nicht erwähnt: Die Strahlung ist ungewöhnlich stark. Hubble war noch davon ausgegangen, dass sich Galaxien tatsächlich voneinander entfernen, und konsequenterweise müsste man sich vorstellen, dass der heiße Urzustand sich mit einer großen Fluchtgeschwindigkeit von uns wegbewegt – aber dann müsste das Mikrowellensignal über tausend Mal schwächer sein. Wir empfangen es aber so stark wie von einer Fläche, die *ruht!* Ein Signal von einer heißen Fläche, die sich von uns wegbewegt, würde ganz anders aussehen.

Über diese Tatsache hatte ich mich übrigens eine Zeit lang geirrt und in Gesprächen gelegentlich die technische Formulierung gebraucht: „Ein Doppler-verschobenes Planckspektrum ist ja wieder ein Planckspektrum." Sie glauben nicht, wie viele Physiker hier zustimmend mit dem Kopf nickten, obwohl die Aussage völlig falsch ist. Probieren Sie es aus, sehen Sie dabei Ihrem Gesprächspartner fest in die Augen... Aber Spaß beiseite: Die Anwendung der Allgemeinen Relativitätstheorie auf das Universum,

---

* So, wie bankrotte Bauunternehmer ihre Firma auf den Namen der Ehefrau weiterlaufen lassen, wenden sich Stringtheoretiker nach ihren misslungenen Konstruktionen in der Teilchenphysik nun der Kosmologie zu.

die der russische Mathematiker Alexander Friedmann entwickelte, löst das Problem mit der Vorstellung, nicht die Objekte bewegten sich im Raum, sondern dieser selbst dehne sich aus. Der umfangreiche mathematische Formalismus überblendet dabei, dass die Ausdehnung des Raumes ein schwammiges Konzept bleibt, das eine Reihe von begrifflichen Widersprüchen in sich trägt.[236] Es ist im Grunde nicht zu rechtfertigen, warum der expandierende Raum die Lichtwellen dehnen soll, die in ihm herumfliegen. Das genau ist aber notwendig, um das beobachtete perfekte Planckspektrum mit einem expandierenden Weltall in Einklang zu bringen.

Ähnlich wie die in der Atomhülle so erfolgreiche Quantenmechanik auf den viel winzigeren Atomkern übertragen wurde, ohne dass dadurch wirklich neue Erkenntnisse gewonnen wurden, hat man die im Sonnensystem äußerst präzise gültige Allgemeine Relativitätstheorie auf unvorstellbar größere Strukturen im Kosmos übertragen – von denen Einstein im Übrigen noch nichts wissen konnte. Aber das Ergebnis ist hier ebenfalls ein Modell, das an allen Ecken und Enden kneift. Beim Verständnis der vielleicht faszinierendsten Wissenschaft, der Kosmologie, liegen Wunsch und Wirklichkeit noch sehr weit auseinander.

> Ein Vorurteil wird leichter in der primitiven, naiven Form erkannt denn als das ausgeklügelte Dogma, zu dem es später so leicht wird.[237] –
> Erwin Schrödinger

TEIL 7:
NATURGESETZE VERLOREN IN ZAHLEN

RÜHREN AM ALLERHEILIGSTEN: WARUM MAN ÜBER DIE LICHTGESCHWINDIGKEIT NACHDENKEN MUSS

Wie man die Geschwindigkeit eines fallenden Steines durch Vergleich von Bewegungs- und Höhenenergie berechnet, lernen Kinder schon aus Comic-Heften. Und doch würde ich behaupten, dass die Physik dies nicht vollkommen versteht. „Warum existiert Energie in zwei getrennten und unabhängigen Formen, der kinetischen und potentiellen?", fragte sich Heinrich Hertz, der Entdecker der elektromagnetischen Wellen, schon vor über hundert Jahren.[238] Möglicherweise stehen diese Begriffe sogar einem tieferen Verständnis der Gravitation im Weg.

> Alle großen Wahrheiten begannen als Blasphemien. – George Bernard Shaw

Dieser Verdacht entsteht, weil die beiden Energieformen im Universum unverständlicherweise exakt gleich groß sind. Ohne über die Ursachen wirklich nachzudenken, wurde diese ‚Flachheit' heute mit dem Ad-hoc-Mechanismus namens Inflation aus der Welt geschafft. Wenn man dagegen das Rätsel ernst nimmt, wird die Anwendung der Allgemeinen Relativitätstheorie auf den Kosmos eigentlich fragwürdig. Es gibt keinen Grund, warum im Universum Bewegungsenergie und potenzielle Energie im Gravitationsfeld so perfekt aufeinander abgestimmt sind. Die Unterscheidung der beiden Formen ist daher wahrscheinlich schon irreführend. Eine überzeugende Theorie der Gravitation müsste die Gleichheit der beiden Energieformen in ihrer

> Nicht eine einzige Sache entsteht zufällig, sondern alles mit Grund und Notwendigkeit. – Leukipp, antiker Philosoph

Konstruktion enthalten und sie nicht erst im Nachhinein mit einer Ausrede rechtfertigen. Robert Dicke, dessen Genialität heute wenig wahrgenommen wird, hatte das Rätsel der Flachheit entdeckt, über das sich vierzig Jahre lang niemand gewundert hatte – offenbar sind Querdenker, die neue Fragen aufwerfen, dünn gesät in der Physik. Dicke dachte gründlich über die Gravitation nach, und im Gegensatz zu vielen anderen war ihm bekannt, dass Einstein selbst eine veränderliche Lichtgeschwindigkeit erwogen hatte, während er die Allgemeine Relativitätstheorie entwickelte. Diese erklärt die beobachtete Ablenkung des Lichts von der geradlinigen Ausbreitung mit Hilfe eines gekrümmten Raumes. Näher liegend war für Einstein anfangs aber der altbekannte Effekt, dass Licht auch in einem ‚geraden' euklidischen Raum gekrümmten Wegen folgt: nämlich immer dann, wenn sich die Lichtgeschwindigkeit verringert, wie zum Beispiel in Glas, das bekanntlich Lichtstrahlen ablenkt, die an seiner Oberfläche eintreten. Sogar die Dichte der Luft, die die Lichtgeschwindigkeit in der Atmosphäre etwas herabsetzt, führt dazu, dass die Sonnenstrahlen sich etwas der Erdkrümmung anpassen. Jeden Abend werden uns dadurch ein paar Minuten Sonne geschenkt. Dies mag Einstein zu dem Gedanken geführt haben, dass nicht nur Materie, sondern auch ein Gravitationsfeld Licht verlangsamen könnte.

Das Gesetz für die Lichtausbreitung ist übrigens uralt und wurde schon von dem französischen Mathematiker Pierre de Fermat 1662 entdeckt: Licht bewegt sich auf dem *schnellsten* Weg, nicht unbedingt auf dem kürzesten. Der durch die abendliche Atmosphäre leicht gebogene Sonnenstrahl erreicht uns so einen Moment früher, als wenn er den geraden Weg durch die darunter liegenden Luftschichten genommen hätte. Den Faktor, um den die Vakuumlichtgeschwindigkeit langsamer wird (und auch die Wellenlängen sich verkürzen), nennt man Brechungsindex. Er liegt um 1,5 für Glas, bei Luft dagegen nur eine Winzigkeit über 1. Nichts Neues so weit.

HABEN BEI DER GRAVITATION ALLE MASSEN DIE FINGER IM SPIEL?

Eine spektakuläre Vorhersage der Allgemeinen Relativitätstheorie ist, dass Sternenlicht um einen winzigen Winkel von 1,75 Bogensekunden abgelenkt wird, wenn es nahe an der Sonne vorbeikommt, was 1919 Sir Arthur Eddington mit seiner legendären Sonnenfinsternis-Expedition nachwies.[239] Wie schon Einstein im Jahr 1911, berechnete auch Dicke 1957 den Brechungsindex, den das Gravitationsfeld haben musste, damit es das Licht um den entsprechenden Betrag ablenkt.[240] Dieser ist natürlich nur ein wenig größer als 1, nämlich $1+\frac{2GM}{rc^2}$. Der Term, den man zu 1 addiert, ist das Gravitationspotenzial der Sonne geteilt durch das Quadrat der Lichtgeschwindigkeit. Dicke ging aber noch einen Schritt weiter als Einstein und fragte sich: Die kleine Zahl auf der rechten Seite hängt offenbar nur von der Masse der Sonne M und dem Abstand r zu ihr ab – könnte es nicht sein, dass die linke Seite, 1, sich aus einer entsprechenden Summe mit allen anderen Massen des Weltalls ergibt?

Als ich das zum ersten Mal las, legte ich den Artikel fasziniert zur Seite. Eine kühne Vermutung! Den Gedanken Ernst Machs, alle Massen des Universums seien für die Gravitation verantwortlich, drückte Dicke erstmals in einer Formel aus. Und im Rahmen der Messgenauigkeit trifft diese Vermutung tatsächlich zu! Es handelt sich um die gleiche Koinzidenz $G \approx c^2 \frac{R_u}{M}$, die man heute Flachheit nennt.

Im Gegensatz zu den billigen Erklärungen hätte Dickes Gedanke jedoch eine revolutionäre Konsequenz: Die Gravitationskonstante G wäre demnach keine unerklärliche Größe mehr, sondern durch die Massenverteilung im Universum berechenbar. Kurz gesagt: Das Gravitationspotenzial des gesamten Universums wäre proportional zum Quadrat der Lichtgeschwindigkeit c^2, wie die Einheit m/s^2 schon fast vermuten lässt – eine Idee von suggestiver Einfachheit.

(15) Robert Dicke

Einstein war 1911 natürlich klar, dass sich eine veränderliche Geschwindigkeit c des Lichts auf dessen Frequenz f (Schwingungen pro Sekunde) oder auf dessen Wellenlänge λ (Lambda) auswirken musste, weil ja definitionsgemäß $c = f\lambda$ gilt, oder in Worten: Bei kleinerer Geschwindigkeit muss entweder die Schwingungsfrequenz abnehmen oder die Wellenlänge (die pro Schwingung zurückgelegte Strecke) – oder beides. In welche der beiden Größen, f oder λ, sollte man die Veränderlichkeit hineinstecken? Anders als in der konventionellen Optik, wo die geringere Lichtgeschwindigkeit in Glas nur die Wellenlänge verkürzt, wählte Einstein die Frequenz, weil er wohl an den Zeitablauf dachte:[241] „Nichts zwingt uns zu der Annahme, daß die in verschiedenen Gravitationspotentialen befindlichen Uhren als gleich rasch gehend aufgefasst werden müssen." Er erhielt damit jedoch ein falsches Ergebnis, das er ein Jahr später aus anderen Gründen verwarf, und schließlich gab er den ganzen Ansatz mit der variablen Lichtgeschwindigkeit auf. Dicke hingegen fiel es mit den Daten der Sonnenfinsternis von 1919 leichter zu entdecken, dass sich die Veränderung von c gleichmäßig auf die Wellenlänge λ *und* die Frequenz f verteilen kann: Im Gravitationsfeld nehmen beide ab, und die Lichtgeschwindigkeit c relativ dazu um den doppelten Betrag.

Dickes Vorschlag ist nichts Geringeres, als die Gravitationskonstante selbst durch die Verteilung der Massen im Universum herzuleiten. Die Zahl der Naturkonstanten auf diese Weise zu reduzieren und eine willkürliche Zahl durch Verständnis zu ersetzen, wäre revolutionär. Warum kam es nicht dazu?

WAS IST KRUMM: DER RAUM ODER NUR DER WEG?

Vor allem werden Sie sich nun fragen: Wer hat eigentlich recht, Dicke oder Einstein? Die Antwort ist: beide. Dass die Krümmung des Raumes sich auch als variable Lichtgeschwindigkeit auffassen lässt, kann man praktisch in jedem Lehrbuch der Allgemeinen Relativitätstheorie lesen. Der belgische Physiker Jan Broekaert hat nicht nur alle diese Textstellen aufgelistet, sondern er und andere haben auch nachgewiesen, dass diese Interpretation mit allen bekannten Tests der Allgemeinen Relativitätstheorie übereinstimmt.[242] Es hat sich nur noch nicht genügend herumgesprochen, dass ein euklidischer gerader Raum mit variabler Lichtgeschwindigkeit das Gleiche ist wie ein gekrümmter Raum mit konstanter Lichtgeschwindigkeit. Als ich einmal mit einem befreundeten Physiker wandern ging, fiel diesem eine schöne Analogie ein: Der durch Berge und Täler kürzeste Weg im realen, gekrümmten Raum der Geländeoberfläche wäre nicht der kürzeste auf einer Wanderkarte, selbst wenn man Auf- und Abstiege mit gleicher Geschwindigkeit ginge – schließlich müssen auch die Höhenmeter zurückgelegt werden. Man würde diese Route in der Wanderkarte aber als *schnellsten* Weg einzeichnen, obwohl die Fortbewegung *auf der*

Karte nicht immer gleich schnell ist. Ob im flachen Raum auf dem schnellsten Weg oder in einem gekrümmten Raum auf dem kürzesten, ist also egal. Wenn es egal ist, werden Sie fragen, worin liegt dann der Vorteil von Dickes Vorschlag?

Einerseits kann man zur Allgemeinen Relativitätstheorie eine identische Formulierung finden, bis zu dem Punkt, an dem Dicke den Brechungsindex berechnete, und dort eine unveränderliche Gravitationskonstante akzeptieren. Aber andererseits erlaubt der Ansatz an dieser Stelle die weiter gehende Idee von Dicke, dass *alle* Massen des Universums zum Brechungsindex beitragen könnten, ja er legt sie sogar nahe. Dies hätte die Allgemeine Relativitätstheorie abgeändert, und es liegt fast eine gewisse Tragik darin, dass Einstein sich letztlich doch für den gekrümmten Raum entschied, obwohl er die Inspiration durch Ernst Mach ausdrücklich würdigte.[243] Machs weiter reichende Idee, die Ursache der Gravitation seien alle anderen Massen im Universum, konnte sich so nicht entwickeln, erst Dicke griff sie 1957 wieder auf. Freilich war es weder Mach noch Einstein zu der Zeit möglich gewesen, den quantitativen Zusammenhang überhaupt zu sehen, denn erst nach Edwin Hubbles Entdeckung der Expansion um 1930 konnte man die Größe des Universums abschätzen.* Ohne diesen historischen Zufall hätte Einstein vielleicht die variable Lichtgeschwindigkeit 1915 nicht aufgegeben.**

> It is the stars, the stars above us, govern our conditions.[244] –
> William Shakespeare

BRAUCHT DIE NATUR DIE HUBBLE-EXPANSION?

Hubbles Entdeckung wurde zunächst als Auseinander fliegen der Galaxien interpretiert, später als Expansion des Raumes selbst. Dies mag als mathematischer Kunstgriff funktionieren, aber die vielen Erweiterungen dieses heutigen Standardmodells der Kosmologie haben seine Glaubwürdigkeit doch untergraben. Spätestens nach der Entdeckung der beschleunigten Expansion geriet die Frage in Vergessenheit, warum sich der Kosmos überhaupt ausdehnt. Naturphilosophisch betrachtet ist aber sogar die Hubble-Expansion selbst eine Komplizierung der Naturgesetze, die erklärt werden will.

---

* Eine erstaunliche Intuition offenbarte hier Erwin Schrödinger 1925, als er – noch ganz ohne entsprechende Daten – diese Möglichkeit bereits ins Auge fasste (Ann. Phys. 382, S. 325 ff.).

** Einsteins Ideen zur variablen Lichtgeschwindigkeit sind ausführlich in meinem 2015 erschienenen Buch "Einsteins verlorener Schlüssel" beschrieben.

Dickes Artikel aus dem Jahr 1957 enthält auch dazu einen hochinteressanten Gedanken. Nach heutiger Vorstellung dehnt sich der Raum aus, gleichzeitig breitet sich darin Licht aus, was zu einer ziemlich unübersichtlichen Evolution des Universums führt, in der die Expansionsgeschwindigkeit manchmal über, manchmal unter der Lichtgeschwindigkeit liegt – so steht es in den Lehrbüchern.[245] Dickes Idee hingegen, dass die Anwesenheit von Massen die Lichtgeschwindigkeit verringert, hätte zur Konsequenz, dass die Lichtgeschwindigkeit mit der Zeit abnimmt! Denn aus dem Universum erreichen uns ja fortwährend Signale von immer neuen, entfernteren Massen, die ihren Einfluss auf den Brechungsindex geltend machen, der die Lichtgeschwindigkeit regelt. Direkt auffallen würde dies nicht, aber konsequenterweise müssten auch die Wellenlängen und Frequenzen des Lichts dauernd etwas kleiner werden – alles nicht so tragisch.

> So wie das Kausalgesetz die schon erwachende Seele des Kindes sogleich in Beschlag nimmt und ihm die unermüdliche Frage „Warum?" in den Mund legt, so begleitet es den Forscher durch sein ganzes Leben. –
> Max Planck

Dicke wartete nun aber mit einem Paukenschlag auf: Er zeigte, dass eine Lichtwelle, die im Universum *unterwegs* ist, ihre Wellenlänge stets beibehalten muss. Begegnet sie später jenen, die an der Verkleinerung teilgenommen haben, erscheint die aus großer Entfernung herbeigereiste Welle länger, das heißt ins Rote verschoben. Dies ist Hubbles Beobachtung! Wohlgemerkt: Dieser Effekt findet in einem Universum statt, in dem alle Massen stillstehen, lediglich ihr Licht, das aus einer früheren Epoche mit großen Wellenlängen stammt, gaukelt uns eine von uns weg gerichtete Geschwindigkeit vor. Damit wäre auch das unverständliche Durcheinander von Lichtausbreitung und Expansionsbewegung des Standardmodells beseitigt: Nichts expandiert, lediglich Licht breitet sich aus.

Die fortwährende Verkürzung der Wellenlängen, also unserer Maßstäbe, würde dazu führen, dass uns Distanzen immer länger erscheinen, was wir als Expansion wahrnehmen, mit einem wichtigen Unterschied: Es gäbe keinen Grund für eine Abbremsung der Expansion wie in der Standardkosmologie. Weil diese Abbremsung bei den Supernovae-Daten tatsächlich nicht beobachtet wurde, interpretierte man dies als kompensierende ‚beschleunigte' Expansion. Vielleicht ist die Expansion aber weder beschleunigt noch gebremst, sondern eine Illusion, die durch veränderliche Maßstäbe erzeugt wird.

KEINE ZEIT MEHR FÜR VOR DEM URKNALL

Blickt man auf die Ungereimtheiten des Urknallmodells, zeigt Dickes Modell noch einen weiteren interessanten Aspekt: Als größte Dichte tritt dort die Dichte der Atomkerne auf,[246] während im Standardmodell bedenkenlos in Zeiten zurückextrapoliert wird, in denen die Dichte des Universums um ein Vielfaches höher als die der Kerne gewesen sein soll. Als ob irgendjemand auch nur die geringste Ahnung hätte, welche Naturgesetze unter diesen Extrembedingungen gelten! Dickes Modell hingegen würde dazu passen, dass man im Universum praktisch keine höhere Dichte als die der Kerne bzw. der Neutronensterne beobachtet. Diese Dichte wäre die größtmögliche im Universum und hätte zum ersten Mal eine logische Bedeutung. Das macht nachdenklich, weil genau solche Ursachen in der Kern- und Elementarteilchenphysik fehlen. Verfolgt man Dickes Gedanken, tun sich auch in dieser Hinsicht ganz neue Möglichkeiten auf: Wenn die Lichtgeschwindigkeit veränderlich ist, kann sie dann gleich null werden? Könnten Lichtwege auf mikroskopischer Ebene so gekrümmt sein, dass sich gar winzige Kreisbahnen ergeben, die Elementarteilchen darstellen?

Und es gibt noch eine weitere bedeutsame Folgerung aus Dickes Modell, die er selbst gar nicht so herausgestellt hat. Niemand – außer vielleicht Julian Barbour – hinterfragt heute den Begriff der Zeit und kratzt an ihrer Definition. Augenfällig wird dies beim Urknall, der im konventionellen Modell willkürlich den Zeitnullpunkt festsetzt. Was soll das für einen Sinn haben? In Dickes Modell dagegen nimmt die Lichtgeschwindigkeit mit der Zeit ab, und daraus folgt eine entsprechende Abnahme der Schwingungsfrequenzen der Atome. Da Atome nichts anderes als Uhren sind, heißt dies, sie müssen früher schneller gelaufen sein, und im Extremfall eines Universums mit winziger Größe sogar unendlich schnell. Das bedeutet, in momentan gültigen veränderlichen Maßstäben könnten die Uhren seit dem Urknall bereits unendlich lange gelaufen sein, während gemessen an unseren heutigen Zeitmaßstäben der Urknall nur eine endliche Zeit zurückläge. Ein faszinierender Beitrag zu einem alten Problem, der ein bisschen tiefer geht als die heute im Umlauf befindlichen Theorien ‚vor dem Urknall'.

TEIL 7: NATURGESETZE VERLOREN IN ZAHLEN

GENIAL, ABER AUS DER MODE

Dickes Vorschlag würde dazu zwingen, alle Beobachtungen im Universum mit langsam veränderlichen Maßstäben zu interpretieren. Die abnehmenden Wellenlängen würden zu einer permanenten Verkürzung des Meters, die abnehmenden Frequenzen hingegen zu einer Verlängerung der Sekunde führen – sicher eine ungewöhnliche Vorstellung, die aber auch neues Verständnis erhoffen lässt. Warum ist diese vielversprechende Theorie von Robert Dicke aus dem Jahr 1957 nicht bekannter geworden? Ich frage mich das oft.

Abgesehen davon, dass viele theoretische Artikel oft von kaum jemand anderem als dem Autor selbst gelesen werden, hat Dicke wohl selbst ein Haar in der Suppe gefunden. So berichtet ein anderer Gravitationsforscher,[247] dass Dicke für einen wichtigen Test der Allgemeinen Relativitätstheorie, die Verschiebung der Bahnellipse des Merkur, angeblich nicht den richtigen Wert erhalten habe. Möglicherweise hat er sich aber einfach verrechnet, denn die Korrektheit der Beschreibung mit variabler Lichtgeschwindigkeit wurde inzwischen ganz allgemein gezeigt.[248] Jedenfalls hat Dicke seinen einfachen, aber revolutionären Ansatz kurze Zeit später selbst verwässert, indem er eine variable Gravitationskonstante an Einsteins Theorie anklebte, anstatt diese grundlegend abzuändern. Leider hat dieses Hybrid unter dem Namen ‚Brans-Dicke-Theorie' oder ‚Skalar-Tensor-Theorie' ziemlich große Aufmerksamkeit erregt, sodass sich Dicke in der Folgezeit wohl darauf konzentrierte. Jahrelang wurde sie als ernste Alternative zu Einsteins Theorie diskutiert, bis sie schließlich durch präzise Beobachtungen immer unwahrscheinlicher wurde. Wenn ich andere Physiker auf Dickes Ideen anspreche, erinnern diese sich sofort an die Brans-Dicke-Theorie von 1961, aber niemand kennt die pure Form von 1957, die wirklich interessant ist. Dass von seinem Doktoranden und Mitautor der Verschlimmbesserung, Carl Brans, keine großen Geistesblitze ausgingen, kann man einem Rückblick[249] entnehmen, in dem Brans sich über die Versuche Einsteins völlig uninformiert zeigt und dann auch noch schreibt, es gebe immer mehr Evidenz für die kosmische Inflation. Ich glaube, Dicke hätte sich im Grab umgedreht.

Sehr schade ist hingegen, dass Dicke seine Theorie nicht näher mit Paul Dirac diskutiert hat, auf dessen Ideen sie auch aufbaute. Stattdessen gab es nur einen kurzen Dialog in der Zeitschrift *Nature*, in dem sie sich offenbar missverstanden.[250] Vielleicht würde die Kosmologie heute anders aussehen, hätten diese beiden Visionäre zusammengearbeitet.

DER SCHLÜSSEL ZUM RÄTSEL? DIRACS KOSMISCHE ZAHL MIT FAST VIERZIG NULLEN

Kleine Magnete können die von der ganzen Erde ausgehende Schwerkraft besiegen und geben uns einen Eindruck, wie schwach die Gravitation ist. Vergleicht man die elektrische Kraft zwischen Proton und Elektron im Wasserstoffatom mit der Gravitationskraft ihrer winzigen Massen, so erhält man einen Faktor von $2,3 \cdot 10^{39}$, eine Zahl mit fast 40 Nullen, die jeden anschaulichen Maßstab sprengt. Sie ist übrigens eine der ganz wenigen reinen Zahlen, die uns die Natur mitteilt, Antwort auf eine Frage, die wir mit ein paar Versuchsapparaten stellen können. Aber niemand kann sie berechnen. Wäre es eine kleine Zahl, könnte man hoffen, sie mit einer originellen mathematischen Überlegung herzuleiten, die vielleicht die Kreiszahl π enthält oder Ähnliches. Aber 10^{39}? Schwerlich.

Zu dieser Überzeugung kam auch Paul Dirac, der sicher kein schlechter Rechner war. Sollte der Mensch unfähig sein, dieses Rätsel zu lösen? Diracs Verstand weigerte sich zu kapitulieren, und ihm fiel auf, dass eine weitere so

(16) Paul Dirac

große Zahl an anderer Stelle auftritt:[251] Teilt man den Radius des Weltalls, also die Entfernung des sichtbaren Horizonts, durch den Radius des kleinsten stabilen Teilchens, des Protons, so erhält man ebenfalls eine Zahl mit 40 Nullen.

Letztere ist etwas größer als das Kräfteverhältnis und nicht so genau messbar, jedoch sind beide Zahlen offenbar in der gleichen Größenordnung. Besteht ein Zusammenhang? Sicher hätte dies Ernst Mach in seiner Vermutung bestärkt, die Kleinheit der Gravitation hänge mit der Größe des Universums zusammen. Dirac war fasziniert und überzeugt, dass dieser Gedanke weiterentwickelt werden muss:[252]

„So ein Zusammentreffen, könnte man vermuten, beruht auf einem tiefen Zusammenhang in der Natur zwischen Kosmologie und Atomtheorie."

PROSA HILFT HIER NICHT WEITER

Bevor wir Diracs Überlegungen weiter folgen, vielleicht ein paar Bemerkungen zu dem sehr unterschiedlichen Gewicht, das man ihnen heute beimisst. Wohl alle Physiker sehen das größte Problem der Physik in der Unvereinbarkeit von Allgemeiner Relativitätstheorie und Quantentheorie. Die zahlreichen Vorschläge, diesen Widerspruch aufzulösen, füllen Bücher über ‚Quantengravitation' und haben eine Strategie gemeinsam: Wasch mich, aber mach mich nicht nass. Man kann nicht zwei Theorien vereinigen, ohne eine oder gar beide samt ihrer Naturkonstanten anzutasten. Gewöhnlich wird aber insbesondere die Gravitationskonstante G als Reliquie behandelt. Auf Nachfrage bekommen Sie übrigens jede Menge Gründe zu hören, worin die Unvereinbarkeit von Quanten- und Gravitationstheorie denn genau besteht. Der kürzeste lautet: Man versteht die Zahl 10^{39} nicht, die das elementarste Quantensystem, ein Wasserstoffatom, als Kräfteverhältnis in sich trägt. Jede denkbare Vereinigung *muss* dieses Verhältnis von elektrischer zur Gravitationskraft herleiten können. Denn auch die genialste Theorie würde einen schalen Nachgeschmack behalten, wenn sie sich am Ende der nur gemessenen Größe der Naturkonstanten bedient – man kann schließlich nicht behaupten, die Naturkräfte erklärt zu haben, nicht aber ihre Stärke.

Während Einstein wissen wollte, ob das Universum notwendig aus den Naturgesetzen entstand, erklären seine Nachfolger nun, dass diese unweigerlich durch das Aussehen des Universums bestimmt sind.[253] – David Lindley

Die Kleinheit der Gravitation nicht zu verstehen, heißt die Gravitation selbst nicht zu verstehen. Natürlich gibt es heute viele Theoretiker, die sich

DER SCHLÜSSEL ZUM RÄTSEL? DIRACS KOSMISCHE ZAHL MIT FAST VIERZIG NULLEN

mit einem bunten Strauß von Naturkonstanten zufrieden geben. Aber Leute vom Kaliber eines Paul Dirac sahen die Aufgabe der Physik darin, Ursachen zu finden. So bleiben alle Versuche, eine Quantengravitation zu konstruieren, letztlich hilflose Prosa, solange sie keinen Ansatz liefern, die Zahl 10^{39} zu erklären. Vielleicht ist das nicht für alle angenehm zu hören. Aber Diracs Idee ist bisher die einzige.

> Man beschäftige sich nicht mit Teilproblemen, sondern nehme dort Zuflucht, wo sich eine freie Sicht über das einzige große Problem bietet, auch wenn diese Sicht noch nicht klar ist.[254] –
> Ludwig Wittgenstein

SPEKULATION UND IHRE WORTVERDREHER

Gelegentlich wird Diracs Hypothese als Spekulation verunglimpft, insbesondere von jenen, deren theoretische Fantastereien jede Bodenhaftung verloren haben. Es ist ungefähr so, als würde ein Finanzjongleur der Wall Street einen armen Goldgräber, der hofft, einen Schatz zu heben, als ‚Spekulanten' verspotten. Wenn man an die finanzielle Ausstattung der Forschungsgebiete denkt, hat diese Metapher leider auch direkte Parallelen. Aber wie auch immer: Es handelt sich um einen dummen Missbrauch der Doppelbedeutung des Wortes ‚Spekulation', denn auch Alfred Wegeners Beobachtung der Kontinentformen hätte man so bezeichnen können. Solche wertvollen Hinweise braucht eine noch nicht geklärte Theorie sehr wohl: das Hinterfragen einer scheinbaren Zufälligkeit, die

> Was wirklich zählt, ist Intuition. –
> Albert Einstein

einen verborgenen Zusammenhang anklingen lässt. Und das meinte wohl auch Charles Darwin mit seiner Aussage, ohne Spekulation gebe es keine Wissenschaft. Man beachte etwa das folgende Beispiel einer ‚bloßen Spekulation' aufgrund eines zahlenmäßigen Zusammenhangs:

„Diese Geschwindigkeit ist so nahe an der Lichtgeschwindigkeit, so dass wir einen starken Grund zu der Annahme haben, dass das Licht selbst ... eine elektromagnetische Welle ist." – James Clark Maxwell, 1865

Es handelte sich um die vielleicht wichtigste Entdeckung der Neuzeit. Mein Adrenalinspiegel steigt daher regelmäßig, wenn heute ähnliche Zusammenhänge zwischen Naturkonstanten als Zahlenspielerei, Zahlenmystik oder Numerologie abgetan werden.

Solche Visionen sind umso glaubwürdiger, je unwahrscheinlicher eine zufällige Übereinstimmung wäre. Und nun kommt eine weitere Überraschung: Schätzt man die Anzahl der Protonen im Universum ab, so erhält man etwa 10^{78} – das Quadrat der Zahl 10^{39}. Soll auch das noch Zufall sein? Daran mochte Dirac wirklich nicht mehr glauben, schließlich haben die beiden Koinzidenzen nichts miteinander zu tun. Seine Beobachtung der Teilchenzahl kann man auch so veranschaulichen: Mit allen Protonen im Kosmos könnte man gerade die Oberfläche des sichtbaren Universums bedecken. Da diese mit der Expansion anwächst, die sichtbare Teilchenzahl jedoch nicht, erscheint dies auf den ersten Blick widersinnig. Diracs zweite Hypothese wäre also mit der Standardkosmologie komplett unvereinbar, selbst wenn man diese noch mit weiteren freien Parametern verzierte. Denn eine Teilchenzahl, die mit der zweiten Potenz der Ausdehnung, also wie eine Fläche wächst, ist inhärent widersprüchlich zu einem Universum mit Volumen, das bekanntlich zur dritten Potenz der Ausdehnung proportional ist. Diracs Idee würde also unsere bisherigen Vorstellungen über Raum, Dichte und Volumen komplett über den Haufen werfen. Und gerade deshalb muss man sie ernst nehmen.

> Die Leute zweifeln viel zu sehr an Koinzidenzen. – Isaac Asimov, amerikanischer Biochemiker

> Eine wirklich gute Idee erkennt man daran, dass ihre Verwirklichung von vorne herein ausgeschlossen erscheint. – Albert Einstein

WARUM SIND ELEMENTARTEILCHEN SO, WIE SIE SIND?

Die Teilchenzahl im Universum hängt natürlich mit seiner Masse zusammen, der ja schon Ernst Mach eine Bedeutung beigemessen hatte. Ist Diracs Vorschlag also nur ein neuer Aufguss des Machschen Prinzips? Nein. Dieses ist zwar in Diracs Hypothese enthalten, geht aber darüber hinaus: Denn den Zusammenhang der Gravitationskonstanten mit der Größe des Universums, $M \approx c^2 \frac{R_u}{G}$, könnte man auch mit viel weniger, aber dafür schwereren Teilchen realisieren. In Diracs Theorie ergäbe dagegen die Masse der Elementarteilchen einen Sinn! Verständlicherweise kann das Standardmodell der Elementarteilchenphysik, das immer schon erklärt hat, dass man Massen prinzipiell nicht erklären kann, sich damit nicht anfreunden. Die Unfähigkeit, irgendeine Aussage über Massen zu treffen, wird auch nicht mehr als Mangel gesehen. Die Devise lautet offenbar: *It's not a bug, it's a feature*.

Weiter ist interessant, dass Diracs Beobachtung auch einen Bezug zur Quantenmechanik hat. Diese ordnet jedem Teilchen eine Wellenlänge* zu, die größte Struktur, bei der man noch sinnvoll von einer Teilchengröße sprechen kann. Und aus Diracs Hypothese folgt genau, dass diese Wellenlänge des Protons mit seiner tatsächlichen Größe übereinstimmt, die Rutherford 1914 gemessen hatte.** So erscheinen auch die Abmessungen der Teilchen zum ersten Mal nicht mehr nur willkürlich. Natürlich ist Diracs Idee noch keine komplette Theorie. Aber sie gibt einen klaren Hinweis, auf welchem Weg man die Größen und Massen der Elementarteilchen berechnen könnte. Der Rest der Physik hat das Nachdenken darüber freiwillig aufgegeben.

MASSENBERECHNUNG IN DER SACKGASSE

In der Physik gibt es schlechte Theorien, die überhaupt keine Vorhersagen machen, es gibt mittelmäßige Theorien, die nur ungefähre Tests erlauben, und es gibt gute Theorien, die zahlenmäßig überprüfbar sind wie die Allgemeine Relativitätstheorie oder die Quantenelektrodynamik. Die echten Revolutionen in der Physik mischten jedoch immer das System der Naturkonstanten auf und vereinfachten es. Mit dem 1900 von Planck entdeckten Wirkungsquantum h begann die Quantentheorie, Maxwell vereinigte 1865 den Elektromagnetismus mit der Lichtgeschwindigkeit c, und Newtons Gravitationstheorie basierte auf der Gravitationskonstanten G. Die Sackgasse, in der die Physik sich momentan befindet, hängt untrennbar mit dem physikalischen Einheitensystem zusammen und mit den Größen, die wir für Naturkonstanten halten. Wirklichen Fortschritt erreicht man nur, wenn eine oder mehrere Naturkonstanten in Zusammenhang gebracht und damit abgeschafft werden, beispielsweise indem man die Masse von Elementarteilchen in Kilogramm berechnet. Dass dafür das Standardmodell unbrauchbar ist, sieht man auf erstaunlich primitive Weise, denn schon die Einheit Kilogramm kann als Kombination von Naturkonstanten gar nicht auftreten: Verwendet man die elektrische Feldkonstanten ε_0 und μ_0, die Lichtgeschwindigkeit c, die Elementarladung e und das Wirkungsquantum h, entsteht daraus durch keine wie auch immer geartete Rech-

---

* Die Compton-Wellenlänge $\lambda = h/mc$.
** Originell ist, dass die beiden Nobelpreisträger Steven Weinberg und Frank Wilczek sich darüber auslassen, ohne sich des Zusammenhangs mit Dirac bewusst zu sein (ArXiv.org/abs/hep-ph/0201222).

nung die Einheit einer Masse!* Versuchen Sie es selbst. Aber andere fundamentale Naturkonstanten gibt es nicht – bis auf die Gravitationskonstante, welche dann aber den Faktor 10^{39} ins Boot holen würde: Womit wir wieder bei Dirac wären. Die Masse der Elementarteilchen *muss* also mit der Größe des Universums zusammenhängen – oder wir hören auf, darüber nachzudenken.

EINE LÖSUNG DURCH VERÄNDERLICHE MASSSTÄBE?

Offenbar nicht mit dem Nachdenken aufgehört hatte Robert Dicke. Diracs Ideen waren ihm natürlich bekannt, und in seinem Modell eines Kosmos mit veränderlichen Zeit- und Längenmaßstäben gab es plötzlich eine spannende Möglichkeit. Die Abmessungen eines solchen Universums würden sich nur mit der Quadratwurzel der Zeit ausdehnen, das bedeutet, hundert Jahre nach dem Urknall wäre der Horizont nur zehnmal so groß wie ein Jahr nach dem Urknall. Und entsprechend würde das Volumen des Universums statt mit der dritten Potenz nur mehr mit dem Exponenten 1,5 in der Zeit wachsen – das hieße, im gleichen Zeitraum wäre das Volumen nur tausendfach größer geworden, nicht millionenfach wie bei konstantem c.

Dicke kam hier der Idee von Dirac erstaunlich nahe, der einen Exponenten von 2 favorisierte – Dickes Universum schien nur etwas zu klein. Allerdings nimmt in diesem auch die Lichtgeschwindigkeit mit der Quadratwurzel ab – in dem genannten Zeitraum zwischen einem und hundert Jahren wäre sie zehnmal langsamer geworden. Und ebenfalls würden die Längen- und Frequenzmaßstäbe schrumpfen, auf die sich die Änderung der Lichtgeschwindigkeit verteilt.

Leider übersah Dicke, dass die Verkürzung der Längenmaßstäbe das Universum wieder etwas größer erscheinen lässt – genau um den Betrag, wie er Diracs Beobachtung mit dem Exponenten 2 entspricht. Dabei gibt Dicke den Effekt der Maßstabsverkürzung ausdrücklich an.[255] Tragisch ist auch, dass Dirac in seinem Artikel von 1938 die Ausdehnung des Horizonts ganz ähn-

---

* Ganz klar benannt hat das Problem übrigens auch Werner Heisenberg in einem Aufsatz von 1932 (Zs. f. Physik 77, S. 1). Die elementaren Reflexionen jener, die wirklich etwas herausgefunden haben, sind heute weitgehend vergessen.

lich berechnete – statt mit der Quadratwurzel mit der Kubikwurzel der Zeit –, was ja dem Ansatz von Dicke ähnelte.* Da Dirac in diesem Zusammenhang jedoch die Konstanz der Lichtgeschwindigkeit nicht weiter reflektierte, stimmte er nicht mit Dicke überein – und Dicke wegen seines Rechenfehlers nicht mit Dirac. Wie knapp die beiden aneinander vorbeigeredet haben! Es ist jedenfalls ziemlich sensationell, dass Dickes Modell der Gravitation von 1957 perfekt mit den Diracschen Beobachtungen übereinstimmt – und zusätzlich mit allen gängigen Tests der Allgemeinen Relativitätstheorie.

Vielleicht werden Sie sich jetzt ob dieser verwunderlichen Geschichte die Augen reiben und sich fragen, warum die Gravitationsphysiker sich nicht auf Dickes Modell aus dem Jahr 1957 stürzen. Wie so oft, gibt es dazu ein Gegenargument, das meist unreflektiert nacherzählt wird. Dirac kam schon bei seinen ersten Überlegungen über die Zahl 10^{39} zu dem Ergebnis, dass die Gravitationskonstante G mit der Zeit abnehmen müsste, wenn das Universum expandiert.** Diese Vorhersage fand durchaus Beachtung, und tatsächlich gibt es dazu eine Reihe von Beobachtungen:[256] Sie scheinen gegen Dirac zu sprechen, denn die Änderungsrate von G, die er vorhersagte, sah man nicht. Obwohl man einige der Analysen hier gerne wiederholen möchte, sieht die Datenlage im Moment tatsächlich schlecht für Diracs Hypothese aus. Wie sehr die Gravitationsphysiker dabei aufatmen, ist aber ein bisschen verdächtig. Denn der Grund der Ablehnung seines Modells ist nicht eine Widerlegung, die schon hundertprozentig überzeugend wäre, sondern sicher auch der Umstand, dass das Standardmodell der Kosmologie komplett aufgegeben werden müsste, hätte Dirac recht. Die fehlgeschlagene Vorhersage wird daher mit Erleichterung aufgenommen, weil man sich so nicht mit den weitreichenden Konsequenzen seiner Hypothese beschäftigen muss.

> Ein Gedanke, der nicht gefährlich ist, ist nicht wert, als Gedanke zu gelten. – Oscar Wilde

---

* Mit etwas mehr Details ist diese Geschichte in einem Artikel in den Annalen der Physik (18 [2009], S. 53–70) beschrieben, s. auch "Einsteins verlorener Schlüssel".
** Man kann auch daran denken, eine leichte Veränderung der Gravitationskonstante im Jahresverlauf nachzuweisen, was ich einmal mit der Analyse von Schwerefelddaten der Erde versucht habe, allerdings ohne Erfolg (arXiv.org/abs/0610028).

DIRAC – GEHÖRT – GELESEN

So wird auch weithin ignoriert, wie Dirac überhaupt zu seiner Vorhersage kam. Schaut man ein wenig genauer in seinen Artikel, so scheint die Abnahme von G zwar aus den großen Zahlen zu folgen, aber auch nicht ganz zwingend. Im Gegensatz zu Dicke geht Dirac nämlich nicht von einer Veränderlichkeit der Zeit- und Längenmaßstäbe aus, was aber erforderlich wäre. Möglicherweise sorgt dies dafür, dass die Abnahme der Gravitationskonstanten genau den Experimenten entgeht, die man dafür für sensibel hält, denn keines davon wurde bisher mit Hilfe der kontrahierenden Maßstäbe aus Dickes Modell ausgewertet: Zum Beispiel würden die veränderlichen Zeit- und Längenmaßstäbe auch die Messung von Geschwindigkeiten, Beschleunigungen und damit die der trägen Massen beeinflussen. Das Ganze wäre nicht einfach, aber doch hochinteressant. Warum kümmert sich trotzdem niemand darum?

> Hypothesen sind Netze, nur der wird fangen, der auswirft. – Novalis

Mir fällt immer wieder auf, dass man bestimmte Ideen nur nach der Lektüre des Originals wertschätzen kann, denn oft entfaltet die Argumentation nur dort ihre volle Überzeugungskraft. Aber lesen Forscher so alte Aufsätze? Ich kann dazu nur eine frustrierende Anekdote erzählen. Zu einem Artikel, der die Diracschen Ideen recht oberflächlich abtat, schrieb ich einmal einen kurzen Kommentar, in dem ich hervorhob, die Änderung der Gravitationskonstanten folge noch nicht aus Diracs Beobachtung der großen Zahlen – was ja stimmt* –, und ich fügte hinzu, auch Dirac habe dies nicht explizit behauptet. Meine Erinnerung trog mich aber, denn Dirac hatte dies – leider – tatsächlich geschrieben, und nun wartete ich bange auf die Replik des Autors. Was aber entgegnete er? Er ließ sich von seiner Ansicht, Diracs Hypothesen seien obsoletes altes Zeug, nicht abbringen, gab mir aber recht in meiner unbedachten Aussage! Hätte er Diracs Artikel gelesen, hätte er mir die Stelle unter die Nase reiben können. Darüber, mein Argument mit Diracs Autorität geschmückt zu sehen, kann ich mich aber nicht recht freuen: Zu sehr wird hier wieder einmal klar, wie sich Überzeugungen in der Physik durch Hörensagen ausbreiten.

Diracs rätselhafte Beobachtung öffnet eine Tür zu fundamentalen Fragen, um die sich die Physik kümmern müsste. Sie ist zum Rätsel der Masse,

---

* Der gleichen Ansicht war jedenfalls auch George Gamow, der sich intensiv mit Diracs Hypothesen beschäftigte (Kragh 2011, S. 177f.).

aber auch zur Vereinigung von Quantentheorie und Gravitation die einzige quantitative Idee. Skepsis ist verständlich, solange keine ausgearbeitete Theorie dazu existiert. Aber deswegen kann man doch nicht aufhören, sich über die bestehenden Rätsel zu wundern, oder gar leugnen, dass sie existieren. Wie kann es sein, dass die Theoretische Physik fast ausschließlich einer Strömung folgt, die Dirac, Einstein und Schrödinger zu Außenseitern gemacht hat, sich aber auch nach achtzig Jahren erfolgloser Komplizierung nicht besinnen will? Es bräuchte dringend neue Ideen – oder gar alte.

AM ANFANG WAR DER WASSERSTOFF: DAS MYSTERIUM DER ZAHL 137

Im einfachsten Atom des Universums, dem Wasserstoff, bewegen sich Elektronen nach einer klassischen Rechnung mit einem bestimmten Bruchteil der Lichtgeschwindigkeit – etwa $\frac{1}{137}$. Offenbar ist diese Zahl nicht ganz unwichtig. Sie tritt auch bei der feinen Aufspaltung der Spektrallinien auf und wird daher Feinstrukturkonstante genannt. Ihre Bedeutung geht jedoch über die Atomphysik hinaus, denn ihr Wert $\frac{e^2}{2hc\varepsilon_0}$ sagt etwas über die Stärke der elektrischen Kraft aus. Und noch allgemeiner betrachtet, ist die Feinstrukturkonstante von naturphilosophischem Interesse, weil hier aus Messwerten eine reine Zahl ohne Einheit entsteht.

Richard Feynman bezeichnete dies als „eines der verdammt großen Rätsel der Physik".[257] Denn wir kennen die Experimente, mit denen wir diese Zahl produzieren, aber es gibt keine Theorie, die sie herleiten kann. Nachdenken über die Feinstrukturkonstante gilt heute als fruchtlos oder gar als ‚Zahlenmystik'. Natürlich gab es dabei manchmal komische Blüten wie den ‚Beweis' des Wertes 136 durch Sir Arthur Eddington. Als ihn die Experimente Lügen straften, änderte er seine Argumentation und kam auf 137, worauf ihn Kollegen spöttisch „Mr. Adding-One" nannten. Ganz ähnlich wie in der Gastronomie ist ein einmal verdorbener Ruf aus einem Forschungsgebiet schwer wegzubekommen. So hört man heute einerseits die freiwillige intellektuelle Selbstbeschränkung, man könne diese Zahl eben nicht verstehen, andererseits breitet sich die als ‚anthropisches Prinzip' verbrämte Neurose aus, es gebe alle möglichen Universen und just in unserem beobachte

> Dimensionslose Konstanten in den Naturgesetzen, die vom rein logischen Standpunkt aus auch andere Werte haben könnten, dürfte es nicht geben.[258] – Albert Einstein

man eben diesen Wert. Die erste Ansicht ist eine Abkehr von der Wissenschaft, die zweite nur mehr eine Karikatur von ihr. Denn das Problem liegt nach wie vor auf dem Tisch, und Physiker wie Heisenberg, Chandrasekhar, Gamow und natürlich Dirac haben sich - auch ‚numerologisch' - damit befasst.

Wenn ein numerischer Zusammenhang hinreichend einfach ist, um nicht nur als Zufall zu erscheinen, würde er wertvolle Hinweise geben, in welche Richtung man eine Theorie entwickeln muss. Überzeugende Ideen dazu gibt es sehr wenige, aber eine Vermutung von Dirac verdient vielleicht erwähnt zu werden. Beim Nachdenken über seine großen Zahlen war ihm natürlich die ebenfalls dimensionslose Zahl 137,035999... aufgefallen. Es gibt eine mathematische Funktion, die riesige Zahlen in kleine verwandelt, sie nennt sich natürlicher Logarithmus. Sie tritt zum Beispiel auf, wenn Sie Zahlenreihen wie $1+\frac{1}{2}+\frac{1}{3}+\frac{1}{4}+$ ... usw. aufaddieren, und strebt dabei sehr langsam gegen unendlich. Dirac sann darüber nach, wie 137 mit den großen Zahlen zusammenhängen könnte, und tatsächlich ist der Logarithmus von Diracs Zahl 10^{39} etwa $\frac{2}{3}$ von 137. Das allein konnte nur ein sehr diffuser Hinweis sein, und sicher hat er sich lange Zeit ohne Erfolg den Kopf zerbrochen - überliefert ist die Vermutung nur aus einem Brief[259] an George Gamow aus dem Jahr 1961.

LASST MICH IN RUHE DENKEN

Vielleicht wird dadurch die Schroffheit verständlich, mit der Dirac anderen Ideen begegnete. Einmal erläuterten ihm zwei junge Physiker ihre neue Theorie und warteten gespannt auf eine Reaktion. Dirac schwieg. Vielleicht dachte er ja über das Gesagte nach? Die Hoffnung zerstob, denn nach einer unerträglich langen Pause sagte Dirac nur: „Wo ist das Postamt?" Die beiden boten ihm sogleich beflissen an, sie könnten ihn dorthin begleiten, wenn er vielleicht auf dem Weg etwas erläutere. „Ich kann nicht zwei Dinge gleichzeitig tun", antwortete Dirac trocken.[260] Einem anderen Physiker, der ihm seine neue Idee zur Quantenelektrodynamik vorstellen wollte, beschied er angeblich, er solle wiederkommen, wenn er damit die Feinstrukturkonstante berechnet habe. Man kann nur spekulieren, wie Dirac Stringtheoretiker verabschiedet hätte, wären sie mit einer Multiversumserklärung angekommen.

Natürlich muss ein numerischer Zusammenhang zuerst in ein Konzept münden, bevor daraus eine Theorie entstehen kann. Was könnte hinter

Diracs Überlegungen zum Logarithmus stehen? Ein Gedankenspiel: Mathematisch entsteht der Logarithmus durch Integration einer Funktion $\frac{1}{x}$, was nichts anderes ist als das kontinuierliche Zusammenzählen der oben erwähnten Kehrbrüche. Da sich viele Funktionen in der Physik umgekehrt proportional zum Abstand, also wie $\frac{1}{r}$ verhalten, könnte ein Faktor wie 137 durch eine Integration bis an den Rand des sichtbaren Universums entstehen. Neben der Gravitation, wie Ernst Mach vermutete, hätte dann auch der Elektromagnetismus einen Bezug zur Größe des Universums. Das würde bedeuten, dass die Zahl 137,035999… nicht von der Natur ein für alle Mal vorgegeben war, sondern sich im Laufe der Zeit stetig auf diesen Wert erhöht hat: Die elektrische Kraft würde sich damit abschwächen, während sie früher so stark gewesen wäre, dass schwere Elemente ihre Elektronen zu einer überlichtschnellen Bahngeschwindigkeit gezwungen hätten. Da das unmöglich ist, hätte anfangs tatsächlich nur Wasserstoff existiert – erst mit der Zeit hätte sich der Kosmos den Reichtum an chemischen Elementen gestattet.

Mir gefällt diese fast romantische Konsequenz von Diracs Idee, ich darf aber auch ein Gegenargument nicht verschweigen. Wie schon bei der Gravitationskonstanten gibt es bisher keinen experimentellen Hinweis darauf, dass sich die Feinstrukturkonstante ändert. Zwar wäre die relative Abnahme nach Diracs Vorhersage noch einmal um einen Faktor 137 kleiner als die der Gravitationskonstanten, aber es gibt Laborexperimente, die dies auszuschließen scheinen.[261] Dagegen ist die Abweichung der Feinstrukturkonstanten im frühen Universum, wie sie von Astronomen nach der Analyse von Quasarspektren behauptet wurde, ziemlich merkwürdig und nicht unumstritten.[262] Abgesehen davon müsste man in einer Diracschen Kosmologie Daten aus dem frühen Universum anders interpretieren.

> Die Tragik der Wissenschaft – der Tod einer schönen Theorie durch eine hässliche Tatsache. – Thomas Huxley, britischer Biologe

VOGEL-STRAUß-ELEKTRODYNAMIK

Diracs Idee mit dem Logarithmus ist sicher nicht so zwingend, weil 137,035999… eine Zahl ist, die ‚nur' Elektrodynamik und Quantenmechanik verbindet. Ob dies letztlich ohne die Gravitation geht, mag man bezweifeln, jedoch sind Alternativen nicht in Sicht. Aber selbst wenn man diese Sicht der Dinge nicht teilt, so sind doch die Koinzidenzen der großen Zahlen 10^{39} und 10^{78} zu unwahrscheinlich, um rein zufällig zu sein, vor allem wenn man sie wie Robert Dicke mit einer Kosmologie mit variabler Lichtgeschwindigkeit verbindet. Konsequenz einer solchen wäre jedoch auch, dass man die Elektrodynamik neu formulieren müsste.

Diese Aussicht ist für die meisten theoretischen Physiker so beängstigend, dass man die Möglichkeit erst einmal gründlich verdrängt oder ein Denkverbot aufstellt wie in einem Artikel, der damit auch Einsteins Spezielle Relativitätstheorie in Gefahr sah.[263] Dass Einstein bei seinen eigenen Überlegungen zur variablen Lichtgeschwindigkeit sich dessen nicht bewusst war oder gerade mal vergessen hatte, dass c auch in den Maxwell-Gleichungen vorkommt, will mir nicht recht einleuchten. Wenn Sie sich an den dritten Abschnitt erinnern, war die Elektrodynamik ohnehin widersprüchlich, weil sie die Lichtabstrahlung von stark beschleunigten Ladungen nicht beschreiben kann. Der Grund dafür lag darin, dass die Theorie von Maxwell ihrem einfachsten Teilchen, einer harmlosen Ladung, eine unendlich große Energie und damit unendliche Masse zuschreibt. Reparaturbedarf liegt hier also durchaus vor.

Dass man eine Änderung der Elektrodynamik nicht angeht, sondern sie unter Denkmalschutz stellt, liegt wieder an der Betulichkeit der Physiker, lieber etliche Ornamente an eine Theoriefassade anzukleben, um eine ‚Vereinigung' zu erreichen, als die Fundamente des Gebäudes in Frage zu stellen. Einen Fortschritt im Verständnis wird es aber auch hier nur geben, wenn man die Maxwellsche Theorie abändert – vielleicht hatte Lord Kelvin ja nicht so unrecht, der bis an sein Lebensende 1907 das Fehlen von mechanischen Begriffen darin bemängelte. Stattdessen gesellten sich um 1930 zu den zwei Grundkräften Elektrodynamik und Gravitation die schwache und die starke Kraft hinzu, wobei sich die Erkenntnis weitgehend in den neuen Worten erschöpfte. Patrick Blackett, Nobelpreisträger von 1948, aber auch Pioniere der Quantentheorie wie Wolfgang Pauli und Pascual Jordan[265] haben stattdessen darüber nachgedacht, die relativ lange Zeitskala – daher schwache Kraft – des Betazerfalls von Neutronen mit den Diracschen großen Zahlen in Verbindung zu bringen. Dies ist durchaus keine abwegige Idee, inzwischen wurde sie jedoch durch das Dogma ersetzt, man könne diese Zahlenwerte nicht erklären. Angesichts der ungeklärten Probleme beim Betazerfall und in der Kernphysik, die zu dem ausufernden Standardmodell geführt haben, kann man diese nun vier Wechselwirkungen nur als zementiertes Unverständnis auffassen.

> Die Natur hat es an sich, kluge Möglichkeiten zu erdenken, die uns nicht in den Sinn kommen, wir ignorieren ihren Scharfsinn auf eigene Gefahr.[264] – Anthony Leggett

Trotzdem wird im Gruppendenken der Teilchenphysiker die Gravitation in einer ‚demokratischen' Drei-zu-eins-Abstimmung ignoriert, sie sei ja schließlich auch so klein. Ich übertreibe hier nicht, solche schizophrenen Argumente kann man in Lehrbüchern der Quantenfeldtheorie lesen.[266] Richtig ist das Gegenteil, die Gravitation ist etwas Besonderes: Als einzige Kraft hängt sie von der Masse ab, ein Begriff, den man auch ohne Gravitation durch die Trägheit von Körpern definieren kann. Es ist wieder einmal die Masse, der vielleicht elementarste Begriff der Materie, Grundlage jeder Messung und damit Fundament der wissenschaftlichen Methode, die das Standardmodell blamiert, das hier zu Vorhersagen und Erklärungen unfähig ist. Auch wenn die Theoretiker das noch so sehr verdrängen, man muss es ihnen unter die Nase halten.

NOCH MEHR ZAHLEN, DIE WIR NICHT VERSTEHEN

Dirac war derjenige, der das Prinzip der Einfachheit der Naturgesetze am konsequentesten verfolgte. Er hoffte damals auch, das enorme Massenverhältnis von Proton und Elektron, $m_p/m_e = 1836{,}15\ldots$, theoretisch zu erklären, was ihm trotz intensiver Bemühung nicht gelang. So bleibt auch diese Zahl – neben den Zahlen 10^{39} und $\frac{1}{137}$ – bis heute eines der größten Rätsel der Physik, das uns den Misserfolg, reine Zahlen herzuleiten, vor Augen führt. Beim Massenverhältnis

> Der gesunde Gelehrte, der Mann, bei dem Nachdenken keine Krankheit ist. – Georg Christoph Lichtenberg

Proton/Elektron scheint die Situation noch verfahrener, da auch eine Interpretation als Logarithmus weit außerhalb eines sinnvollen Bereiches führen würde. Können die Zahlen 1836,15… und 137,03… irgendwie zusammenhängen? Dirac hat sich das sicher gefragt, aber von seinen Überlegungen ist nichts überliefert; wahrscheinlich hielt er sie nicht für ausgereift und gestattete sich keinen Kommentar. Weiter könnte man hier das Massenverhältnis von Neutron zu Elektron, $m_n/m_e = 1838{,}68\ldots$, nennen und etliche andere Zahlen von Myonen oder Pionen, zu denen

> Es wollten immer schon mehr Leute sprechen als zuhören. – Paul Dirac

wir theoretisch auch nichts zu sagen haben. Alle instabilen Teilchen werfen zusätzlich die Frage auf, wie ihre mittlere Lebensdauer oder auch Halbwertszeit zu berechnen ist. Wir haben keine Antwort.

Hätte sich Dirac für die Eigenschaften dieser neu entdeckten Teilchen interessiert? Höchstwahrscheinlich nur am Rande. Er sah keinen Sinn darin, sich mit der Physik weiterer Teilchen zu beschäftigen, bevor die Theorie des Elektrons nicht gut verstanden war.[267] Wenn Sie so eine Arbeitshaltung einem Theoretiker am CERN vorschlagen, würde sich dieser entweder aufregen oder, wahrscheinlicher und sich dabei selbst disqualifizierend, darüber lachen. Aber Dirac hatte recht. Das auf Unverständnis errichtete Gebäude hat durch seine Kompliziertheit längst das brüchige Fundament offenbart. Es ist nur nicht zum Lachen.

PHYSIK AUF RESET

Dirac hat zu den grundlegendsten Fragen der Physik wichtige Beiträge geliefert, nicht als fertige Theorie, aber als Orientierung, wie es weitergehen kann. Er hielt nichts davon, Unverstandenes durch neue Teilchen oder halbseidene Theorien zu übertünchen. Präzision ist eine schöne Sache, wenn eine physikalische Theorie ausgereift ist, aber nicht das Maß aller Dinge. Insbesondere ist bei den Standardmodellen der Physik die Präzision mit Komplikationen erkauft – mit vielen Stellschrauben lässt sich eben gut justieren.

Das echte wissenschaftliche Denken zieht es vor, sich mit einer Lücke abzufinden, statt sie mit Vermutungen zu schließen. – Erwin Schrödinger

Diracs Gedanken hält man die nicht beobachteten Änderungen der Gravitations- und Feinstrukturkonstante entgegen, es ist aber leichtsinnig, sein Konzept aus diesen Gründen für uninteressant zu erklären. Denn die Wissenschaftsgeschichte zeigt, dass die richtige Idee im Anfangsstadium oft ungenauer als das etablierte Modell ist, vor allem wenn eine vollständige Theorie noch nicht existiert: Kopernikus hätte mit seinem noch nicht ausgereiften heliozentrischen Modell mit Kreisbahnen statt Ellipsen keine Chance gehabt gegen das etablierte Gebäude der Epizyklen, das vor Präzision strotzte.

Die Schwierigkeit liegt nicht in den neuen Ideen, sondern darin, den alten zu entkommen, die sich in jeder Ecke unseres Verstandes verzweigen. – John Manyard Keynes, britischer Ökonom

In solchen Phasen, und insbesondere wenn trotz der immer neuen Anpassungen zahlreiche Widersprüche verbleiben, muss man den Blick wieder auf konzeptionell einfache Ideen wie die von Dirac richten. Betrachtet man das System der Naturkonstanten, gibt es drei Möglichkeiten für umwälzende Veränderungen. Könnte man die Flachheit des Universums in einem Modell wie jenem von Dicke beschreiben, wäre damit die Gravitationskonstante erklärt. Wenn man einen ursächlichen Zusammenhang mit Diracs Hypothese zur Anzahl der Elementarteilchen im Universum fände, würde dies deren Massenskala verstehen lassen. Gelänge schließlich eine Herleitung der Feinstrukturkonstante, hätte man auch die Quantentheorie mit der Elektrodynamik verbunden und eine weitere fundamentale Konstante verstanden, die man dann nicht mehr nur als gegeben hinnehmen müsste. Substanzieller Fortschritt liegt genau darin, die Willkürlichkeit der Naturkonstanten zu eliminieren anstatt fortwährend zusätzliche freie Parameter zu erfinden. Vielleicht ist dieser Wunsch nach Vereinfachung sehr ehrgeizig und Diracs Überlegung noch weit weg vom Ziel. Aber sie wäre der richtige Leitgedanke, Physik wirklich zu verstehen.

WIDER DEN GLAUBENSZWANG: VORSCHLÄGE FÜR EINE METHODISCHE SANIERUNG

Wenn ich auf einen Kommentar zu meinen Überlegungen schon jetzt gefasst sein muss, dann ist es der, meine Kritik an der Physik sei pauschal oder gar billig. Mag sein. Aber wie hätte man es denn gerne? Einen Abriss, der von den erkenntnistheoretischen Grundlagen der alten Griechen ausgeht und sich gleichzeitig über die verschiedenen Zerfallskanäle der Bottom-Quarks etwas fundierter äußert? Es gibt leider zu viele Fachgebiete der Physik, und die Korrektheit ihrer grundlegenden Annahmen ist praktisch nicht mehr überprüfbar. Denn ohne ein detailliertes Studium der Literatur, ja ohne jahrelange Erfahrung in einem Gebiet kann sich niemand mehr einen Überblick oder gar Durchblick verschaffen – es ist zum Hauptberuf geworden, ein Spezialgebiet zu verstehen. Mit anderen Worten: Bevor Sie die Firma kritisieren, werden Sie bitte deren Angestellter! Fast ist dies eine Form von sozialer Nichtfalsifizierbarkeit, denn die Prämisse, nur der Spezialist verstehe die Notwendigkeiten, ist der Anfang eines Weges, der in der Esoterik endet, deren Verständnis auch nur jenen vergönnt ist, die daran glauben.

Jedenfalls entscheiden allein die Neutrinoforscher, wie viele Neutrinosorten es gibt, und nur die Kosmologen durchblicken noch, wie viele Parameter zur Galaxienentstehung nötig sind. So kann jede Fachgemeinde ihre freien Parameter wie neues Geld selbst drucken, aber um die Stabilität der Physik, die diese stetig wachsende Anzahl von Naturkonstanten als gemeinsame Währung hat, kümmert sich keiner mehr. Die Zersplitterung der fundamentalen Physik ist

> Lerne von der Wissenschaft, an den Experten zu zweifeln. –
> Richard Feynman

leider ein Faktum, und die Komplizierung, die sich die einzelnen Fachgebiete gegönnt haben, hat längst schon die Glaubwürdigkeit des Ganzen unterminiert. Reines Spezialwissen und dessen oberflächlicher Transfer werden die Physik garantiert im Datensammeln erstarren lassen. Wesentliche Fortschritte hat es dagegen immer nur durch Visionäre gegeben, die die Physik als Ganzes gesehen haben und wichtige Brücken zwischen den Gebieten erkennen konnten: Maxwell, Chandrasekhar, Bohr. Leute von gestern.

> Wer nichts als Chemie versteht, versteht auch die nicht recht. – Georg Christoph Lichtenberg

ABWÄRTS

„Bevor Sie hier alles anzweifeln, bringen Sie doch erst mal einen alternativen Vorschlag!" Vielleicht ist Ihnen dieser Satz gelegentlich durch den Kopf gegangen, als Sie meine doch intensive Kritik an der heutigen Physik lasen, jedenfalls habe ich ihn schon in verschiedenen Tonlagen gehört. Nur, in Wirklichkeit heißt der Satz: „Bringen Sie erst mal einen alternativen Vorschlag, der alle Analysen, mit denen sich Zehntausende von Forschern beschäftigt haben, neu aufrollt, die Konsequenzen bis zum i-Tüpfelchen durchrechnet, in allem bessere Ergebnisse erzielt und möglichst allgemein akzeptiert ist…" Und wenn diese Hürden noch nicht unüberwindlich wären, folgende hat es in sich: Alternative Vorschläge unter die Leute zu bringen, ist gar nicht so einfach. Eine Erweiterung einer Theorie im kuscheligen Konsens hat es viel leichter als ein Vorschlag, der an einem etablierten Konzept kratzt, geschweige denn es gar in Frage stellt. Die Komplizierung kann noch so willkürlich sein – Freunde, die bereit sind, daran mitzuarbeiten, findet man immer. Aber wer bestehende Modelle in Zweifel zieht, dem ist die Feindschaft ihrer Urheber sicher. Eher wird sich zu den bisherigen drei Neutrinosorten noch eine vierte, fünfte und sechste gesellen, als dass das System der Geschmacksrichtungen hinterfragt würde. Denn ein neues Teilchen tut niemandem weh, während sparsame Spielverderber überall unbeliebt sind. Aus den gleichen Gründen entstehen mehr Behörden, als abgeschafft werden, mehr Komitees und Vereine, als sich auflösen. Menschliches Schaffen drängt zur Komplizierung, und daher haben die Produkte der Teilchenphysik heute Ähnlichkeit mit denen der Finanzindustrie: Sie sind undurchschaubar.

> Die Katze aus dem Sack zu lassen, ist viel leichter, als sie wieder hineinzutun. – Will Rogers, amerikanischer Komiker

WIDER DEN GLAUBENSZWANG: VORSCHLÄGE FÜR EINE METHODISCHE SANIERUNG

Ideen, die sich dem Trend widersetzen und die Grundlagen radikal hinterfragen, lösen Ängste aus wie die des Bürokraten vor der Anarchie. Die Communitys der Physik müssen heute jeden ausgrenzen, der die Arbeitsgrundlage aller Mitglieder bedrohen könnte. Deshalb ist es undenkbar, dass auf einer großen Kosmologiekonferenz die Dunkle Energie in Frage gestellt oder bei einem Treffen von Hochenergiephysikern angezweifelt wird, dass Quarks ein sinnvolles Konzept sind. Und überhaupt nirgendwo wird man eine methodische Grundfrage diskutieren wie das jahrzehntelange Anwachsen der Zahl der freien Parameter.

> Wenige sind imstande, von den Vorurteilen der Umgebung abweichende Meinungen gelassen auszusprechen; die Meisten sind sogar unfähig, überhaupt zu solchen Meinungen zu gelangen. – Albert Einstein

So zieht eine Art soziale Schwerkraft die Physik immer tiefer in eine Komplexität mit absurden Zügen, und ironischerweise scheint in diesem unkontrollierten Massenphänomen ein Naturgesetz noch zu gelten: die Zunahme der Entropie, das Streben nach Unordnung – der Zweite Hauptsatz der Thermodynamik.

ZUM NACHDENKEN IST KEINE ZEIT

Die heutige Arbeitsweise der Physik ist längst eine Karikatur von jener, mit der ein Kepler oder ein Newton erfolgreich waren, denn mehr als ein Jahrzehnt intensiven Nachdenkens dauerte es oft, ehe sie einen verborgenen Zusammenhang entdeckten. So dicke Bretter werden heute nicht mehr gebohrt, aber solche Wissenschaftsmönche wären wohl nötig. Die Theoretische Physik könnte hier sogar von der Mathematik lernen: Zwei bahnbrechende Beweise wurden dort in jüngerer Zeit

> Neue wissenschaftliche Ideen entspringen nie aus einer wie auch immer organisierten Körperschaft, sondern aus dem Kopf eines einzelnen Forschers. – Max Planck

durch Andrew Wiles und Grigori Perelman erbracht, die sich jeweils für mehrere Jahre zum Nachdenken zurückgezogen hatten[268] – ohne institutionelle Verpflichtungen und abseits der Themen, an denen die Mehrheit werkelte.

Über die Dominanz des Mainstreams bei Veröffentlichungen haben wir bereits gesprochen. Die Rechnereien, die heute die Zeitschriften füllen, erinnern mich manchmal an Prüfungsarbeiten, in denen Schüler seitenweise algebraische Umformungen machen, obwohl ihnen schon in der ersten Zeile der Ansatz misslungen ist. Die auffälligen Komplikationen der Rechnung, schon ein Hinweis auf den Irrweg, nehmen sie dabei meist nicht

(17) Louis Victor de Broglie

Je rigider die Organisation der Forschung wird, desto größer die Gefahr, dass neue und fruchtbare Ideen sich nicht frei entwickeln können. – Louis Victor de Broglie

wahr. Natürlich können Sie sich jetzt lustig machen: Unzicker meint, die Theoretische Physik sei eine Kinderei, und gibt oberlehrerhafte Ratschläge... Aber die Parallele scheint mir zu offensichtlich. Warum sollte die Psyche von Forschern anders sein als die von jungen Erwachsenen, die unter Zeitdruck vor einer schwierigen Aufgabe stehen und mit dem, was sie gelernt haben, etwas produzieren wollen?

Nachdenken in Ruhe würde sich aber wohl auch bei Naturgesetzen lohnen. Allerdings gibt es im derzeitigen Wissenschaftsbetrieb wohl weltweit keine Organisationsform, die eine Zeit des Reflektierens erlauben würde, wie sie ein Kepler oder Newton benötigte. Dies stimmt nachdenklich.

MUSS ES SEIN? ES MUSS SEIN

In gewissem Sinne zementiert Förderung sogar den heutigen Stillstand der Theoretischen Physik. Denn fast alle Projekte müssen beantragt und bewilligt werden, sodass es praktisch ausgeschlossen ist, dass eine grundlegend neue Idee dabei ist. Jede zielorientierte Finanzierung der Theoretischen Physik scheint daher kontraproduktiv – oder kennen Sie eine revolutionäre Erkenntnis, zu deren Entdeckung Mittel bereitgestellt worden wären?

Wissenschaft ist nicht mehr Lebenssinn, sondern Lebensunterhalt geworden. – Alvin Weinberg, amerikanischer Wissenschaftsautor

Aber auch die experimentellen Großprojekte zeigen, dass Wissenschaft gegen eine Gefahr nicht gefeit ist: Geld kann korrumpieren – nicht im strafrechtlichen, wohl aber im intellektuellen Sinne, weil man die Bequemlichkeiten der Forschungsförderung annimmt und dabei Gedanken verdrängt, die eigentlich jedem kommen müssen, wenn er in einer ruhigen Minute über die Situation der fundamentalen Physik nachdenkt.

Ich begebe mich hier auf vermintes Terrain, denn als Physiker öffentlich den Sinn der Forschungsmilliarden anzuzweifeln ... ich glaube, da hört bei

WIDER DEN GLAUBENSZWANG: VORSCHLÄGE FÜR EINE METHODISCHE SANIERUNG

vielen der Spaß auf. Aber es gibt kein Recht auf Alimentation, wenn man nicht wirklich etwas herausfinden will. Diesen Willen haben sicher die meisten – aber auch die Verpflichtung, anvertraute Mittel effizient einzusetzen. Wer sich dann die Frage nach Kosten und Nutzen der Grundlagenforschung im Laufe der letzten hundert Jahre stellt, dem fällt eine ehrliche Antwort nicht leicht. Diese notwendige Diskussion unter den Teppich zu kehren schadet der Physik aber wirklich, denn früher oder später wird die Öffentlichkeit die Frage stellen, ob die sechste Teilchenfamilie, die nächste Neutrinogeneration oder der fünfundzwanzigste angepasste Parameter der Inflationstheorie nicht eher Degeneration denn Fortschritt des Wissens darstellen – ganz abgesehen davon, ob dieses Wissen nützlich ist.

> Geld macht die Wissenschaft fett und faul. –
> Fred Hoyle, britischer Kosmologe

Dieses Argument der Nützlichkeit haben wir allerdings wirklich zu fürchten, denn es wäre der Tod der zweckfreien Wissenschaft, der Tod der Neugier – Abschied von dem, worauf die Menschheit stolz sein kann. Nebenbei beruht unsere Zivilisation auf den Früchten dieser Neugier, und daher ist von den Milliarden für Weltraumteleskope und Teilchendetektoren jeder Cent gut investiert – vorausgesetzt, alle können dauerhaft an diesem Wissen teilhaben. Ich bin also der Erste, der sich empört, wenn Forschungsprojekte gestrichen werden, um eine perverse Finanzindustrie zu alimentieren. Ich hoffe, ich habe mich klar ausgedrückt.

> Schwierigkeiten warten auf den, der nicht auf das Leben reagiert. –
> Michail Gorbatschow

DEMOKRATIE STATT APPARATE

Vielleicht sollte auch mal gesagt sein, dass ich die angewandte Physik für eine großartige Wissenschaft halte, die unser Planet in jeder Hinsicht nötig hat. Im Übrigen sind Konzepte, die zu einer Technik geführt haben, damit automatisch sehr oft reproduziert.* Oder zweifelt im Handyzeitalter noch jemand an elektromagnetischen Wellen, die Hertz durch pure Neugier entdeckte? So könnten Beschleuniger, Raumsonden, Präzisionsmessgeräte eine gewaltige Zukunftsinvestition für die Menschheit sein, sind aber dennoch in Gefahr, als Strohfeuer der Forschungsmoden zu enden. Denn Wissenschaft funktioniert nur, wenn Experimente wiederholbar bleiben, und

---

* Ian Hacking betont hier beispielsweise den Unterschied von Elektronen und W-Bosonen (Kap. 16).

darin liegt *die* methodische Schwäche der Großprojekte: Die wesentlichen Entscheidungen werden von den Kollaborationen allein getroffen, über den Aufbau, über die Auswertung, und all dies – die Wissenschaftsgeschichte liefert klare Beweise – beeinflusst, was als wissenschaftliches Faktum anerkannt wird.

Wer überprüft das, wer kann denkbare Alternativen erwägen? Die Antwort der Forscherteams lautet gewöhnlich: Wir machen das selbst, wir sind so viele Leute, es gibt Diskussionen und Kontroversen, alle Fehlermöglichkeiten werden angedacht und schließlich ausgeräumt. Das klingt alles nicht schlecht, insbesondere weil sich die Beteiligten sicher ernsthaft bemühen. Aber es hat mit wissenschaftlicher Methodik so viel zu tun wie die sicher auch kontroversen Diskussionen im Zentralkomitee der KPdSU mit Demokratie. Und selbst wenn es innerhalb eines Fachgebiets mehrere Gruppen gibt, ist es ja keineswegs so, dass die eine wirklich beurteilen könnte, ob die andere richtig gearbeitet hat. Über die Glaubwürdigkeit wird nicht nach objektiven Kriterien entschieden, sondern die Mehrheit befindet, welche Ergebnisse in den allgemeinen Konsens des Forschungsfeldes passen und welche nicht. Jedenfalls setzt sich niemand mit den prinzipiellen Problemen[269] der Zusammenarbeit von Hunderten von Forschern auseinander.

Reproduzierbarkeit ist aber schon durch die Komplexität der heutigen Experimente an sich gefährdet. Spätestens beim Übergang zur fast industriellen *Big Science* wurde die Frage der griechischen Philosophen nach der Zuverlässigkeit der Sinne vergessen. Sicher kann man nicht zur Physik des 19. Jahrhunderts zurückkehren, denn manches ist nur in modernen Großversuchen zu beantworten. Diese sind aber so aufwendig, dass sie den Einzelnen weit überfordern. Zumindest ein Teil der modernen Experimentalphysik kann nur mehr von einer Vielzahl von Forschern bearbeitet werden, allerdings nicht unbedingt, wie man oft hört, ‚im Team'. Denn in der Hierarchie und der Gruppendynamik dieser Teams liegt gerade das Problem. Höchst wichtig wäre es, die Datenauswertung in einzelne Schritte aufzuspalten, die von unterschiedlichen Gruppen ausgeführt werden. Gefährlich ist hingegen die oft praktizierte Mischung aus Auswertungsmonopol und theoretischer Deutungshoheit, eine ungesunde Expertokratie. Die Früchte so-

> Wenn in diesem Buch harte Worte über die größten intellektuellen Führer der Menschheit ausgesprochen werden, ist es nicht meine Absicht, diese herabzusetzen. Aber Wissenschaft ist eine der wenigen menschlichen Aktivitäten, vielleicht die einzige, in der Irrtümer systematisch kritisiert und manchmal rechtzeitig korrigiert werden. –
> Karl Popper

liden Wissenschaftshandwerks muss man von den spekulativen Modellen trennen wie Sparguthaben vom Investmentbanking.

Die Wissenschaft hat sich also mit *Big Science* gewaltig verändert, aber die Techniken, mit denen wir Reproduzierbarkeit gewährleisten wollen, sind seit hundert Jahren die gleichen – so, als würde man einen A 380 mit den Sicherheitsvorkehrungen der Gebrüder Wright fliegen. Es ist vor allem auch ein methodischer Holzweg, auf dem wir uns befinden. Allerdings sind die großen Experimente nun mal da. Kann man die moderne Physik trotzdem wieder reproduzierbar machen? Ich habe immer noch Hoffnung.

DIE NATUR MUSS ONLINE GEHEN

Also ab jetzt konstruktive Vorschläge: Ich hoffe, dass die folgenden Gedanken eine Vision darstellen, der sich auch diejenigen anzuschließen vermögen, die manchen Konzepten der Physik nicht ganz so skeptisch gegenüberstehen wie ich. Als technologisch-soziologische Entwicklung ist das Internet vielleicht nicht weniger wichtig als der Buchdruck, und darin liegt die Chance, die Jahrzehnte hinterherhinkende Methodik der Physik wieder mit der modernen Datenbearbeitung gleichziehen zu lassen. Was kann sich konkret zum Positiven ändern?

> Unglücklicher, sie scheinen auch an Idealen zu laborieren! –
> Georg Büchner

Die Trennung von Datenaufnahme, Vorverarbeitung und modellabhängiger Interpretation ist notwendig und durchaus möglich. Ein erfolgreiches Beispiel dafür ist die erwähnte SDSS-Himmelskatalogisierung von fünfhundert Millionen astronomischen Objekten. Die aus den Rohdaten aufbereiteten physikalischen Eigenschaften sind über das Netz zugänglich, und jedem Forscher, der eine alternative Kosmologie entwerfen will, steht es frei, sie anhand dieser Daten zu überprüfen. Immerhin. Wenn auch die Rohdaten noch nicht komplett zugänglich sind, so doch die Resultate in neutraler Form, ohne jegliche Interpretation – aber nur so kann *Big Science* auf Dauer reproduzierbar sein.

Die Hochenergiephysik tut sich damit wahrscheinlich schwer, aber es geht nicht anders: Die Rohdaten der Teilchenkollisionen sollten nur so weit aufbereitet werden, bis das Ergebnis in elementarer Form vorliegt: Wann und wo wurde in welchem Detektor wie viel Energie abgegeben? Basta. Und *diese* Daten müssen zugänglich sein. Es steht den Forschern ja frei, weitere Zwischenstufen zu berechnen: Handelte es sich bei den Teilchen, die ihre Energie im Detektor verloren haben, um Photonen, Neutronen, Myonen oder Neutrinos? Wer will, kann dann damit arbeiten oder auch erst nach einem weiteren Schritt von Simulationen und Filterungen. Aber vielleicht wollen nicht alle. Die Kollision selbst mag ja hochinteressant sein, aber die Auswertung im Schema von Charm-Zerfallskanälen und Neutrino-Mischungswinkeln macht sie für den wertlos, der diese Konzepte für einen Irrweg hält. Es kann doch nicht sein, dass der ganzen Welt von den Auswertern vorgeschrieben wird, was interessant ist. Wichtig wäre also, dass jeder Zwischenschritt zum Einstieg offen ist und dass jeder das Ergebnis nur mit den Modellannahmen interpretieren kann, von denen er auch überzeugt ist.

> Theorien scheitern, gute Beobachtungen vergehen nie. – Harlow Shapley, amerikanischer Astronom

NACHHALTIGE WISSENSCHAFT MIT DEM GLÄSERNEN EXPERIMENT

Ich habe mir sagen lassen, diese Idee sei naiv und vollkommen undurchführbar – bei der Datenmenge und dem Aufwand könne man das vergessen. Schön. Dann muss man eben kleinere Brötchen backen. Warum werden nicht die Daten von Experimenten mit überschaubarem Umfang ins Netz gestellt? Es gibt dazu zwar Bemühungen,[270] nützlich für die wissenschaftliche Öffentlichkeit wie in der Astronomie sind sie aber nicht. Nicht einmal den riesigen Datenschatz des 2011 geschlossenen *Tevatron* am Fermilab hebt man ordentlich auf.[271]

> Man muss das Unmögliche verlangen, um das Mögliche zu erreichen. – Otto von Bismarck

Wenn Sie also die öffentliche Verfügbarkeit der Daten einfordern, die Sie als Steuerzahler finanziert haben, tun Sie auch der Physik etwas Gutes. Auch von kleineren Beschleunigern sind die Daten nicht zugänglich, nicht einmal von vergleichsweise winzigen Aufbauten aus den 1950er oder 1960er Jahren. Warum ist Douglas Hofstadters Experiment zur Elektron-Proton-Streuung nicht im Deutschen Museum? Warum kann man die Rohdaten des Myon-Neutrino-Nachweises nicht von der Homepage der Cornell-Universität herunterladen, an der sie aufgenommen wurden? Im Vergleich zur Astrophysik benimmt sich die Hochenergiephysik so, als würde man Fotografien von Galaxien in Schubladen aufbewahren. Willkommen im 21. Jahrhundert.

Es wäre kein Problem, die Rohdaten der großen unterirdischen Detektor-Experimente online zu stellen, etwa jene im Gran Sasso, aber niemand

WIDER DEN GLAUBENSZWANG: VORSCHLÄGE FÜR EINE METHODISCHE SANIERUNG

hält das für notwendig. Gelegentlich hört man auch dort das zu kurz gedachte Argument, nur die lokalen Experten verstünden es, die Daten ordentlich zu analysieren und die richtigen Schlüsse daraus zu ziehen. Das mag für rein instrumentelle Justierungen zutreffen, aber schon nicht mehr für das Herausfiltern eines störenden Hintergrundsignals und erst recht nicht für eine Interpretation, die ein neues Teilchen zum Ergebnis hat. Und überhaupt: Kein echter Forscher fürchtet sich vor Offenheit.* Diese einzufordern, hat nichts mit einer Verschwörungstheorie zu tun, denn die Kollaborationen geben sich alle Mühe, ihre Daten korrekt auszuwerten. Aber fehlende Transparenz ist auch ohne bösen Willen schädlich – also muss man alle Daten und Auswertungsschritte so offenlegen, dass jeder interessierte Wissenschaftler daran teilhaben kann. Nur so wird die Physik ihre seit Galilei erfolgreiche Methode der Reproduzierbarkeit wiedererlangen und vielleicht aus der Sackgasse der jetzigen Modelle herausfinden.

> Der Forscher ist frei und muss frei sein, jede Frage zu stellen, jede Behauptung anzuzweifeln, für alles Belege einzufordern, jeden Fehler zu korrigieren. – Robert Oppenheimer, amerikanischer Physiker

Und es gibt noch ein gutes Argument für den offenen Zugang: Wissenschaft ist ein Privileg, das sich die reichen Länder leisten können. Anzunehmen, wir besäßen einen damit vergleichbaren Anteil der Intelligenz, ist arrogant. Wenn sich schon in diesen Ländern die Projekte konzentrieren, so müssen wenigstens die Resultate für alle frei verfügbar sein – es ist eine Zumutung für alle anderen Wissenschaftler *und* für die Wissenschaft, wenn die Auswertung eines fundamental wichtigen Experiments nur einer bestimmten Gruppe vorbehalten ist. Denn die Beobachtung von Naturgesetzen ist das Recht aller Generationen und der ganzen Menschheit. Im Moment hat, vorsichtig geschätzt, vielleicht ein Prozent der Erdbewohner die reale Möglichkeit, sich der Forschung zu widmen, weil die Lebensbedingungen es nur dieser kleinen Auswahl gestatten. Abgesehen von den Dingen, die ich hier für die Physik vorschlage, muss sich daran ohnehin gründlich etwas ändern.

> Freiheit – die erstgeborene Schwester der Wissenschaft. – Thomas Jefferson, dritter US-Präsident

---

* Man kann etwas Verständnis aufbringen für die Praxis, die Daten eine Zeit lang exklusiv den Instrumentenbauern zu überlassen und sie dann erst öffentlich zu machen – so geschieht das etwa bei der Planck-Sonde. Letztlich offenbart sich in diesem Konkurrenz- und Prioritätsstreben aber auch eine falsche Denkweise.

ZEHN VORSCHLÄGE FÜR DIE EXPERIMENTALPHYSIK

1. Weltwissenschaftserbe
   Jedes Experiment, das als Hauptevidenz für ein grundlegendes Konzept der Physik gilt, soll in regelmäßigen Abständen wiederholt werden.
2. Vollständigkeit
   Findet aufgrund der Datenmenge eine Auswahl statt (Filtern, Triggern), soll diese revidierbar sein. In jedem Fall soll eine repräsentative Teilmenge der Daten vollständig verfügbar sein.
3. Sicherung
   Alle erhobenen Daten sollen nach jedem Bearbeitungsschritt, aber auch möglichst in Rohform dauerhaft gespeichert werden.
4. Dokumentation
   Alle Datenbearbeitungen sollen dokumentiert und begründet werden, jeder Auswahlschritt soll durch Open-Source-Computerprogramme reproduzierbar sein, auch die Bildbearbeitung.
5. Datenreduktion
   Jeder Bearbeitungsschritt – Fehlerentfernung, Kalibrierung, Korrektur, Hintergrundentfernung, Datenextraktion, Abgleich mit Simulation etc. – soll modulweise und durch jeweils unabhängige Gruppen erfolgen.
6. Offenheit
   Alle Daten in roher und verarbeiteter Form sollen offen im Internet zugänglich sein, Quellcodes sollen dokumentiert und veröffentlicht werden mit möglichst einheitlichen Standards, um modellunabhängige Analysen zu gewährleisten.
7. Berechenbarkeit
   Die Datenbearbeitung soll online wiederholbar sein, im Idealfall im Browser, Parameter sollen dabei vom Bediener variiert werden können.
8. Reproduzierbarkeit
   Materiallisten sollen öffentlich sein, alle Aufbauten durch Fotos und Videos nachvollzogen werden können.
9. Metadaten
   Grundsätzlich sollen auch Metadaten aufgezeichnet werden, die nach gängiger Meinung irrelevant sind, mindestens aber die genaue Uhrzeit und die meteorologischen Bedingungen der Umgebung.
10. Support
    Hilfestellung für externe Online-Reproduktionen soll durch Wissenschaftler gewährleistet sein, die mit dem Experiment befasst sind.

EPILOG: WAS SIE TUN KÖNNEN

Ich frage mich selbst oft, wie es sein kann, dass ich die Theorien der letzten Jahrzehnte so anders als die meisten Physiker bewerte. Nüchtern betrachtet, verarbeitet der Mensch Information, die er aufnimmt. Sicher spielt dabei eine Rolle, dass ich mich, da außerhalb einer Forschungsinstitution, seltener aus erster Hand bei Kollegen informiere, denn ich habe keinen zwingenden Anlass, den aktuellen Entwicklungen eines bestimmten Fachgebietes permanent zu folgen. Andererseits eröffnet sich dadurch die Freiheit, ganz verschiedenen Fragen nachzugehen und bei länger zurückliegenden Problemen das Wichtige vor das Dringende zu stellen. Daher lese ich auch mehr Bücher als aktuelle Artikel, und obwohl man meinen möchte, dass sich altes Wissen überholt, zeigt sich darin oft eine unerwartete Modernität. Wenn ich also manchen zum Widerspruch herausgefordert habe, mag man vielleicht in diesen Gewohnheiten eine Erklärung suchen. Trotzdem hat es bei einigen allgemein akzeptierten Konzepten lange gedauert, ehe ich mir Zweifel an deren Richtigkeit gestattet habe. Den wenigen Gesprächspartnern, die mich dabei bestärkt haben, bin ich sehr dankbar, wobei ich gleichzeitig erkenne, wie wenig frei ich selbst von psychologischen Aspekten der Meinungsbildung bin.

Es ist unglaublich anstrengend, in einem Konferenzsaal unter Hunderten von Wissenschaftlern einer Diskussion zu folgen, von der man überzeugt ist, dass sie auf einem sinnlosen Konzept wie Quarks oder Dunkler Energie beruht; ohne meine Distanz zum Wissenschaftsbetrieb wären solche Situationen vollends unerträglich. Mein Widerwillen gegen diese kollektiven Begriffsbildungen erzeugt noch einen weiteren Zwiespalt, wenn

EPILOG: WAS SIE TUN KÖNNEN

ich jungen Menschen Begeisterung für die fundamentale Physik vermitteln will. Immer mehr leitet man heute auch in der Wissenschaft seine Erkenntnisse von Autoritäten ab, anstatt sie zu hinterfragen, und ich bin nicht willens, dieses Halbwissen als Naturerkenntnis zu darzubieten. Glücklicherweise tragen die meisten aber genug innere Freiheit zum Fragen in sich, und das erfüllt mich trotz allem mit Zuversicht: Auch künftiges Wissen wird in den Köpfen von Individuen entstehen.

Lehren heißt nicht, ein Fass zu füllen, sondern eine Flamme zu entzünden. - Heraklit

Wird sich etwas verändern? Das Informationszeitalter ist ein wichtiger Evolutionsschritt. So sind Wikipedia-Artikel zu physikalischem Grundlagenwissen, um nur ein Beispiel zu nennen, von erstaunlich guter Qualität. Hier können Sie selbst teilnehmen! Fügen Sie den Kommentar *citation needed* ein, wenn ein experimenteller Beleg einfach behauptet wird, und fragen Sie nach, wie die kosmische Inflation denn genau überprüft werden soll. **Leider sind diese Möglichkeiten seit einiger Zeit durch den Niedergang der Meinungsvielfalt bei Wikipedia bedroht. Trotz dieser negativen Entwicklung besteht weiterhin die Aussicht,** dass sich euphorische Märchenerzählungen wie die von Brian Greene, Edward Witten oder Lisa Randall, die YouTube dankenswerterweise dokumentiert, im Laufe der Zeit selbst entlarven. Sprechen Sie also die reale Möglichkeit an, dass die Physik sich verlaufen hat. Fordern Sie ein, dass die Experimente, die Sie mit Ihren Steuern bezahlt haben, transparent werden. Helfen Sie mit, in der Naturwissenschaft eine Kultur der Offenheit einkehren zu lassen, die allen den Zugang zu den Daten ermöglicht. Treten Sie für wissenschaftliche Meinungsfreiheit ein, die zu einer unabhängigen Diskussion über grundlegende Naturgesetze führen kann. Die Physik, vielleicht sogar die übrige Gesellschaft, wird es Ihnen danken.

Es wird immer wichtiger, die Freiheit der Wissenschaft zu erhalten und die Freiheit der Initiative für ursprüngliche Forscher, weil diese Freiheiten immer die fruchtbarsten Quellen für große Fortschritte waren und es immer sein werden. - Louis Victor de Broglie

Es hat mir Spaß gemacht, Ihnen von der Physik zu berichten, und ich freue mich, wenn ich Sie durch ein paar Wahrheiten und hoffentlich nicht allzu viele Irrtümer zum Reflektieren angeregt habe. Ich selbst sehe nun einer Zeit entgegen, in der ich wieder mehr über die Physik nachdenken kann, anstatt Gedachtes zu Papier zu bringen. Das Manuskript ist fast abgegeben, die Probeausdrucke verschwinden allmählich von

Das Buch klappt zu und alle Fragen offen. - Bertolt Brecht

EPILOG: WAS SIE TUN KÖNNEN

meinem Sofa, auf dem mein jüngerer Sohn wieder hemmungslos herumklettern kann. Er ist inzwischen sechs Jahre alt – wie das Elektron funktioniert, vermag ich ihm noch immer nicht zu erklären. Aber ich sehe mit Genugtuung, dass er immer mehr Fragen stellt.

DANK

Auch bei diesem Buch brachte meine Familie wieder großes Verständnis für mich auf. Für die vielen Verbesserungsvorschläge und Anregungen danke ich denen, die das Manuskript ganz oder zum Teil gelesen haben: Gunther Braam, Benedikt Roth, Pauline Weh, Nicole Kaczmar und Freia Unzicker; ebenso Friedrich Siemers, Annette Pusch, Hans Hartmann, Ulrike Scheuermann, Antonia Tietze, Julika Hoyer und Jessica Zauner. Zu verschiedenen Abschnitten des Buches haben mir Peter Thirolf, Jörn Bleck-Neuhaus, Wolfgang Kundt, Pavel Kroupa, Peter Aufmuth, H. Dieter Zeh, Bert Schroer und Rudolf Haussmann wertvolle Kommentare gegeben, was nicht bedeutet, dass sie dem Inhalt nicht teilweise heftig widersprochen hätten. Gleiches gilt für meine Gespräche mit Iris Abt, Christian Weinheimer, Hans Klapdor-Kleingrothaus, Martín López Corredoira, Francesco Sylos Labini, Kris Krogh, Sheilla Jones, Ulrich von Kusserow und Friedrich Hehl. Ganz besonders danke ich Karl Fabian, der außer mir selbst am allermeisten an diesem Buch beteiligt ist.

Mit Oliver Gorus und seiner Agentur hatte ich eine wertvolle Unterstützung, ebenso durch das engagierte Lektorat von Egbert Scheunemann und dem Carl Hanser Verlag, mit dem die Zusammenarbeit generell sehr angenehm war. Wikipedia und Wikiquote waren mir bei der Recherche eine unschätzbare Hilfe, weswegen diese Projekte vom Erlös des Buches auch unterstützt werden.* Nicht vergessen möchte ich, dass ich in einem freien Land mit unbeschränktem Zugang zu Bildung und Wissen aufgewachsen bin. Möge es so bleiben.

---

* Leider wird die Wikipedia inzwischen in großem Stil manipuliert, insbesondere bei Politik und Zeitgeschichte; aber auch die Wissenschaft bleibt nicht unberührt.

ABBILDUNGSNACHWEISE

		Mit freundlicher Genehmigung von
(1)	Hahn, Heisenberg und Meitner	Emilio Segrè Archiv
(2)	Epizyklenmodell	Autor
(3)	Schrödinger mit Tochter	Ruth Braunitzer über Peter Graf
(4)	Stäbe	Autor
(5)	Newtonscher Eimer	Autor
(6)	Versetzungen	Autor
(7)	Mach	Wikimedia
(8)	Einstein	Wikimedia
(9)	Bohr und Einstein	Wikimedia
(10)	Einstein und Ehrenfest	Hugo Schalkers, Universität Leiden
(11)	Feynman	Tom Harvey of Pasadena, Emilio Segrè Archiv
(12)	Zwicky	Fritz-Zwicky-Stiftung, Glarus (CH)
(13)	Pauli und Bohr	Erik Gustafson, Emilio Segrè Archiv
(14)	Hubble	Hale Observatorium, Emilio Segrè Archiv
(15)	Dicke	Physics Today Collection, Emilio Segrè Archiv
(16)	Dirac	Emilio Segrè Archiv
(17)	De Broglie	Physics Today Collection, Emilio Segrè Archiv

LITERATUR

... hatte ich das Glück, Bücher zu treffen, die es nicht zu genau nahmen mit der logischen Strenge ... – Albert Einstein

Arp, Halton: Seeing Red, Apeiron 1998 (Teil 6)

Barbour, Julian: The End of Time, Oxford Univ. Press 1999 (Teil 1, 2)

Barbour, Julian: The Discovery of Dynamics, Oxford Univ. Press 2001 (Teil 1, 2)

Bell, John: Speakable and Unspeakable in Quantum Mechanics, Cambridge Univ. Press 1987 (Teil 3)

Beyvers, Gottfried und Krusch, Elvira: Kleines 1×1 der Relativität, Springer 2009 (Teil 2)

Binning, Gerd: Aus dem Nichts, Piper 1987 (Teil 1)

Bleck-Neuhaus, Jörn: Elementare Teilchen, Springer 2010 (Teil 5)

Brooks, Michael: Free Radicals, Profile Books 2011 (Teil 1)

Burton, Howard: Crazy Science, Key Porter Books 2009 (Teil 5)

Chalmers, Alan F.: Wege der Wissenschaft, Springer Berlin 2007 (Teil 1)

Collins, Harry: Gravity's Shadow, Univ. of Chicago Press 2004 (Teil 1, 4)

Collins, Harry und Pinch, Tevor: Der Golem der Forschung, Berlin Verlag 1999 (Teil 1, 5)

Crease, Robert: Making Physics, Univ. of Chicago Press 1999 (Teil 1, 5)

Crease, Robert und Mann, Charles: The Second Creation, Quartet Books 1997 (Teil 5)

De Solla Price, Derek J.: Little Science, Big Science and Beyond, Columbia Univ. Press 1986 (Teil 1)

Desser, Michael: Zwischen Skylla und Charybdis, Böhlau 1991 (Teil 3)

Di Trocchio, Federico: Der große Schwindel, Campus 1993 (Teil 1)

Di Trocchio, Federico: Newtons Koffer, Rowohlt 1997 (Teil 1)

Dyson, Freeman: Disturbing the Universe, Basic Books 1981 (Teil 3, 5)

Einstein, Albert: Mein Weltbild, Ullstein 1988 (Teil 1, 2)

Feyerabend, Paul: Wider den Methodenzwang, Suhrkamp 1986 (Teil 1)

Feynman, Leighton, Sands: Lectures on Physics, Bd. 2, Oldenbourg 2007 (Teil 3)

Feynman, Richard: QED – The Strange Theory of Light and Matter, Princeton Univ. Press 1988 (Teil 3)

Fischer, Ernst Peter: Der Physiker (Max Planck), Siedler 2007 (Teil 1, 3)

LITERATUR

Fölsing, Albrecht: Albert Einstein, dtv 1999 (Teil 1, 2, 3)

Galison, Peter: How Experiments end, Univ. of Chicago Press 1987 (Teil 1, 5)

Gleick, James: Genius – The Life and Science of Richard Feynman, Pantheon 1992 (Teil 3, 5)

Gigerenzer, Gerd: Bauchentscheidungen, Goldmann 2008 (Teil 1)

Hacking, Ian: Einführung in die Philosophie der Naturwissenschaften, Reclam 1996 (Teil 1)

Heisenberg, Werner: Der Teil und das Ganze, Piper 1996 (Teil 1, 3)

Horgan, John: The End of Science, Little Brown 1996 (Teil 1, 6)

Jones, Sheilla: The Quantum Ten, Oxford Univ. Press 2010 (Teil 3)

Jordan, Pascual: Schwerkraft und Weltall, Vieweg 1955 (Teil 2, 7)

Jungk, Robert: Heller als 1000 Sonnen, Heyne 1990 (Teil 1, 3)

Koestler, Arthur: Nachtwandler, Scherz 1963 (Teil 1)

Kragh, Helge: Higher Speculations, Oxford Univ. Press 2011 (Teil 2, 7)

Kragh, Helge: Dirac, Cambridge Univ. Press 1990 (Teil 3, 7)

Kuhn, Thomas: Die Struktur wissenschaftlicher Revolutionen, Suhrkamp 1969 (Teil 1)

Landau, Lew: Theoretische Physik Band II, Harri Deutsch 1997 (Teil 3)

Laughlin, Robert B.: Abschied von der Weltformel, Piper 2009 (Teil 1)

Lederman, Leon: The God Particle, Mariner Books 2006 (Teil 5)

Leggett, Anthony: Physik, Birkhäuser 1990 (Teil 5)

Lindley, David: The End of Physics, Basic Books 1993 (Teil 1, 5, 6)

Lindley, David: Uncertainty, Anchor Books 2008 (Teil 3)

López Corredoira, Martín: Against the Tide, Universal Publishers 2008 (Teil 1, 6)

Mach, Ernst: Die Mechanik in ihrer Entwicklung, historisch-kritisch dargestellt, 1883 (Teil 2)

Mackay, Alan: A Dictionary of Scientific Quotations, Adam Hilger 1991

Miller, Arthur A.: Der Krieg der Astronomen, DVA 2006 (Teil 4)

Müller, Roland: Fritz Zwicky, Baeschlin 1986 (Teil 4)

Ne'eman, Yuval und Kirsh, Yoram: Die Teilchenjäger, Springer 1996 (Teil 5)

Panek, Richard: Das 4%-Universum, Hanser 2011 (Teil 6)

Pauli, Wolfgang: Wissenschaftlicher Briefwechsel, Bd. 1-8, Springer (Teil 3, 5)

Penrose, Roger: The Road to Reality, Vintage 2004 (Teil 6)

Pickering, Andrew: The Mangle in Practice, Duke Univ. Press 2008 (Teil 1)

Pickering, Andrew: Constructing Quarks, Univ. Chicago Press 1986 (Teil 1, 5)

Rechenberg, Helmut und Mehra, Jagdish: The Historical Development of Quantum Theory, Bd. 1-6, Springer 1982 (Teil 3)

Rosenthal-Schneider, Ilse: Begegnungen mit Einstein, von Laue und Planck, Vieweg 1988 (Teil 1, 3)

Sagan, Carl: Cosmos, Ballantine 1980 (Teil 1, 4, 6)

Sanders, Robert: The Dark Matter Problem, Cambridge Univ. Press 2010 (Teil 4, 6)

Schrödinger, Erwin: Die Natur und die Griechen, Rowohlt 1956 (Teil 1)

Schrödinger, Erwin: Mein Leben, meine Weltsicht, dtv 2006 (Teil 1)

Segrè, Emilio: Die großen Physiker, Piper 1982 (Teil 1, 5)

Singh, Simon: Big Bang, WBG 2004 (Teil 1, 4, 6)

Smolin, Lee: Die Zukunft der Physik, DVA 2009 (Teil 1, 5)

Sutton, Christine: Raumschiff Neutrino, Birkhäuser 1994 (Teil 5)

Taleb, Nassim N.: Der Schwarze Schwan, dtv 2010 (Teil 1)

Taubes, Gary: Nobel Dreams, Random House 1987 (Teil 5)

Unzicker, Alexander: Vom Urknall zum Durchknall, Springer 2010

Unzicker, Alexander: The Higgs Fake, CreateSpace 2013

Unzicker, Alexander: Bankrupting Physics, Palgrave 2013

Unzicker, Alexander: Einsteins verlorener Schlüssel, CreateSpace 2015

Weinberg, Alvin: Reflections on Big Science, MIT Press 1969 (Teil 1, 5)

Whittaker, Sir Edmund: A History of the Theories of Aether and Electricity, Dover 1951 (Teil 2)

Woit, Peter: Not Even Wrong, Vintage 2006 (Teil 1, 5)

Zeh, H. Dieter: Physik ohne Realität, Springer 2011 (Teil 3)

ENDNOTEN

1. Bleck-Neuhaus, S. 661.
2. Spektrum 05/2009, S. 34 ff.
3. Spektrum 05/2009, S. 26 ff.
4. ArXiv.org/list/hep-th/new.
5. Schrödinger, S. 35.
6. Smolin, S. xxiii.
7. Einstein, S. 171.
8. Heisenberg, S. 36.
9. Schrödinger, S. 118.
10. Rosenthal-Schneider, S. 27.
11. Hamburger Abendblatt 26, 31.01.1957.
12. Hahn, S. 235.
13. Nature 224, S. 1293.
14. Singh, S. 42.
15. Barbour 2001, S. 152.
16. GSI Nachrichten 2/99, S. 8, www.gsi.de/documents/DOC-2003-Jun-25-4.pdf.
17. J. Ralston, Arxiv.org/abs/1006.5255.
18. A. Franklin, Rev. Mod. Phys. 67 (1995), S. 457–490.
19. Hacking, S. 278 ff.
20. Pickering 1982, S. 8.
21. R. Barlow, Eur. J. Phys. 21 (2000), S. 199.
22. arXiv.org/abs/1104.0976.
23. Hacking, S. 155.
24. Taubes, S. 79, S. 93.
25. Sagan, S. 75.
26. Ridiculed discoverers, vindicated mavericks, amasci.com/weird/vindac.html.
27. De Solla Price, S. xi.
28. Crease, S. 3.
29. De Solla Price, S. xix.
30. Vgl. dazu Jungk und Desser.
31. Segrè, S. 247.
32. Taubes, S. 25.
33. Segrè, S. 308.
34. Weinberg, S. vi.
35. Weinberg, S. 43.
36. Simonyi, K.: Kulturgeschichte der Physik, Harri Deutsch 1995, S. 406.
37. C. S. Cook, Am. J. Phyiscs 48 (1980), S. 175.
38. FAZ 18.10.2011, www.faz.net/aktuell/feuilleton/forschung-und-lehre/kritik-an-der-dfg-die-freie-wissenschaft-ist-bedroht-11497511.html.
39. Galilei, 1632, vgl. www.neundorf.de/Einleitung/einleitung.html.
40. S. E. Asch, Studies of independence and conformity: I. A minority of one against a unanimous majority. Psychological Monographs, 70 (1956), S. 1–70. Ähnlich wichtige Experimente in der Sozialpsychologie wurden von Muzaffer Şerif und Stanley Milgram durchgeführt.
41. Müller, S. 546.
42. A. Einstein, Annalen der Physik 46 (1916), S. 771, www.physik.uni-augsburg.de/annalen.
43. http://dabacon.org/pontiff/?p=1804.
44. L. Iorio, arXiv.org/abs/1104.4464; I. Ciufolini, Nature 449 (2007), S. 41–47; arXiv:0712.3934.
45. C. F. Frank, Proceedings of the Physical Society A 62 (1949), S. 131.
46. E. Kröner, Arch. Rat. Mech. Anal. 4 (1960), S. 330.
47. R. Debever, Élie Cartan – Albert Einstein: Letters on Absolute Parallelism. Princeton University Press 1979.
48. Pauli, Brief v. 19.12.1929 an Einstein; Antwort am 24.12.1929.
49. Arxiv.org/abs/1104.0060.
50. z. B. P. Kroupa, www.scilogs.eu/en/

blog/the-dark-matter-crisis; A. Unzicker, Arxiv.org/abs/gr-qc/0702009; C. Lämmerzahl et.al., ArXiv.org/abs/gr-qc/0604052.
51 A. Einstein, Annalen der Physik 46 (1916), S. 771, www.physik.uni-augsburg.de/annalen.
52 J.D. Norton, Reports on Progress in Physics 56 (1993), S. 791–858.
53 Vgl. Gleick, S. 273.
54 Barbour 1999, S. 103.
55 E. Mach, The Science of Mechanics. Open Court, 1960, S. 273.
56 Wikipedia: Häfele-Keating-Experiment.
57 A. Einstein, Annalen der Physik 38 (1912), S. 1062, www.physik.uni-augsburg.de/annalen.
58 A. Einstein, Annalen der Physik 35 (1911), S. 906, www.physik.uni-augsburg.de/annalen.
59 Feynman Lectures II, Kap. 42.
60 Einstein, S. 135.
61 Einstein, S. 136.
62 K. Kuroda, Phys. Rev. Lett., 75, 2796 (1995).
63 H.V. Parks, Phys. Rev. Lett. 105 (2010), S. 110801; arXiv:1008.3203.
64 D.W. Sciama, MNRAS 113 (1953), S. 34.
65 X. Wu et al., Geophys. Res. Lett. 38 (2011), L13304.
66 M.J. Duff, L.B. Okun, G. Veneziano, arxiv.org/abs/physics/0110060.
67 J.-P. Uzan, Rev. Mod. Phys. 75 (2003), S. 403; arxiv:hep-ph/0205340, S. 6.
68 Feynman Lectures II, Kap. 28-1.
69 E. Fermi, Rev. Mod. Phys. 23 (1932), S. 87, aus arxiv.org/abs/physics/0512265.
70 Landau II, § 75.
71 Feynman Lectures II, Kap. 28-1.
72 Kragh, Kap. 8.
73 C. Kirsten, H.-G. Körber (Hrsg.), Physiker über Physiker I, Berlin 1975, S. 202.
74 H. Sievers, arxiv.org/abs/physics/9807012, S. 32.
75 Segrè, S. 304.
76 Heisenberg, S. 79.
77 Einstein, Brief an Schrödinger am 22.12.1950.
78 H. Rechenberg: Werner Heisenberg, Springer 2010, S. 485.
79 Pauli, Bd. 2, S. 404.
80 Jones, S. 222.
81 Jones, S. 254.
82 Ehrenfest, Zeitschrift für Physik, 78 (1932), S. 555–559.
83 Schrödinger, S. 113.
84 F.D. Peat, Infinite Potential, Basic Books 1997, S. 149.
85 Heisenberg, S. 49.
86 J. Wheeler, W.H. Zurek (Hrsg.): Quantum Theory and Measurement, Princeton University Press 1983, S. 145.
87 M. Beller, Physics Today 51 (1998), S. 29–34.
88 Pauli, Brief von Einstein am 22.1.1932.
89 Schrödinger, S. 27.
90 G. Lochak, de Broglies initial concept of de Broglie waves, in S. Diner (Hrsg.), The Wave-Particle Dualism, Springer Netherlands 1983, S. 1ff.
91 Bell, S. 167.
92 YouTube: Yves Couder Silicone Oil Droplets showing quantum like interference.
93 Heisenberg, S. 48.
94 Dirac, Proc. Roy. Soc. Lond. A117 (1928), S. 610.
95 Ehrenfest, Zeitschrift für Physik, 78 (1932), S. 555–559.
96 Kragh, S. 187.
97 Whittaker, S. 138ff.
98 ArXiv.org/abs/gr-qc/0011064.

ENDNOTEN

99 H. Sievers, ArXiv.org/abs/physics/ 9807012, S. 33.
100 Verfügbar auf nobelprize.org.
101 F. Dyson, Phys. Rev. 85 (1952), S. 631.
102 B. T. Aoyama et al., arxiv.org/abs/ 0706.3496.
103 Vgl. Phys. Rev. Lett. 75 (1995), S. 4728; arxiv.org/abs/hep-ph/ 0210322.
104 Feynman 1988, S. 117 links.
105 Physical Review 74 (1948), S. 1439 und 75 (1949), S. 651.
106 Feynman 1988, S. 149.
107 z. B. L. Wang, Arxiv.org/ abs/0804.1779; Werte bei Bleck-Neuhaus, S. 593.
108 Leggett, S. 225.
109 Kragh, S. 184.
110 Kragh, S. 166.
111 Miller, S. 234.
112 W. Kundt, J. Astrophys. Astron. 10 (1989), S. 119 – 138.
113 P. Freire, Arxiv.org/abs/0907.3219; P. B. Demorest et al., Nature 467 (2010), S. 1081.
114 R. Genzel et al., Arxiv.org/ abs/1006.0064.
115 W. Kundt, Nature 259 (1976), S. 30 f.
116 J. Casares, Arxiv.org/abs/astro-ph/ 0612312.
117 Collins, S. 116 ff .
118 Collins, S. 395.
119 LIGO collaboration, ArXiv.org/ abs/0909.3583.
120 ArXiv: 1706.04191.; ArXiv: 1802.00340; Arxiv:1903.02401
121 ArXiv: 1802.10027.
122 www.youtube.com/watch? v=UD9sF6EDMe8&t=26m20s
123 Oliver Knill, www.dynamical-systems.org/zwicky/Zwicky-e.html.
124 Mackay, S. 114.
125 D. H. Rogstadt und G. S. Shostak, Astrophys. J. 176, S. 315.
126 Sanders, S. 168.
127 M. Disney, ArXiv.org/abs/ astro-ph/0009020.
128 M. Disney, Nature 455 (2008), S. 1082 ff., arXiv:0811.1554.
129 Sanders, S. 167.
130 G. Gentile et al., arXiv.org/abs/ astro-ph/0611355.
131 L. Mayer et al., Nature 466 (2010), S. 1082 ff.; idw-online.de/pages/de/ news350698.
132 Sanders, S. 115/117.
133 U. Sawangwit und T. Shanks, Astron. Geophys. 51 (2010), S. 5.14 – 5.16.
134 P. Kroupa und M. Pawlowski, Spektrum 08/2010, S. 22; P. Kroupa, arXiv.org/abs/1204.2546.
135 ArXiv.org/abs/1108.3485.
136 Sanders, S. 84.
137 J. Ralston, ArXiv.org/abs/1006. 5255.
138 CRESST collaboration, ArXiv.org/ abs/1109.0702.
139 www.uni-bonn.tv/podcasts/2010 1125_BE_DarkMatter.mp4/view.
140 Sanders, S. 165.
141 Kragh, S. 170.
142 Super-Kamiokande collaboration, Phys. Rev. Lett. 81 (1998), S. 1562ff, arXiv:hep-ex/9807003.
143 C. D. Ellis und W. A. Wooster, Nature 119 (1927), S. 563 f.
144 Pauli, Brief an O. Klein, 18. 2. 1929.
145 Pauli, Brief an P. Ehrenfest, 25. 5. 1929.
146 J. Nico et al., Nature 444 (2006), S. 1059 ff.
147 C. Berger: Elementarteilchenphysik, Springer 2006, S. 23.
148 Wikipedia: Goldhaber-Experiment
149 Pauli, Brief an O. Klein vom 8. 1. 1931.
150 Niels Bohr: Collected Works, Bd. 9, Elsevier 1986, S. 85.

151 SNO collaboration, Phys. Rev. Lett. 89 (2002), 011301, arXiv:0204008.
152 www.nobelprize.org/nobel_prizes/physics/articles/bahcall/.
153 Sutton, S. 118.
154 Sutton, S. 118.
155 Super-Kamiokande collaboration, Phys. Rev. Lett. 81 (1998), S. 1562 ff., arXiv:hep-ex/9807003.
156 Collins 1999, S. 121 ff.
157 Hirata et al., Phys. Rev. Lett. 58 (1987), S. 1490 – 1493.
158 H. Murayama, Vortrag TAUP 2011, taup2011.mpp.mpg.de/?pg=Agenda.
159 H. V. Klapdor-Kleingrothaus et al., Mod. Phys. Lett. A 21 (2006), S. 1547 – 1566.
160 J. Ralston, ArXiv.org/abs/1006.5255.
161 C. Cowan und F. Reines, Science 124 (1956), S. 103 f.
162 Sutton, S. 90.
163 Vgl. C. Weinheimer und M. Lindner, Physik Journal 07/2011, S. 31.
164 OPERA collaboration, ArXiv.org/abs/1109.4897.
165 Segrè, S. 305.
166 Hacking, S. 155.
167 W. Heisenberg, Ann. Ph. 32 (1938), S. 29.
168 Lindley, S. 113.
169 E. Fermi, Phys. Rev. 76 (1949), S. 1739.
170 Lederman, S. 13.
171 G. A. Miller, Phys. Rev. Lett. 99 (2007), S. 112001.
172 D. Lindley, Nature 347 (1990), S. 698.
173 R. E. Taylor, Phil. Trans. R. Soc. Lond. A 359 (2001), S. 229.
174 P. A. M. Dirac, Nature 126 (1930), S. 605.
175 Pickering, S. 143.
176 R. Pohl et al., Nature 466 (2010), S. 213.
177 Galison, S. 235.
178 Pickering, S. 244.
179 Pickering, S. 255.
180 Pickering, S. 267.
181 Wikipedia: Top Quark.
182 Lindley, S. 119.
183 Lindley, S. 120.
184 G. S. Larue et al., Phys. Rev. Lett. 38 (1977), S. 1011 – 1014.
185 A. Pickering, Isis 72 (1981), S. 216 – 236.
186 M. Gell-Mann, The Quark and the Jaguar, St. Martin's Griffin 1995, S. 195.
187 YouTube: Fox news speaks with Michio Kaku about the LHC.
188 YouTube: Interview with Ed Witten on the Physics of the LHC.
189 B. Schroer, Arxiv.org/abs/1107.1374.
190 Lindley, S. 252.
191 Taubes, S. 135.
192 Galison, S. 174.
193 Tractatus 4.116.
194 SPIEGEL v. 9.1.2012, www.spiegel.de/spiegel/print/d-83504590.html.
195 B. Schroer, ArXiv.org./abs/1107.1374, S. 38.
196 M. López Corredoira, arXiv.org/abs/0910.4297, S. 3.
197 M. López Corredoira, arXiv.org/abs/0812.0537.
198 M. López Corredoira, arXiv.org/abs/0910.4297.
199 M. López Corredoira, arXiv.org/abs/astro-ph/0310368.
200 M. López Corredoira, arXiv.org/abs/0910.4297, S. 8.
201 J. F. Hennawi und J. X. Prochaska, Astroph. Journal 655 (2007), S. 735
202 Becker et al., Astron. Journal 122 (2001), S. 2850 – 2857.

203 M. R. S. Hawkins, MNRAS 405 (2010), S. 1940.
204 H. Alfvén, Astrophysics and Space Science 89 (1983), S. 313 - 324.
205 F. J. M. Farley, Proc. R. Soc. A 466 (2010) S. 3089-3096, www.nature.com/articles/srep35596;
206 Müller, S. 427.
207 ArXiv.org/abs/0905.0715.
208 R. Durrer, ArXiv.org/abs/1103.5331.
209 ArXiv.org/abs/1006.3761.
210 M. Disney, www.americanscientist.org/issues/pub/modern-cosmology-science-or-folktale.
211 J. H. Reynolds, Nature 1937, S. 387.
212 F. Sylos Labini, arXiv.org/abs/1103.5974 und 1110.4041.
213 F. Sylos Labini, Astron. Astrophys. 505 (2009), S. 981 - 990, arXiv: 0903.0950.
214 D. Eisenstein et al., Astroph. Journal 633 (2005), S. 560 - 574, arXiv: astro-ph/0501171.
215 E. A. Kazin et al., Astroph. Journal 710 (2010), S. 1444 - 1461, arXiv: 0908.2598.
216 D. Hogg et al., Astroph. Journal 624, S. 54 - 58, ArXiv:astro-ph/0411197.
217 F. Sylos Labini, Europhys. Lett. 96, S. 59001; ArXiv:1011.4855.
218 M. Blanton et al., Astroph. Journal 592 (2003), S. 819 - 838, arXiv: astro-ph/0210215.
219 M. López Corredoira, Int. J. Mod. Phys. D 19, S. 245 - 291, arXiv: 1002.0525.
220 ArXiv.org/abs/1010.5272.
221 P. J. E. Peebles und A. Nusser, Nature 465 (2010), S. 565 - 569, arXiv:1001.1484.
222 J. Binney und S. Tremaine, Galactic Dynamics, Princeton University Press 1994, S. 635.
223 Wikipedia: Cosmic Microwave Background Radiation.
224 C. J. Copi et al., ArXiv.org/abs/1103.3505.
225 Spektrum Dossier Kosmologie 03/2004, S. 60.
226 P.-M. Robitaille, Prog. Phys. 1 (2007), S. 3 - 18; Prog. Phys. 4 (2009), S. 17 - 42; Prog. Phys. 1 (2010), S. 3 - 17.
227 P.-M. Robitaille, Prog. Phys. 4 (2009), S. 23.
228 H. Liu et al. MNRAS Lett. 413, S. L96-L100, arXiv:1009.2701.
229 Penrose, Kap. 27.
230 U. Swanagwit et al., MNRAS 402 (2010), S. 2228, arXiv:0911.1352.
231 TAUP conference, taup2011.mpp.mpg.de/?pg=Agenda.
232 R. Cyburt, J. Cosm. Astrop. Phys. 10 (2010), S. 032, arXiv:1007.4173; M. Regis, arXiv.org/abs/1003.1043.
233 Lindley, S. 167.
234 Lindley, S. 184.
235 z. B. Physik Journal 10/2011, S. 27.
236 Yu. V. Baryshev, ArXiv.org/abs/0810.0153.
237 Schrödinger, S. 26.
238 J. Barbour, ArXiv.org/abs/0211021.
239 Interessante Details dazu in Collins (1999), S. 43 ff.
240 R. Dicke, Rev. Mod. Phys. 29 (1957), S. 363 - 376.
241 A. Einstein, Ann. Phys. 35 (1911), S. 905.
242 J. Broekaert, Found. Phys. 38 (2008), S. 409 - 435, arXiv:gr-qc/0405015, Fußnote [70].
243 A. Einstein, Ann. Phys. 49 (1916), S. 769.
244 König Lear, IV. Akt, 3. Szene.
245 vgl. T. M. Davis und C. H. Lineweaver, ArXiv.org/abs/astro-ph/0310808.

246 A. Unzicker, Ann. Phys. 18 (2009), S. 67; ArXiv:0708.3518.
247 H. Yilmaz, Phys. Rev. 111 (1958), S. 1417–1426.
248 H. Dehnen et al., Ann. Phys. 461 (1960), S.370–406; K. Krogh, ArXiv.org/abs/astro-ph/9910325; M. Arminjon, ArXiv.org/abs/gr-qc/0409092; H. E. Puthoff, ArXiv.org/abs/9909037; J. Broekaert, ArXiv:gr-qc/0405015.
249 www.einstein-online.info/spotlights/scalar-tensor.
250 R. Dicke, Nature 192 (1961), S. 440 f.; P. A. M. Dirac, Nature 192 (1961), S. 441.
251 P. A. M. Dirac, Nature 139 (1937), S. 323; Nature 165 (1938), S. 199–208.
252 P. A. M. Dirac, Nature 165 (1938), S. 201.
253 Lindley, S. 196.
254 Tagebucheintrag v. 1.11.1914, suhrkamp wissenschaft Nr. 501, 1984
255 R. Dicke, Rev. Mod. Phys. 29, S. 367, Punkt 11.
256 J.-P. Uzan, Rev. Mod. Phys. 75 (2003), S. 403; arXiv:hep-ph/0205340, www.livingreviews.org/lrr-2011-2.
257 Feynman 1988, S. 129.
258 Rosenthal-Schneider, S. 31.
259 Kragh, S. 236 f.
260 Kragh, S. 255.
261 E. Peik et al., ArXiv.org/abs/physics/0611088, physics/0402132.
262 J. K. Webb et al., Astroph. Sp. Sci. 283 (2003), S. 577; arXiv:astro-ph/0210532; arXiv:1008.3907.
263 G. F. R. Ellis, Gen. Rel. Grav. 39 (2007), S. 511–520, arXiv:astro-ph/0703751; s. a. arXiv:0708.2927.
264 Leggett, S. 227.
265 Jordan, Kap. 34.
266 L. H. Ryder, Quantum Field Theory, Cambridge University Press 1996, S. 3.
267 Kragh, S. 182.
268 Vgl. S. Singh, Fermats letzter Satz, dtv 2000.
269 A. Pickering, Nature 318 (1985), S. 243 ff.
270 www-zeus.desy.de/components/offline/.
271 Nature 474 (2011), S. 16 f., www.nature.com/news/2011/110527/full/474016a.html.

SACHREGISTER

A

Antimaterie 79 f., 191, 246
Äquivalenzprinzip 89 f.
ArXiv (Internetplattform) 21, 62
Äther 72 ff., 78, 117, 145
Atombombe 33, 35, 59

B

Begutachtung 55, 62 ff., 162
Beschleunigte Expansion 229 f., 232, 255 f.
Beschleunigte Ladungen 97, 100, 171, 197, 272
Betazerfall 169 f., 172 ff., 179, 185, 192, 272
Big Science 57 ff., 219, 282 f., 291, 293
Bose-Einstein-Kondensation 113, 119

C

CERN 15, 17, 27, 51 ff., 57, 59, 90, 137, 187, 201 f., 209 ff., 218, 220
Computersimulation (Astrophysik) 54, 159 f., 231 f., 234
Computersimulation (Teilchenphysik) 53, 183, 211, 213, 217, 219
CRESST-Experiment 164 f.

D

Diracsche Hypothesen 259 ff., 264 ff., 270 ff.
Dunkle Energie 29, 230 ff.
Dunkle Materie 24, 29, 149 ff., 159 ff., 185, 231 f., 234, 241

E

Einheitliche Feldtheorie 74, 91
Elektrodynamik 74, 94, 96, 98 f., 101, 122 ff., 126, 145, 172, 197, 271 f., 275
Elementarladung 49, 104, 206, 263
Energieerhaltung 99, 171, 174, 176 f., 211
Entropie 80 f., 137, 279
Epizykeltheorie 41, 232, 274
Erdexpansion 93
Extrapolation von Naturgesetzen 132, 136, 229, 238, 245, 257

F

Falsifizierbarkeit 27, 53, 146, 167, 200, 277
Feinstrukturkonstante 121, 124, 129, 269 ff., 273 ff.
Flachheit 247, 251 f., 274
Foucaultsches Pendel 66, 70 f.
Freie Parameter 30 f., 184, 232, 234, 237, 240, 275

G

Galaxienhaufen 149, 155, 161, 231, 233, 237
Geozentrisches Weltbild 18, 31, 40 ff., 92, 237
Gran Sasso-Laboratorium 164, 187, 284
Gravitation 10, 20, 70, 72, 74, 82, 89 f., 131 ff., 135, 139, 141, 145, 154 f., 192, 229 f., 233, 237, 247, 251 ff., 255, 259 f., 265, 267, 271 ff.
Gravitationsgesetz 75, 90 f., 132, 150, 153 f., 156, 159, 162, 217, 237 f.
Gravitationskonstante 30, 91 ff., 138 f., 253 ff., 258, 260, 262 ff., 271, 274
Gravitationswellen 141 ff.

H

Higgs-Teilchen 10, 53, 90, 213 ff.
Hintergrund (Störsignal) 46 f., 53, 165 f., 184 f., 213, 218
Hochenergiephysik 50 ff., 59 f., 101, 182, 194, 201 f., 210, 212, 216 f., 279, 283 f.
HORIZONS (Datenbank) 76
Hubble-Expansion 224, 247, 255
Hubble-Konstante 222, 229

I

Inflation, kosmische 19, 244, 247 f., 251, 258, 288

K

Keplersches Gesetz 31, 42, 76, 151
Kernkraft 126 f., 191 f.
Kernspaltung 33, 35 ff., 185
Kernteilchen 33, 45, 173, 175, 192, 196
Kontinentaldrift 37, 93
Kontinuumsmechanik 73
Kosmischer Mikrowellenhintergrund 48, 76 f., 235, 239 ff., 245 ff.
Kosmologische Konstante 91

L

Large Hadron Collider 15, 17, 19, 46, 51, 57, 60, 90, 166, 187, 209, 215, 218 f.

M

Machsches Prinzip 71, 77 f., 88 ff., 94, 252 ff., 262
Massenproblem 10, 27, 87 ff., 98 ff., 102, 116, 122, 200, 204, 214, 216, 262 ff., 266, 272 ff.
Maßstäbe 73, 75, 78, 85, 256 ff., 264, 266
MOND (Theorie) 153 ff.
Myon 23, 172, 180 f., 183, 191 f., 273, 283
Myon-Neutrino 172, 179, 182, 284

N

Naturkonstanten 10, 31 f., 84, 93 f., 121, 124, 154, 157, 175, 204, 254, 260 f., 263 f., 274 f., 277
Neutralströme 201 f.
Neutrino 49, 169 ff., 179 ff., 201 f., 215, 232
Neutrino-Oszillationen 172, 174, 179 f., 183 f., 186 f., 189
Neutron 33 f., 36, 48, 165, 173, 176, 179, 181, 185 f., 191, 195, 199, 201, 211, 245, 273
Neutronenstern 133 ff., 138 f., 257
Newtonscher Eimer 71 f.

O

OPERA-Experiment 187

P

Phlogiston 38
Pioneer-Anomalie 154
Psychologie 12, 57, 63, 65, 128, 187, 200, 217, 280
Pulsare 132 ff., 139, 143 f.

Q

Quantenelektrodynamik 80, 100, 121 ff., 128 f., 192, 263, 270
Quantenfeldtheorie 126 f., 273
Quantenmechanik 28, 55, 75, 80, 88, 100 f., 106 ff., 114, 116 f., 119, 121 f., 125, 128, 133, 175 ff., 191 f., 198, 260, 263, 267, 271, 275
Quarks 23, 199 f., 202, ff., 214
Quasar 69, 221 ff., 233, 271

R

Raum (Bezugssystem) 69, 71 f., 75 ff., 81, 83, 85, 87, 117
Reionisierung 233 f.

Relativitätstheorie, Allgemeine 72, 75, 77, 81 f., 89, 106, 132 f., 139, 141, 146, 155 f., 226, 237, 247 ff., 251 f., 254 f., 258, 260, 265
Relativitätstheorie, Spezielle 72 ff., 77 f., 82 f., 111
Renormierung 122 f., 128
Reproduzierbarkeit 218 f., 282 f., 285 f.
Rotationskurve einer Galaxie 151, 153
Rotverschiebung 221, 223 f., 227 f., 231, 236
Ruhemasse 174

S

Schleifenquantengravitation 16, 20
Schwache Wechselwirkung 192 f., 196, 201, 272
Schwarze Löcher 131 ff., 226
Schwarzschild-Radius 136, 138
Sloan Digital Sky Survey (SDSS) 228, 235 f., 283
Spin 113 ff., 119 f., 122, 175, 204
Spiralgalaxie 152, 155, 159
Standardmodell der Kosmologie 24, 29, 55, 155, 160 ff., 232, 235, 237, 240 f., 246, 255 ff., 265
Standardmodell der Teilchenphysik 17 f., 23, 25 f., 28, 31, 41, 52, 64, 89, 198, 204, 212, 214 ff., 262 f., 272 ff.
Stringtheorie 14 ff., 125, 167
Strukturbildung im Universum 163, 233 f., 237, 246
Supernova 133 f., 143 f., 159 f., 184, 222, 226, 229 f., 232 f., 237, 256
Supersymmetrie 13, 21, 119

T

Tau-Neutrino 179, 187
Teilchenbeschleuniger 13, 45, 59 f., 101, 132, 180 ff., 193, 195, 203, 209, 211 f., 214, 284

Tevatron 51, 218, 284
Trägheit 89, 273
Transurane 33, 35, 37, 42
Trigger 46, 212, 219, 286

U

Urknall 17, 19, 48, 81 f., 87, 209, 238 ff., 242, 245 ff., 257, 264

V

Variable Lichtgeschwindigkeit 78, 82 ff., 93, 145, 252 ff., 257 f., 264, 266

W

Wasserstoffwolken 150, 225, 233
Weltalter 222, 229 f., 241
Wirkungsquantum 94, 103 ff., 114, 263
Wissenschaftliche Methodik 12, 26, 183, 188, 218 f., 243, 277, 282 f., 285, 288
Wissenschaftsgeschichte 12, 18, 26, 33, 41, 50, 54 f., 63, 68, 174, 187, 216, 274, 282
Wissenschaftsphilosophie 26 f., 30, 32, 41, 110
Wissenschaftssoziologie 39, 49 ff., 56 ff., 64, 66, 151, 166, 183, 187, 202, 217, 224, 273, 282
Wissenschaftstheorie 23 f., 27 f., 31, 33 f., 37, 42, 50, 52, 137 f., 175, 184, 186, 198, 203, 216, 227, 231 f.

Z

Zeitablauf 78 ff., 85, 256 f., 264 f.
Zwerggalaxie 143, 159, 162, 185, 242

PERSONENREGISTER

Bohr, Niels 55, 104, 106 f., 109, 174, 176 f.
Boltzmann, Ludwig 88, 137
Born, Max 106, 109
Cartan, Élie 74
Chadwick, James 33, 173, 191
Chandrasekhar, Subramanyan 131 ff., 270
De Broglie, Louis Victor 62, 104, 111, 137
Dicke, Robert 239, 241, 247, 252 ff., 258, 264 ff., 271, 274
Dirac, Paul 9, 11, 16, 23, 92 f., 101, 116, 119, 128, 170, 198, 258 ff., 270 f., 273 ff.
Dyson, Freeman 123 f, 127
Eddington, Sir Arthur 131 f., 252, 269
Ehrenfest, Paul 107, 111, 118
Einstein, Albert 9 ff., 16, 23, 31, 39, 58, 59, 66, 70 ff., 82 ff., 89, 91, 93, 103 ff., 110 f., 114, 119, 132, 141, 145, 207, 230, 249, 252 ff., 272
Fermi, Enrico 33, 193
Feynman, Richard 29, 80, 98 ff., 109, 122 f., 125 f., 197, 200, 269
Hahn, Otto 33 ff., 37
Heisenberg, Werner 105, 107, 114, 133, 173, 270

Hubble, Edwin 221 f., 240, 247
Joliot-Curie, Irène 35, 79 f.
Jordan, Pascual 92 f., 139, 272
Kepler, Johannes 29 f.
Lederman, Leon 180 ff., 194
Lorentz, Hendrik A. 102
Mach, Ernst 30, 71, 76 ff., 88 ff., 117, 255, 260, 262, 271
Maxwell, James Clerk 94 ff., 263
Meitner, Lise 35, 171
Newton, Isaac 70, 77, 87, 89, 91
Pauli, Wolfgang 107, 114, 119, 169, 171 ff., 199, 272
Planck, Max 55, 88, 97, 103
Rutherford, Ernest 194, 197, 263
Schrödinger, Erwin 9, 11 f., 16, 24, 46, 104 ff., 113, 195
Schwarzschild, Karl 132
Sciama, Dennis 91
Stern, Otto 114
Straßmann, Fritz 33 ff.
Wegener, Alfred 37
Zwicky, Fritz 134, 149 f., 155

Printed in Poland
by Amazon Fulfillment
Poland Sp. z o.o., Wrocław

46045576R00172